集系统、技术与创意于一体，历经千锤百炼华丽呈现！

中青雄狮
从入门到精通
系列总销量突破
300万

Photoshop CC / Flash CC / Dreamweaver CC /

全彩
中文版

网页
设计 **从入门到精通**

宋可 肖著强 王煦 赵淑文 主编
李岱 陶琳 李海翔 副主编

U0302041

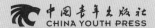
中国青年出版社
CHINA YOUTH PRESS

中青雄狮

侵权举报电话

全国"扫黄打非"工作小组办公室　　　　中国青年出版社

010-65233456 65212870　　　　　　010-50856028

http://www.shdf.gov.cn　　　　　　　E-mail: editor@cypmedia.com

图书在版编目（CIP）数据

Photoshop CC / Flash CC / Dreamweaver CC中文版网页设计从入门到精通 / 宋可等主编.
— 北京：中国青年出版社，2016.1
ISBN 978-7-5153-3948-1

I.①P... II.①宋... III.①网页制作工具　IV.①TP393.092

中国版本图书馆CIP数据核字（2015）第268677号

Photoshop CC / Flash CC / Dreamweaver CC
中文版网页设计从入门到精通

宋可　肖著强　王煦　赵淑文　主编

李岱　陶琳　李海翔　副主编

出版发行：中国青年出版社

地　　址：北京市东四十二条21号

邮政编码：100708

电　　话：（010）50856188 / 50856199

传　　真：（010）50856111

企　　划：北京中青雄狮数码传媒科技有限公司

策划编辑：张　鹏

责任编辑：刘冰冰

封面制作：吴艳蜂

印　　刷：北京瑞禾彩色印刷有限公司

开　　本：787×1092　1/16

印　　张：27

版　　次：2016年3月北京第1版

印　　次：2016年3月第1次印刷

书　　号：ISBN 978-7-5153-3948-1

定　　价：69.90元（附赠超值光盘，含语音视频教学与海量素材）

本书如有印装质量等问题，请与本社联系

电话：（010）50856188 / 50856199

读者来信：reader@cypmedia.com

投稿邮箱：author@cypmedia.com

如有其他问题请访问我们的网站：http://www.cypmedia.com

写在前面

随着网络的迅猛发展，多媒体网站已经成为当前网站的主流，而Photoshop、Flash和Dreamweaver三款软件以强大的功能和易学易用的特性，成为多媒体网站制作的最佳工具组合。本书将为您讲解如何利用这三款软件完美地制作出优秀的网页作品。

本书特色

● **三大网页设计软件应用的权威解惑专家。**本书分别对Photoshop CC、Flash CC和Dreamweaver CC三款软件的基础知识和基本操作进行详细讲解，帮助您掌握网页设计、动画制作、图像处理的基本技能。

● **专业网页设计师解析网页设计完整解决方案。**由具有多年网站开发和网页设计教学经验的专业网页设计师，传授使用这三款软件制作完美网页的独家创作秘诀。

● **五大板块全方位地阐述网页制作方法与技巧。**案例讲解+代码解析+知识拓展+疑难解答+动手练习，从不同角度讲解网页的设计方法，帮助您掌握软件的应用技巧，提升网页的设计技能，开阔学习思路。

内容简介

本书共23章，分为三大部分，相信通过本书的学习，您一定能轻松地设计出属于自己的个性网站。

Photoshop CC部分（第01～07章）：主要介绍了Photoshop的工作界面和基本操作、网页图像的色彩调整、图像的选择与编辑、图层的应用、网页图像的绘制与修饰、网页文本的制作、网页特殊效果的实现以及网页切片输出等。

Flash CC部分（第08～13章）：主要介绍了Flash中的绘图工具、修图工具和填色工具等的使用方法，文本对象的创建与编辑，元件、实例与库的基本操作，音视频导入与特效制作，以及网页动画的制作等。

Dreamweaver CC部分（第14～23章）：主要介绍了创建站点和建设网站的基础知识，并对文本页面、图像页面、多媒体页面的制作方法，以及对页面链接、表格布局、CSS样式表、Div元素、行为、模板和库等功能进行了详细讲解。

超值光盘

本书随书附赠的DVD光盘中提供了16小时视频教学和海量实用的精美素材。这些素材包括530个国外优秀网站设计速览、2500个精彩网站广告Banner欣赏、2500种精美网页LOGO、245套国外最新网页模板、1040个卡通风格素材、470个经典Flash模板、496个最新日常动画素材、25套最新各类Flash库文件、2600个GIF动画素材、13255个精美PNG按钮图标、200幅最新网页图像素材和150套网页设计PSD源文件。另外，光盘中还提供了HTML、CSS、JavaScript语法和网页配色知识电子书，以及本书所有实例的素材和最终文件。

本书在写作过程中力求严谨，但由于时间有限疏漏之处在所难免，望广大读者批评指正，欢迎加入交流分享QQ群：74200601。

作　者

实训项目

秒杀

动手练一练

chapter 01 平面设计在网页中的应用

unit 01 网页设计中平面视觉元素的特性 …15
注目性 ……………………………… 15
适应性 ……………………………… 15
连续性 ……………………………… 16
导向性 ……………………………… 16

unit 02 平面设计在网页设计中的要素 …17
网页图形图像的设计 ……………… 17
网页文字字体的设计 ……………… 19
网页色彩的设计 …………………… 19
网页版面布局的设计 ……………… 20

unit 03 Photoshop CC初体验 …………21

unit 04 网页图片的编辑操作 …………23
新建网页图片文件 ………………… 23
保存网页图片文件 ………………… 24

打开网页图片文件 ………………… 24

unit 05 网页图片基础知识 ……………25
常用图片格式 ……………………… 25
图像颜色模式 ……………………… 26

unit 06 网页图像色彩的调整 …………28
亮度/对比度调整 ………………… 28
色阶调整 …………………………… 29
曲线调整 …………………………… 30
色相/饱和度调整 ………………… 31
色彩平衡调整 ……………………… 32
替换颜色 …………………………… 33
秒杀 应用疑惑 …………………… 34
动手练一练 ………………………… 35

chapter 02 图像的选择与编辑

unit 07 图像的选取 ……………………37
创建选区 …………………………… 37
创建选区的基本方法 ……………… 37
实训项目：选框工具的应用 ……… 38
实训项目：磁性套索工具的应用 …39
实训项目：魔棒工具的应用 ……… 40
实训项目：快速选择工具的应用 …41
利用"色彩范围"命令创建选区 …42
实训项目："色彩范围"命令的应用 …42

unit 08 选区的编辑 ……………………43
选区的运算 ………………………… 43
选区的调整 ………………………… 44
实训项目："扩大选取"命令与
"选取相似"命令的应用 …44
选区的修改 ………………………… 45

选区的变换 ………………………… 46

unit 09 选区与通道 ……………………46
通道的概念和功能 ………………… 47
通道的分类 ………………………… 47
Alpha通道 ………………………… 47
实训项目：利用通道获取选区 …… 48
存储选区与载入选区 ……………… 49

unit 10 图像变换调整 …………………50
应用"变换"命令 ………………… 50
应用"自由变换"命令 …………… 51
实训项目："自由变换"命令的具体
应用 …………………… 51
"内容识别缩放"命令 …………… 52

unit 11 其他调整操作 …………………53
填充 ………………………………… 53

目录 contents

⬛ 实训项目：自定义图案 ············ 54
描边 ···················· 55
图像大小调整 ···················· 55
画布大小调整 ···················· 56
图像的裁剪 ···················· 57
⬛ 实训项目：裁剪图像 ············ 57

图像旋转 ···················· 58
⬛ 实训项目：旋转图像 ············ 58
unit 12 **设计网站LOGO** ············ **59**
🕐 秒杀 应用疑惑 ············ 61
🔒 动手练一练 ···················· 62

chapter 03 图层与图层蒙版

unit 13 **图层概述** ············ **64**
图层的概念及其分类 ············ 64
"图层"面板 ···················· 65
图层的基本操作 ···················· 66
unit 14 **图层样式的使用** ············ **68**
混合选项 ···················· 68
⬛ 实训项目："挖空"功能的应用 ··· 68
⬛ 实训项目："混合颜色带"选项
区域功能的应用 ············ 70
图层效果 ···················· 70
⬛ 实训项目：网页按钮效果的
制作 ···················· 71

"样式"面板 ···················· 74
unit 15 **图层蒙版** ············ **74**
蒙版的概念和作用 ············ 75
⬛ 实训项目：蒙版的应用 ············ 75
添加图层蒙版 ···················· 75
编辑图层蒙版 ···················· 76
蒙版的其他编辑操作 ············ 77
unit 16 **设计"低碳环保"网页** ············ **78**
🕐 秒杀 应用疑惑 ············ 80
🔒 动手练一练 ···················· 81

chapter 04 图像的绘制与修饰

unit 17 **绘画工具** ············ **83**
画笔工具组 ···················· 83
⬛ 实训项目：颜色替换工具的应用 ··· 85
⬛ 实训项目：混合器画笔工具的
应用 ···················· 86
渐变工具与油漆桶工具 ············ 87
⬛ 实训项目：渐变工具的应用 ······· 88
橡皮擦工具组 ···················· 89
⬛ 实训项目：魔术橡皮擦工具的
应用 ···················· 90
unit 18 **修饰工具** ············ **91**
修复画笔工具组 ············ 91

⬛ 实训项目：修补工具的应用 ······· 92
⬛ 实训项目：内容感知移动工具的
应用 ···················· 93
图章工具 ···················· 94
模糊工具组 ···················· 95
⬛ 实训项目：修饰工具组的应用 ··· 95
减淡工具组 ···················· 96
⬛ 实训项目：减淡工具组的应用 ··· 96
unit 19 **绘制网页中的图标** ············ **97**
🕐 秒杀 应用疑惑 ············ 99
🔒 动手练一练 ···················· 100

chapter 05 路径与文字的使用

unit20 路径的使用·················102
路径的概念·················102
路径的创建·················102
路径的编辑·················104
🔲 实训项目：转换锚功能的应用···105
路径的使用技巧·················106

unit21 文字的使用·················108
创建文字对象·················108

设置字符格式·················110
设置段落格式·················111
编辑文本图层·················112
🔲 实训项目：巧用图像填充文字···114

unit22 制作网页通栏平面广告·············115
⏱ 秒杀 应用疑惑·················118
🔲 动手练一练·················119

chapter 06 特殊图像效果的打造

unit23 Photoshop CC滤镜基础···········121
滤镜的概念·················121
滤镜的分类·················121
从"滤镜"菜单应用滤镜·················121
从"滤镜库"应用滤镜·················122

unit24 常用滤镜效果·················123
"液化"滤镜·················123
"扭曲"滤镜·················123
🔲 实训项目：扭曲滤镜的应用······124
"模糊"滤镜·················125

"渲染"滤镜·················126
"画笔描边"滤镜·················127
"纹理"滤镜·················127
"锐化"滤镜·················128

unit25 使用外挂滤镜·················128
外挂滤镜的安装·················128
外挂滤镜的使用·················128

unit26 设计网站首页·················129
⏱ 秒杀 应用疑惑·················136
🔲 动手练一练·················137

chapter 07 网站页面的设计与输出

unit27 网页中平面广告的设计···········139
网页广告概述·················139
网页广告的设计要素·················140
网页广告的设计技巧·················140
网页中促销广告的设计·················140
🔲 实训项目：促销广告的设计······140

unit28 网页切片输出·················143
创建网页切片·················143

🔲 实训项目：网页切片的制作······143
编辑网页切片·················143
🔲 实训项目：网页切片的编辑······143
优化及输出网页切片·················144
🔲 实训项目：网页切片的输出······144

unit29 设计并输出网站主页·············145
⏱ 秒杀 应用疑惑·················148
🔲 动手练一练·················149

chapter 08 Flash动画在网页中的应用

unit 30 Flash动画概述 ·················· 151
Flash动画的发展 ·················· 151
Flash动画的优点 ·················· 152
Flash动画的应用 ·················· 153

unit 31 矢量图和位图的区别 ·········· 155

unit 32 Flash CC的操作界面 ·········· 156

unit 33 网页横幅广告的制作 ·········· 157
秒杀 应用疑惑 ·················· 164
动手练一练 ·················· 165

chapter 09 图形的绘制与编辑

unit 34 简单图形的绘制 ·············· 167
线条工具 ·················· 167
实训项目：线条工具的应用 ······ 167
铅笔工具 ·················· 168
椭圆工具 ·················· 169
实训项目：椭圆工具的应用 ······ 169
画笔工具 ·················· 169

unit 35 图形的选择 ·················· 170
钢笔工具 ·················· 170
选择工具 ·················· 170
部分选取工具 ·················· 171
实训项目：部分选取工具的
应用 ·················· 171
套索工具 ·················· 172

unit 36 图形的编辑 ·················· 172
颜料桶工具 ·················· 172
实训项目：颜料桶工具的应用 ··· 173

橡皮擦工具 ·················· 173
实训项目：橡皮擦工具的应用 ··· 174
墨水瓶工具 ·················· 174
实训项目：墨水瓶工具的应用 ··· 174
滴管工具 ·················· 175
实训项目：滴管工具的应用 ······ 175
任意变形工具 ·················· 175
实训项目：任意变形工具的
应用 ·················· 175

unit 37 图形的色彩 ·················· 176
"颜色"面板 ·················· 176
"样本"面板 ·················· 177

unit 38 绘制可爱的卡通动物 ·········· 177

unit 39 绘制金字塔动漫场景 ·········· 179
秒杀 应用疑惑 ·················· 181
动手练一练 ·················· 182

chapter 10 文本的创建与编辑

unit 40 动画中使用的两种字体 ·········· 184
使用嵌入字体 ·················· 184
实训项目：嵌入字体 ·········· 185
使用设备字体 ·················· 185
实训项目：设备字体的应用 ······ 185

unit 41 文本工具 ·················· 186
创建静态文本 ·················· 186

创建动态文本 ·················· 187
创建输入文本 ·················· 187
创建滚动文本 ·················· 188
实训项目：滚动文本的制作 ······ 188

unit 42 设置文本属性 ·················· 189
设置文本的基本属性 ·················· 189
设置文本方向 ·················· 190

设置段落文本属性⋯⋯⋯⋯⋯191

`unit43` **文本特效的设计** ⋯⋯⋯⋯⋯**191**

`unit44` **波浪文字的制作** ⋯⋯⋯⋯⋯**192**

秒杀 应用疑惑⋯⋯⋯⋯⋯195

动手练一练⋯⋯⋯⋯⋯196

chapter 11 元件、实例和库资源

`unit45` **元件和库的概述** ⋯⋯⋯⋯⋯**198**

`unit46` **元件的创建**⋯⋯⋯⋯⋯**199**
创建图形元件⋯⋯⋯⋯⋯199
实训项目：图形元件的创建⋯⋯199
创建影片剪辑元件⋯⋯⋯⋯⋯201
实训项目：影片剪辑元件的
创建⋯⋯⋯⋯⋯201
创建按钮元件⋯⋯⋯⋯⋯202
实训项目：按钮元件的创建⋯⋯202

`unit47` **元件的编辑**⋯⋯⋯⋯⋯**203**
在当前位置编辑元件⋯⋯⋯⋯⋯203
实训项目：快速编辑元件⋯⋯203
在新窗口中编辑元件⋯⋯⋯⋯⋯204
实训项目：新窗口中编辑元件
实例操作⋯⋯⋯⋯⋯204
在编辑模式下编辑元件⋯⋯⋯⋯205
实训项目：启用元件编辑模式⋯205

`unit48` **创建与编辑实例** ⋯⋯⋯⋯⋯**205**
创建实例⋯⋯⋯⋯⋯205

实训项目：实例的创建⋯⋯⋯⋯206
设置实例的颜色样式⋯⋯⋯⋯⋯206
实训项目：实例的设置⋯⋯⋯⋯207
改变实例的类型⋯⋯⋯⋯⋯208
实训项目：实例类型的改变⋯⋯208
交换元件⋯⋯⋯⋯⋯208
实训项目：交换元件⋯⋯⋯⋯⋯208
复制元件⋯⋯⋯⋯⋯209

`unit49` **"库"面板的常用操作**⋯⋯⋯⋯**209**
库项目与库文件夹⋯⋯⋯⋯⋯209
库元素的应用⋯⋯⋯⋯⋯210
实训项目：库资源的应用⋯⋯⋯210

`unit50` **应用并共享库资源** ⋯⋯⋯⋯⋯**211**
实训项目：库资源的共享⋯⋯⋯211

`unit51` **网页中浏览按钮的制作**⋯⋯⋯**212**

`unit52` **网页中动画特效的制作**⋯⋯⋯**214**
秒杀 应用疑惑⋯⋯⋯⋯⋯217
动手练一练⋯⋯⋯⋯⋯218

chapter 12 为动画添加声音和视频特效

`unit53` **声音在Flash中的应用**⋯⋯⋯**220**
了解声音的两种类型⋯⋯⋯⋯⋯220
导入声音⋯⋯⋯⋯⋯220
实训项目：声音的导入⋯⋯⋯⋯220
引用声音⋯⋯⋯⋯⋯221
实训项目：声音的引用⋯⋯⋯⋯221
在Flash中编辑声音⋯⋯⋯⋯⋯221

`unit54` **Flash中声音的优化与输出** ⋯⋯⋯**223**
优化声音⋯⋯⋯⋯⋯223
输出声音⋯⋯⋯⋯⋯224

实训项目：声音的输出⋯⋯⋯⋯225

`unit55` **在Flash中导入视频** ⋯⋯⋯⋯⋯**225**
可导入的视频格式⋯⋯⋯⋯⋯225
导入视频文件⋯⋯⋯⋯⋯226
实训项目：链接视频文件⋯⋯⋯226
实训项目：嵌入视频文件⋯⋯⋯227
秒杀 应用疑惑⋯⋯⋯⋯⋯228
动手练一练⋯⋯⋯⋯⋯229

chapter 13 创建网页动画

unit56 图层基本操作和图层管理 ········231
图层的概念 ······························231
创建图层 ································231
引导图层 ································232
遮罩图层 ································233
时间轴的使用 ··························233

unit57 Flash动画的基本操作 ············234
逐帧动画的制作 ························234
实训项目：逐帧动画的制作 ··········234
补间动画的制作 ························235
实训项目：补间动画的制作 ······237
实训项目：旋转动画的制作 ······238

实训项目：形状补间动画的
制作 ·······························239

unit58 利用图层制作动画 ··················241
图层的应用 ····························241
创建路径动画 ··························241
实训项目：路径动画的制作 ······242
实训项目：卷轴动画的制作 ······243

unit59 旅游网页片头的制作 ··············247
秒杀 应用疑惑 ························251
动手练一练 ····························252

chapter 14 了解网页设计与网站建设

unit60 网页的基本概念 ····················254
网页 ····································254
HTML ··································254
URL ····································254
ASP ····································255
ASP.NET ·······························255
PHP ····································256
数据库 ··································256
Java ····································256

unit61 网页的色彩搭配 ····················257
网页配色基础 ··························257
常见的网页配色方案 ··················258
网页色彩搭配的技巧 ··················259

unit62 网站建设的基本流程 ··············260
网站的需求分析 ························260
制作网站页面 ··························260
开发动态模块 ··························261

申请域名和服务器空间 ················261
实训项目：注册域名 ···············262
网站的推广 ····························262

unit63 Dreamweaver CC操作环境 ······265
菜单栏 ··································265
文档窗口 ································266
"属性"面板 ····························266
面板组 ··································266

unit64 Dreamweaver CC的新增功能 ···266

unit65 文档的基本操作 ····················267
创建空白文档网页 ······················267
实训项目：空白文档的创建 ······267
设置页面属性 ··························268

unit66 体验创建网页的乐趣 ··············269
秒杀 应用疑惑 ························272
动手练一练 ····························273

chapter 15　创建和管理站点

unit67 站点的创建 ·······················275
　 实训项目：创建本地站点·········275

unit68 站点的设置 ·······················276

unit69 站点的管理 ·······················278
　 实训项目：站点的复制 ·········279
　 实训项目：站点的导入 ·········279

unit70 站点的上传 ·······················280
　 实训项目：上传站点 ·········280

unit71 我的第一个站点 ·······················282
　 秒杀 应用疑惑 ·······················286
　 动手练一练 ·······················287

chapter 16　网页中基本元素的编辑

unit72 在网页中插入图像 ··············289
网页中图像的常见格式 ··············289
插入图像 ·······················289
　 实训项目：图像的插入 ···290
图像的属性设置 ··············290
图像的对齐方式 ··············291
运用HTML代码设置图像属性 ·······292

unit73 使用图像编辑器 ··············292
裁剪图像 ·······················293
　 实训项目：网页中图像的裁剪···293
调整图像的亮度和对比度 ·······293
　 实训项目：图像的调整 ···293
锐化图像 ·······················294
　 实训项目：图像的锐化处理 ·····294

unit74 插入其他图像文件 ··············294
鼠标经过图像 ··············294

　 实训项目：创建原始图像·········295
插入鼠标经过图像 ··············295
　 实训项目：插入鼠标经过图像···295
鼠标经过图像代码详解 ··············297

unit75 插入Flash对象 ··············297
在网页中插入Flash对象 ··············297
　 实训项目：插入Flash对象···297
设置Flash属性 ··············298
Flash代码详解 ··············299
设置网页中的Flash背景 ··············299
实训项目：Flash动画背景的设置···299

unit76 插入其他多媒体 ··············300
插入Audio音频文件 ··············300
插入Video视频文件 ··············300
　 秒杀 应用疑惑 ··············301
　 动手练一练 ··············302

chapter 17　网页中超链接的创建

unit77 超级链接概念 ··············304
相对路径 ·······················304
绝对路径 ·······················304
外部链接和内部链接 ··············304

unit78 管理网页超级链接 ··············305
自动更新链接 ··············305
　 实训项目：自动更新链接·········305

在站点范围内更改链接 ··············305
　 实训项目：更改链接 ··············306
文字链接标签 ··············306

unit79 检查站点中的链接错误 ·········307

unit80 在图像中应用链接 ·········307
图像链接 ·······················307
　 实训项目：设置图像链接·········307

图像热点链接 ·············· 308
创建图像热点链接 ·········· 309
📘 实训项目：设置图像热点链接··· 309
图像热点链接代码 ·········· 309

unit 81 锚点链接 ················· 310
关于锚点 ·················· 310
📘 实训项目：锚点的创建 ··· 310
制作锚点链接 ·············· 311
📘 实训项目：锚点链接 ··· 311
锚点链接标签 ·············· 311

unit 82 创建E-mail链接 ·············· 311
📘 实训项目：电子邮件链接的
制作 ·············· 311

unit 83 创建脚本链接 ·············· 312
📘 实训项目：脚本链接的制作····· 312

unit 84 创建下载文件链接 ·············· 313
📘 实训项目：下载文件链接的
制作 ·············· 313
🕐 秒杀 应用疑惑 ··········· 314
📖 动手练一练 ·············· 315

chapter 18 使用表格布局网页

unit 85 插入表格 ················· 317
表格的相关术语 ············ 317
插入表格 ·················· 317
📘 实训项目：在网页中插入表格··· 317
表格的基本代码 ············ 318

unit 86 表格属性 ················· 319
设置表格的属性 ············ 319
设置单元格属性 ············ 319
改变背景颜色 ·············· 320
📘 实训项目：背景颜色的改变····· 320
表格的属性代码 ············ 320

unit 87 选择表格 ················· 322
选择整个表格 ·············· 322
📘 实训项目：选择表格的方法··· 322
选择一个单元格 ············ 323
📘 实训项目：选择单元格的方法··· 323

unit 88 编辑表格和单元格 ············ 324
复制和粘贴表格 ············ 324

📘 实训项目：表格的复制 ··· 324
添加行和列 ················ 325
📘 实训项目：行与列的添加········ 325
删除行和列 ················ 325
📘 实训项目：行与列的删除········ 325
合并单元格 ················ 326
📘 实训项目：单元格的合并········ 326
拆分单元格 ················ 327
📘 实训项目：单元格的拆分········ 327
利用CSS实现圆角矩形表格········· 327
利用嵌套表格定位网页 ········ 329

unit 89 应用表单 ················· 329
表单概述 ·················· 329
各种表单对象 ·············· 329

unit 90 创建注册页面 ·············· 330
注册页面代码详解 ·········· 333
🕐 秒杀 应用疑惑 ··········· 335
📖 动手练一练 ·············· 336

chapter 19 使用CSS修饰美化网页

unit 91 CSS概述 ················· 338
CSS特点 ·················· 338
如何在网页中使用CSS ·········· 338

unit 92 CSS定义 ················· 339
选择器介绍 ················ 339
CSS属性设置 ·············· 341

unit93 使用CSS ·····················345
外联样式表 ·····················345
　　实训项目：外联样式表的创建···345
内嵌样式表 ·····················346
　　实训项目：内嵌样式表的创建···346
unit94 使用CSS滤镜 ···············347
透明滤镜（Alpha）···············347
　　实训项目：透明滤镜的应用······347
模糊滤镜（Blur）···············348
　　实训项目：模糊滤镜的应用······348

阴影滤镜（Dropshadow）···········349
　　实训项目：阴影滤镜的应用······349
变换滤镜（Flip）···············350
　　实训项目：变换滤镜的应用······350
X射线滤镜（Xray）···············351
　　实训项目：X射线滤镜的应用····351
unit95 制作动感链接文字 ···········352
　　秒杀 应用疑惑 ···············353
　　动手练一练 ·················354

chapter 20　使用Div+CSS布局网页

unit96 CSS与Div布局基础 ···········356
什么是Web标准 ·················356
Div概述 ·····················356
Div与Span、Class和ID的区别······356
为什么要使用CSS+Div布局 ·······357
unit97 使用AP Div ···············357
创建普通Div ·················357
　　实训项目：在网页中插入Div····358
设置AP Div的属性 ·············358

　　实训项目：修改AP Div属性····358
设置AP Div元素属性 ·············359
unit98 CSS布局方法 ···············359
盒子模型 ·····················360
使用Div布局 ·················360
unit99 使用CSS+Div布局网页 ·······363
　　秒杀 应用疑惑 ···············369
　　动手练一练 ·················370

chapter 21　使用模板和库批量制作网页

unit100 创建模板 ···············372
直接创建模板 ·················372
　　实训项目：直接创建模板········372
从现有网页中创建模板 ···········372
　　实训项目：从现有网页中创建
　　　模板 ···················372
创建可编辑区域 ···············373
　　实训项目：创建可编辑区域······373
unit101 管理和使用模板 ···········374
应用模板 ·····················374
　　实训项目：模板的应用 ·········374
从模板中分离 ·················375

　　实训项目：模板的分离 ·········375
更新模板及模板内容页 ···········375
　　实训项目：模板的更新 ·········375
创建嵌套模板 ·················376
　　实训项目：模板的嵌套 ·········376
unit102 创建可选区域 ·············376
　　实训项目：创建可选区域 ·······376
unit103 创建和使用库 ·············377
创建库项目 ·················377
　　实训项目：库项目的创建········377
插入库项目 ·················378
　　实训项目：插入库项目 ·········378

编辑和更新库项目··············379
🔲 实训项目：更新库项目··············379
unit104 网站模板页的创建与应用·······**380**
创建模板页面··············380

模板代码详解··············384
应用模板创建网页··············385
🕐 秒杀 应用疑惑··············387
🔒 动手练一练··············388

chapter 22 使用行为创建动感网页

unit105 什么是行为··············**390**
行为··············390
事件··············391
常见事件的使用··············391
unit106 利用行为调节浏览器窗口·······**393**
"打开浏览器窗口"行为··············393
🔲 实训项目：创建打开浏览器窗口
网页··············394
"转到URL"行为··············396
🔲 实训项目：创建转到URL网页···396
调用脚本··············397
🔲 实训项目：调用JavaScript
创建自动关闭网页··············398
unit107 利用行为制作图像特效··········**399**
"交换图像"与"恢复交换图像"
行为··············399
🔲 实训项目：创建"交换图像"···399
🔲 实训项目：创建"恢复交换
图像"··············400

创建"预先载入图像"··············400
🔲 实训项目：图像预先载入·······400
🔲 实训项目：设置交换图像·······401
unit108 利用行为显示文本··············**402**
"弹出信息"行为··············402
"设置状态栏文本"行为··············402
"设置文本域文字"行为··············403
🔲 实训项目：创建显示状态栏
文本的网页··············403
unit109 利用行为控制表单··············**404**
"跳转菜单"行为··············404
"检查表单"行为··············404
unit110 Spry效果··············**405**
增大/收缩··············405
"晃动"行为··············405
🔲 实训项目：创建收缩效果的
网页··············406
🕐 秒杀 应用疑惑··············407
🔒 动手练一练··············408

chapter 23 制作早教平台类网站页面

unit111 站点的建立与主页结构设计·····**410**
规划和建立站点··············410
页面结构分析··············411

unit112 网站各级页面的制作··············**411**
制作首页··············411
制作次级页面··············428

近年来，随着信息技术与计算机技术的迅速发展，网络技术地突飞猛进，使现代技术与艺术融合在一起成为未来网页中平面设计的发展方向。换句话说，网页设计的审美需求是对平面视觉传达设计美学的一种继承和延伸。将平面设计应用到网页中去，增加网页设计的美感以满足大众的视觉审美需求，是网页设计发展的必然趋势。本章将对网页设计中平面视觉元素的设计原则、设计要素等知识进行介绍。同时，还将对Photoshop CC的基本操作进行详细讲解。

01 chapter 平面设计在网页中的应用

学习目标

- 了解平面设计视觉元素的特性
- 熟悉网页图像的设计原则
- 熟悉网页图像的保存格式
- 掌握新版Photoshop的基本操作
- 掌握网页图像色彩的调整方法

精彩推荐

⬠ 网页设计中图片的设计

⬠ 个人网站的设计

UNIT 01 网页设计中平面视觉元素的特性

网页是通过视觉元素来进行信息传达的，这里说的视觉元素包括文本、背景、按钮、图像、表格、导航工具、动态影像等。为了使网页获得最大的视觉传达功能，网页设计者要考虑的是如何适应人们视觉流向的心理和生理的特点，并将它们放进网页页面这个"大展示窗口"里。同传统平面设计一样，网页不只是把各类信息放上去能看就行，而是要考虑如何使受众更好更有效率地接收到网页上的信息。因此，网页设计中也同样包含了传统平面设计范畴的要素，如图片、图形、文字、色彩等要素在网页这一综合载体中的表现特性。

注目性

注目性是指页面形象要能引起浏览者视觉的注意。这种注意同视觉要素的结构、大小、方位、环境、色彩因素有关。加强注目性和视认度，表现在要采用简洁概括并且生动鲜明的视觉语言。例如下左图网站背景颜色清淡，目的是为了进一步突出深颜色主体图片，效果对比十分鲜明。在下右图中，使用引人注目的图案图形，起到了注目的引导效果。

适应性

网页设计中的视觉要素，要非常重视现代社会的特点以及受众者的文化层次、职业、年龄、心理因素，从尊重浏览者的心理习惯和公认原则出发，体现出适应性特征。反之，可能会出现页面形象和色彩设计的随意性，影响到信息浏览的效果。

例如下左图是一则公司网站主页，信息层次分明，页面结构完整，符合商业网站条理、完整、层次的要求。下右图是一则公司网站页面设计，非常地简洁有条理。从这两个案例能够看出网页设计要素虽然大同小异，但是在设计过程中必须根据主题内容和设计对象构思风格，这样才能够进一步提高网页适应性。

连续性

　　网页视觉要素传播信息的方式是层层累加的传递方式，称之为阶序运作。人的视觉系统对一定范围内信息的侦测，通常是按照从点到线再到面的顺序进行的。这种阅读习惯容易对版面中的点、直线、轮廓产生敏感，同时，对于出现次数多的图形和色彩产生习惯和适应。所以在网页设计中能够组织视觉要素以连续和重复的方式出现，也能够营造版面完整系统的效果，加强浏览者对网页网站的印象。下面两个图是一个网站的主页和子页，在色彩、文字、图片处理和细节元素的表现上均采用了统一的形式，增强了网页版面的连续性。

导向性

　　人的视觉、听觉等感官系统是心理活动的触发点。浏览者随着视觉信息的接受，会产生一系列的心理活动。借助简洁的页面形象和色彩引导浏览者向一定的方向集中注意力，从而产生正确的认识。所以视觉要素需要明确、简洁、可靠，注意防止信息误导，图形构成也要注意统一，要使参与网页设计的要素与传达信息的主要内容有关。如果页面形象繁杂，构成紊乱，只会导致浏览者放弃对该页面的阅读，从而使信息得不到有效地传达。例如下图中，明确的底色块布局，简洁的正方形和圆形文本导向图标，适当的标题文字字符和色彩的设计都有利于页面明确的视觉引导。

UNIT 02 平面设计在网页设计中的要素

网页设计作为一门新兴的设计类和网络媒体的交叉学科，随着互联网的不断发展而受到人们的重视，它是以网络为载体，把各种信息以最快捷、方便的方式传达给受众。在这种标准的要求下，逐步产生了相应的审美需求，下面将对平面设计在网页设计中的重要元素进行介绍。

网页图形图像的设计

网页设计中的图形图像包括小图标按钮、表格以及图片等。

（1）图标按钮设计

图标按钮既可以作为交互点，同时又是网页设计中的视觉要素。图标在页面中有时可以作为导向，有时可以作为功能指示符号。就如同公共场所的导向和图标一样，这些小的图形符号在设计上需要较强的识别度和广泛的认知度。在设计形式上要做到简练、易识别，下图中的按钮样式就非常明显地显示在页面中。

（2）图片设计

网页设计中的图片是除文字以外，最早引入到网络中的设计要素，可以图文并茂地向用户提供信息，加大了它所提供的信息量。而且图片的引入也大大美化了网络页面。可以说，要使网页在纯文本基础上变得更有趣味，最简捷省力的办法就是使用图片。对于一条信息来说，图片对受众的吸引也远远超过单纯的文字。图片的位置、面积、数量、形式、方向等直接关系到网页的视觉传达。

TIP 在图片的选择和优化的同时，应考虑图片在整体编辑计划中的作用，达到和谐整齐。要达到这样的效果，页面图片选用时，一要注意视觉统一，二要注意颜色悦目，三要注意重点突出，特别是处理和相关文字编排在一起的图片的时候。

（3）表格设计

在网页设计中表格设计被定义为网页的框架设计，网页设计中的平面设计表格或图表，与常规静态页面中的图表是一个概念，这里的图表和表格泛指在屏幕中显示的，可直观展示统计信息属性（时间性、数量性等）的，对知识挖掘和信息直观生动展示起关键作用的图形结构。图表设计隶属于视觉传达设计范畴，是通过图示、表格来表示某种事物的现象或某种思维的抽象观念。网页设计中的图表也要求简明、清晰。

网页文字字体的设计

　　文字作为信息传达的主要手段，是网页设计的主体。文字是网页中必不可少的元素，也是网页中的主要信息描述要素，所以网页中文字将占据相当大的页面，文字表现的好与坏将影响到整个网页的质量。网页文字的主要功能是传达各种信息，而要达到这种传达的有效性，必须考虑文字编辑的整体效果，要能给人以清晰的视觉印象，避免页面繁杂零乱，减去不必要的装饰变化，使浏览者易认、易懂、易读。不能为造型而编辑，忘记了文字本身是传达内容和表达信息的主题。

　　网页文字编排与设计，重要的一点在于要服从信息内容的性质及特点的要求，其风格要与内容特性相吻合，而不是相脱离，更不能相互冲突。

- 政府网页其文字具有庄重和规范的特质，字体造型规整而有序，简洁而大方；
- 公司网页可根据行业性质、企业理念或产品特点，追求某种富于活力的字体编排与设计；
- 休闲旅游类网页，文字编辑应具有欢快轻盈的风格，字体生动活泼，跳跃明快，有鲜明的节奏感，给人以生机盎然的感受；
- 历史文化教育方面的网页，字体编辑可具有一种苍劲古朴的意蕴、端庄典雅的风范或优美清新的格调；
- 个人主页则可结合个人的性格特点及追求，别出心裁，给人一种强烈独特的印象。

网页色彩的设计

　　色彩设计是网页整体效果优劣的关键。首先，在整个页面的色彩选择上，确定一个主色调，有利于体现网站主题。我们现在看到的网页，一般以浅颜色背景的居多，如浅灰色、浅黄色、浅蓝色、浅绿色。以浅颜色为底，柔和、素雅，配上深颜色的字，读起来自然、流畅，也有利于突出页面的重点和整个页面的配色，更容易为大多数人认可和掌握。其他一些次要内容，如背景图片、线条等，适宜采用不抢眼的颜色，以免喧宾夺主。只有少量精心选择的元素，为了突出强调的需要，才采用明亮的色彩，这些彩色亮点就会产生强烈的视觉冲击，但如果用得太多了，就达不到强调的效果了。

　　其次，在背景的色调搭配上一定要注意不能有强烈的对比，特别是同时使用色彩对立的颜色。大面积颜色适宜采用低对比度，因为过于丰富的背景色彩会影响前景图片和文字的取色，严重时会使文字溶于背景中，不易辨识。所以，背景一般应以单纯为宜。如果需要一定的变化以增加背景的厚度，也应是在尽量统一的前提下的一种变化。例如在制作标题时，为追求醒目的视觉效果，可用比较深的颜色，配上对比鲜明的字体。实际上背景的作用主要在于统一整个网页的风格和情调，对视觉的主体起到一定的衬托和协调作用，一方面吸引读者的注意力，另一方面有助于体现网站的主题。

网页版面布局的设计

网页设计同样要运用静态版面设计的原理，在布局设计过程中应注意以下几个问题：

首先要明确页面版面框架设计，常见的网页版面框架结构有下图所示的几种。设计网页版面时，在确定好框架之后，可以在大框架中再做小的块面分割。

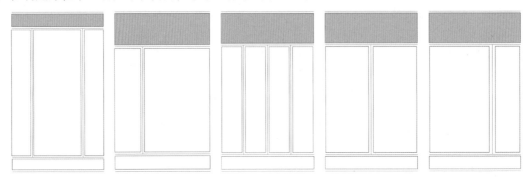

其次，在搭建好框架的基础上，在布局中要注重整体版面的平衡。平衡简单地说就是重量的平均分配，使构成图像的各组成部分在视觉力量上保持一种均衡稳定的状态。

第三是网页版面布局中的焦点和主次。人们浏览一个网页的时候，首先会看到的地方称为焦点，这是设计网页时最注重的一部分。设计人员通常有一个主要信息要传达，同时还有一些辅助信息。在设计时，如果强调一切元素，就什么都强调不了，最后造成视觉的混乱。因此只对页面上的几个元素加以强调，使其在显示中比其他元素有更大的优先权。要建立一个主次关系，利用大小、位置、颜色等元素使浏览者根据重要性来看这些元素，产生一个信息流，从最重要的开始，一直到最不重要的。

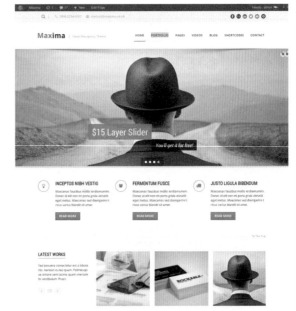

形成版面布局的焦点和主次就是形成视觉流程，视觉流程的形成是由人类的视觉特性所决定的。因为人眼独特的结构，造成只能产生一个焦点，而不能同时把视线停留在两处或两处以上的地方。这样就使得人们在阅读一种信息时，视觉总有一种自然的流动习惯，先看什么，后看什么，再看什么。心理学的研究表明，在一个平面上，上半部让人轻松和自在，下半部则让人稳定和压抑。同样，平面的左半部让人轻松和自在，右半部让人稳定和压抑。所以平面的视觉影响力上方强于下方，左侧强于右侧。这样平面的上部和中上部被称为"最佳视域"，也就是最优选的地方。

因此，在网页设计中，重要的信息和标题栏通常在页头位置出现。只要遵循视觉流程并符合人们认识过程的心理顺序和思维发展的逻辑顺序，就可以更为灵活地运用了。在网页设计中，灵活而合理地运用视觉流程和最佳视域，组织好自然流畅的视觉导向，直接影响到传播者传达信息的有效性。

接下来，列举两则典型的网页设计效果进行分析。

下左图是一则个人设计网站，页面均以矢量图像效果表现。色彩丰富，字体活泼，在形式上显得非常地自由轻松。

再比如，下右图是一则展示时尚服装的网页，在图片和图形的表现上特点突出，字体设计时尚，版面的构图在整体中有灵活的变化，因为是和女性相关的网站，所以色彩搭配较为柔和。

UNIT 03 Photoshop CC初体验

运行Photoshop CC程序并打开设计好的图像后，用户会发现，新版软件默认的界面是深色风格，我们按下Ctrl+F2组合键，对界面颜色进行切换，将其界面风格调整为浅色。本小节将对Photoshop CC界面中各组成部分进行详细地介绍。

1. 菜单栏

菜单栏位于面的最上面，显示当前应用程序名称和11个菜单，右侧为最小化、最大化和关闭按钮，分别用于缩小、放大和关闭应用程序窗口，如下图所示。

Photoshop CC菜单栏中包含了多个不同的功能和使用目的菜单，主要用于执行文件、图像处理、窗口显示等操作。

- "文件"菜单主要用于完成Photoshop文件的相关操作，包括文件的打开、关闭、保存、导入、导出、置入以及打印等。
- "编辑"菜单主要用于在处理图像时执行复制、粘贴、撤销以及定义图案等操作。
- "图像"菜单主要用于设置有关图像的各项属性，包括设置图像的颜色模式、颜色、色调、图像尺寸、画布大小等。
- "图层"菜单主要用于执行有关图层的各种操作，包括新建、复制、添加图层样式、群组、链接、合并等。
- "类型"菜单主要用于对图像中的文字进行设置。
- "选择"菜单主要用于完成相应的选择操作，如修改、保存和载入选区等。
- "滤镜"菜单主要用于执行各种滤镜命令，以在瞬间得到许多奇妙的图像效果。滤镜是一个非常神奇的功能，是制作图像特效必不可少的工具。
- 3D菜单主要用于将3D文件导入到Photoshop应用程序中，并对文件进行一系列相关操作，如从3D文件新建图层、3D绘画模式等。
- "视图"菜单主要用于对Photoshop CC的显示方式、显示内容进行控制。这些操作对图像本身没有任何影响，而是能够很好地协助用户顺利进行图像的处理工作。
- "窗口"菜单主要用于控制打开的图像文档，控制调板的显示、隐藏以及排列方式。使用相应的工作区命令，可以对当前窗口的布局进行保存和恢复。
- "帮助"菜单主要用于为用户解答Photoshop CC软件操作的一些相关问题，根据其中的提示向导，用户能够很顺利地完成图像所需要的操作。

2. 工具箱

工具箱中集合了图像处理时所需要的所有工具，如选区工具、绘图工具、文字工具、图像编辑工具及其他辅助工具。默认状态下，工具箱位于窗口的左侧。工具箱中各个工具的名称如右图所示。

使用工具时，用鼠标单击相应的工具便可将其选中，而有些工具按钮右下方有一个三角形符号，说明该工具是一个工具组。打开工具组的方法是：右击该工具，或用鼠标单击该工具并按住不放，即可将所有工具全部显示。

3. 工具选项栏

工具选项栏用于设置所选工具的相关属性，它会根据所选工具不同发生变化，如下图所示。在使用某种工具前，首先要在工具选项栏中设置其参数。

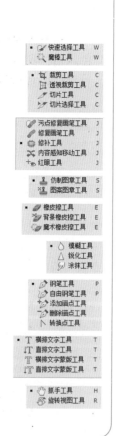

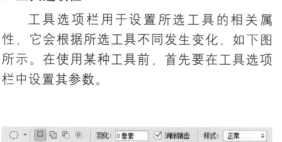

4. 浮动面板

在Photoshop CC窗口右侧有许多浮动面板，这些面板汇集了图像编辑中常用的功能或选项，可以方便用户完成图像的各种编辑工作。

默认情况下，面板位于文档窗口的右侧，其主要功能是查看和修改图像。一些面板的菜单中还会提供其他命令和选项。用户可使用多种不同方式组织工作区中的面板。

此外，用户可以将面板存储在"面板箱"中，以使它们不干扰工作且易于浏览，或者可以让常用面板在工作区中保持打开，如右图所示。

> **TIP** 若想隐藏或显示所有面板（包括"工具"面板和"控制"面板），可以按【Tab】键。若想隐藏或显示所有面板（除"工具"面板和"控制"面板），可以按【Shift+Tab】组合键。

5. 状态栏

状态栏位于图像窗口的底部，用于显示图像文件的显示比例、文件大小、操作状态和提示信息等。用户可以单击状态栏右端的▶按钮，在弹出的下拉菜单中进行的选择和设置，如右图所示。

比例显示用于控制图像窗口的显示比例，位于图像编辑窗口的左下角。直接在比例显示文本框中输入显示的比例，按回车键后即可按设置比例预览当前文件。

比例显示　　文件信息显示

文件信息显示可以根据用户的需要进行显示，其中包括文档大小、文档配置文件、文档尺寸、测量比例、暂存盘大小等。

Unit 04 网页图片的编辑操作

本节主要介绍Photoshop CC中最基本、最常用的编辑操作，将详细介绍如何新建文件、打开和关闭文件以及如何保存文件的操作方法。

新建网页图片文件

新建文件的操作非常简单，常用的操作方法有以下两种：

- 选择"文件>新建"命令，进行创建。
- 按【Ctrl+N】组合键，进行创建。

通过以上操作均可打开"新建"对话框，在该对话框中可以设置新文件的名称、尺寸、分辨率、颜色模式及背景。设置完成后，单击"确定"按钮，即可创建一个新文件。在该对话框中，如果不进行相关参数的设置，系统将按默认值新建一个文件。

保存网页图片文件

在Photoshop CC中，文件的保存操作也很简单，其相关的命令为"存储"、"存储为"等。

选择"文件>存储"命令，或按【Ctrl+S】组合键，可以对当前文件进行保存操作。若文件是第一次保存的，则会出现"存储为"对话框，如下右图所示。

"存储为"命令主要用于对打开的图像进行编辑后，将文件以其他格式或名称保存。选择"文件>存储为"命令，或按【Ctrl+Shift+S】组合键，可以将当前打开的图像保存为另外一种文件名或文件类型。

此外，"存储为Web所用格式"命令的含义为将文件保存为Web文件，而原文件保持不变。

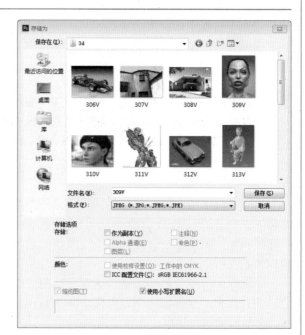

打开网页图片文件

下面将对打开和关闭图片文件的操作进行介绍。

1. 打开文件

打开图像文件有多种方法，常用的方法如下：

- 选择"文件>打开"命令，或按【Ctrl+O】组合键，即可弹出"打开"对话框，如右图所示，从中可以选择要打开的文件，单击"打开"按钮即可。
- 双击Photoshop编辑区，在弹出的"打开"对话框中选择要打开的文件，单击"打开"按钮。
- 选择"文件>最近打开文件"命令，在弹出的子菜单中进行选择，可打开最近操作过的文件。

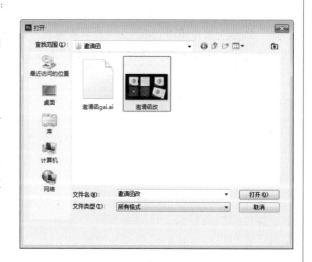

2. 关闭文件

当编辑或绘制好一幅图像作品后需要存储并关闭该图像窗口。其关闭操作为：单击图像标题栏最右端的关闭按钮，如下左图所示，也可以选择"文件>关闭"命令，或按【Ctrl+W】组合键。

如果文件还没有存储或存储过又作了修改，系统会弹出一个询问对话框，如下右图所示。询问是否要在关闭之前进行存储，如果需要存储，应单击"是"按钮；反之，单击"否"按钮；如果改变主意不关闭这个文档了，就单击"取消"按钮。

UNIT 05 网页图片基础知识

本节将对网页中有关图片的基本知识进行介绍，下面将详细地对常用图片的格式、颜色模式等进行介绍。

常用图片格式

每一个软件都有专用的图像格式，Photoshop CC除了可对自带格式PSD格式图像进行编辑之外，还支持其他多种格式的图像文件编辑。Photoshop CC不但可以导入多种格式的图像文件，同时也能够导出多种格式的图像文件。我们可以根据工作环境的不同选用相应的图像文件格式，以便获得最理想的效果。

1. PSD（*.PSD）格式

PSD格式是Adobe Photoshop软件专用的格式。PSD格式是惟一可支持全部颜色模式的图像格式，它可以储存Photoshop中所有的图层、通道、路径、参考线、注释和颜色模式等信息。

PSD格式在保存时会压缩文件，以减少占用磁盘空间，但由于PSD格式包含图像数据信息较多，所以相对其他格式图像而言还是要大得多。由于PSD文件保留了所有原图像信息，修改起来较为方便，所以我们在编辑或修改时，最好还是使用PSD格式来存储文件。

2. JPEG（*.JPG）格式

JPEG格式是一种压缩效率很高的存储格式。JPEG格式的最大特点就是文件比较小，可以进行高倍率的压缩，是目前所有格式中压缩率最高的格式之一。它是一种有损压缩格式，保存后的图像与原图有所差别，没有原图像质量好，因此印刷品最好不要用此图像格式。

3. BMP（*.BMP）格式

BPM格式是一种Windows或OS2标准的位图式图像文件格式，它支持RGB、索引颜色、灰度和位图颜色模式，但不支持Alpha通道。由于该图像格式采用的是无损压缩，其优点是图像完全不失真，其缺点是图像文件的尺寸较大。

4. GIF（*.GIF）格式

GIF格式最多只能存储256色的RGB色彩，因此其文件容量比其他格式小，适合应用于网络上图片的传输。正由于GIF格式最多只能存储256色，所以在存储之前，必须将图片的模式转为位图、灰度或索引颜色等模式，否则将没办法存储。

5. PNG（*.PNG）格式

PNG格式是由Netscape公司开发出来的格式，它结合了GIF与JPEG格式的特性，不但可以用破坏较少的压缩方式，而且可以制作出透明背景的效果，此外PNG图片还可以同时保留矢量图与文字信息。

PNG格式支持含一个单独Alpha通道的RGB和灰度模式、索引颜色、位图模式，以及含Alpha通道信息的文件。

图像颜色模式

颜色模式决定了用于显示和打印图像的颜色模型，它决定了如何描述和重视图像的色彩。在Photoshop中，要正确的选择颜色，必须先了解颜色模式。常见的颜色模式有RGB（红色、绿色、蓝色）、CMYK（青色、洋红、黄色、黑色）、HSB（色相、饱和度、亮度）和Lab等。此外，Photoshop也包括了用于特别颜色输出的模式，如位图（Bitmap）、灰度（Grayscale）、索引颜色（Index Color）、双色调（Duotone）模式等。

1. RGB颜色模式

RGB颜色模式是Photoshop中最常用的一种颜色模式，这是因为在RGB模式下处理图像比较方便，而且该模式的图像文件要比CMYK图像文件小得多，且在RGB模式下，Photoshop所有的命令和滤镜都能正常使用。

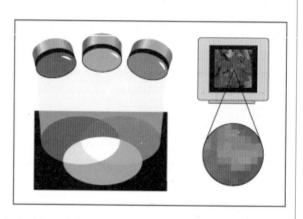

RGB是指红（R）、绿（G）、蓝（B）三原色，也叫光的三原色。该模式中所有其他颜色的色彩均由此三原色依不同比例混合而成，如右图所示。如果将RGB三原色的光谱以最大的强度混合时，就会形成白色，由于各种色光混合后的结果会比原来单独的色光还亮，所以又称为"加色混合"。虽然RGB图像只使用3种颜色，但在屏幕上可以重现多达1670万种颜色。

针对RGB色彩模型的加色混合原理，Photoshop系统提供了由RGB色彩模式来描述RGB色彩模型的图像，将所有可见的颜色由各色光不同的强度，分为0~255的色阶。当RGB的值是0时，是完全的黑色，当RGB的值都为255时，就是完全的纯白色。

2. CMYK颜色模式

CMYK模式是一种印刷模式，CMYK图像由印刷分色的纯青色（C）、洋红（M）、黄色（Y）和黑色（K）四种颜色组成。它们是四通道图像，包含32（8×4）Bits/pixel。

CMYK色彩模式，是以0~100%来表示颜料浓度，想要表示纯白的颜色，各色油墨的数值将会是0%。

一般只有在图像打印输出时，才使用CMYK模式。RGB色彩模式的图像需要转换为CMYK的色彩模式，才能使原有的RGB模式的色彩用CMYK油墨来表示出来。CMYK颜色要比RGB颜色暗。如果从RGB图像着手编辑的话，最好先编辑后转换成CMYK模式。在CMYK模式下，Photoshop部分命令和滤镜不能使用。

3. HSB颜色模式

HSB 色彩模式是普及型设计软件中常见的色彩模式，其中H代表色相；S代表饱和度；B代表亮度。

（1）色相H（Hue）：在0~360°的标准色环上，按照角度值标识。比如红是0°、橙色是30°等。

（2）饱和度S（saturation）：是指颜色的强度或纯度。饱和度表示色相中彩色成分所占的比例，用从0%（灰色）~100%（完全饱和）的百分比来度量。在色立面上饱和度是从左向右逐渐增加的，左边线为0%，右边线为100%。

（3）亮度B（brightness）：是颜色的明暗程度，通常是从0（黑）~100%（白）的百分比来度量的，在色立面中从上至下逐渐递增，上边线为100%，下边线为0%。

4. Lab颜色模式

Lab颜色模式由亮度或光亮分量（L）和两个色度分量组成，即a分量（从绿到红）和b分量（从蓝到黄），如右图所示。

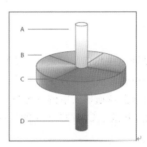

L*a*b* 模型：
A. 亮度=100（白色）
B. 绿色到红色分量
C. 蓝色到黄色分量
D.亮度=0（黑色）

Lab颜色的最大优点是与设备无关，无论使用什么设备（如显示器、打印机、计算机或扫描仪）创建或输出图像，这种颜色模式所产生的颜色都可以保持一致。

因为Lab颜色和设备无关，所以在Photoshop中如果要在不同颜色模式之间相互转换，应该首先转换为Lab颜色，再转换为目标颜色模式。

5. 位图（Bitmap）模式

位图模式使用两种颜色值（黑白）来表示图像中的像素。由于位图图像由1位像素组成，所以文件非常小。当图像要转换成位图模式时，必须先将图像转换为灰度（Grayscale）模式后，才能转换成位图模式，如下图所示。

6. 灰度（Grayscale）模式

灰度模式的图像是由256级灰度颜色组成的图像，灰度图像的每个像素都可以具有0~255之间的任何一个亮度值。任何一种彩色图像转换为"灰度"图像时，所有的颜色都将被删除。由于"灰度"模式图像具有介于黑、白颜色间的256级灰度，因此可以表现过渡非常细腻的图像。

7. 索引颜色（Index Color）

与RGB和CMYK模式图像不同，在索引颜色模式下图像只能显示出256种颜色，因此常有图像失真的现象。

索引颜色模式的图像含有一个颜色表，颜色表中包含了图像中256种使用最多的颜色。而对于颜色表之外的颜色，Photoshop则从256种颜色中选择与其最相近的颜色模拟该颜色。由于这种模式的图像比RGB模式的图像小得多，可以减少文件所占的空间，并降低图像文件在网络上的传输时间，因此较多应用于网络中。

8. 双色调模式（Duotone）

彩色印刷品通常情况下都是以CMYK四种油墨来印刷的，但也有些印刷品，例如名片，往往只需要用两种油墨颜色就可以表现出图像的层次感和质感。因此，如果并不需要全彩色的印刷质量，可以考虑利用双色印刷来降低成本。要注意的是，要转换成双色调模式，必须先转成灰度模式。

TIP

认识多通道模式

多通道模式在各个通道中均使用了256个灰度级。可以将一个以上通道合成的任何图像转换为多通道图像，而原来的通道则被转换为专色通道。

在打印时，不能打印多通道模式中的彩色复合图像，而且大多数输出文件格式不支持多通道模式图像。如果用户删除了RGB、CMYK或Lab图像中的某个通道，该图像则会自动转换为多通道模式。

UNIT 06　网页图像色彩的调整

在Photoshop CC中，选择"图像>调整"命令对图像进行色彩调整。用户也可以在"调整"面板中找到用于调整颜色和色调的工具，单击"工具"图标以选择调整并自动创建非破坏性调整图层。本节将对常用的图像色彩调整命令进行介绍。

亮度/对比度调整

"亮度/对比度"命令可以方便快捷地调整图像明暗度，选择"图像>调整>亮度/对比度"命令，即会弹出"亮度/对比度"对话框，如右图所示。

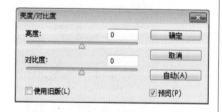

拖动对话框中的"亮度"或"对比度"滑块进行颜色调整。还可以勾选"使用旧版"复选框，使用旧版本中的"亮度/对比度"命令来调整图像。在默认情况下，是使用新版的功能进行调整。新版本命令在调整图像时，仅对图像的亮度进行调整，而色彩的对比度则保持不变。

对下左图的原图像进行调整时，拖动"亮度/对比度"滑块可以预览图像的变化。调整"亮度/对比度"后，图像会发生相应的改变，如下中图所示。而下右图所示为勾选"使用旧版"复选框后，按照同样参数对图像处理后的效果。

色阶调整

选择"图像>调整>色阶"命令，通过调整图像的阴影、中间调和高光的强度级别，从而校正图像的色调范围和色彩平衡。

在"色阶"对话框中，两个"输入色阶"滑块将黑场和白场映射到"输出"滑块的设置。

默认情况下，"输出色阶"滑块位于色阶0（像素为黑色）和色阶255（像素为白色）之间。"输出色阶"滑块位于默认位置时，如果移动黑场输入滑块，则会将像素值映射为色阶0，而移动白场滑块则会将像素值映射为色阶255。其余的色阶将在色阶0和255之间重新分布。这种重新分布情况将会增大图像的色调范围，以改变图像的高光和阴影，从而增强了图像的整体对比度。

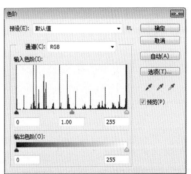

中间输入滑块用于调整图像中的灰度系数，它会移动中间调，并更改灰色调中间范围的强度值，但不会明显改变高光和阴影。

下面将使用"色阶"对话框，通过具体的实例来介绍改变图像的亮暗程度的具体操作步骤。

01 打开素材图片，可以看到景物图片色彩偏暗。

02 选择"图像>调整>色阶"命令，打开"色阶"对话框。

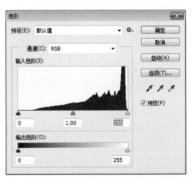

TIP 如果需要对大量图像进行处理，可以单击"色阶"对话框中"预设"选项右侧"预设选项"按钮，选择"存储预设"选项，执行存储操作，这样在处理其他图像时，只需要在"预设选项"列表中选择"载入预设"选项，调入存储文件，即可完成对图像的调整操作。

03 向左移动“输入色阶”滑块可使整个图像变亮，向右移动则使图像变暗。

04 经过上述操作，即可使整个图像相应的变化。

曲线调整

在Photoshop中可以使用“曲线”或“色阶”命令，调整图像的整个色调范围。“曲线”命令可以调整图像的整个色调范围内的点（从阴影到高光），“色阶”命令，只有三个调整（白场、黑场、灰度）系数。

“曲线”命令不仅可以调整图像整体色调，还可以用来对图像中的个别颜色通道进行精确调整，其功能非常强大。下面将对“曲线”命令的使用方法进行详细介绍。

01 打开原图像，选择要调整的背景图层，选择“图像>调整>曲线”命令，或按组合键【Ctrl＋M】。

02 打开“曲线”对话框。在“通道”下拉列表中选择调整的通道。“输入”与“输出”值相同，在“曲线”对话框中看到的是一条直线。

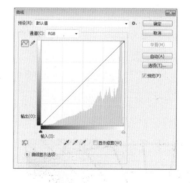

03 在直线上单击可增加变换控制点，拖动变换控制点，即可调整图像对应色调的明暗度。

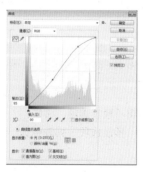

04 如果需要调整多个区域，可以在“直线”上单击多次，以添加多个变换控制点。图像调整效果如下图所示。

05 如果需要随意状态的"曲线",可以单击"曲线"对话框中铅笔按钮，通过绘制来修改曲线。

06 在曲线调整框中移动光标自由绘制曲线。绘制的曲线形状越不规则，色彩的明暗变化越强烈。

TIP 单击"曲线"对话框中"预设"选项右侧"预设选项"按钮，选择"存储预设"命令，在弹出的对话框中输入一个文件名，可以将当前使用的调整曲线保存为一个文件。如果需要对成批图像进行处理，则可以将存储的文件调入，就可以完成对图像的批量调整操作。

色相/饱和度调整

使用"色相/饱和度"命令，可以调整图像中特定颜色范围的色相、饱和度和亮度，或者同时调整图像中的所有颜色。此调整尤其适用于微调 CMYK 图像中的颜色，以便它们处在输出设备的色域内。同样可以在"色相/饱和度"对话框中存储设置的结果，并载入以在其他图像中重复使用。

下面将对"色相/饱和度"命令的使用进行详细介绍。

（1）打开要调整的原图像，选择"图像>调整>色相/饱和度"命令，或按组合键【Ctrl＋U】，打开"色相/饱和度"对话框，如下右图所示。

（2）从"预设"下拉列表中选择系统自带的调整选项，可以快速调整图像的色相和饱和度。

（3）可以在"全图"下拉列表中选择要调整的颜色。

- 全图：选择"全图"选项，调整图像中所有的颜色。
- 红色、黄色、绿色、青色、蓝色和洋红：选择其中一种颜色，调整图像中相应颜色。右图为仅调整红色的效果。
- 吸管工具 ：可以在图像中定义要调整的颜色，然后拖动吸管下面的滑块选择颜色的范围。

（4）拖动滑块调整图像的色相/饱和度。

- "色相"滑块：用于调整图像颜色的色彩。
- "饱和度"滑块：用于调整图像颜色的饱和度。数值为正时，加深颜色的饱和度；数值为负值时，降低颜色的饱和度，如果数值为-100，则调整的颜色将变为灰度图像。右图为加深颜色饱和度的效果。

- "明度"滑块：用于调整图像颜色的亮度。
- 拖动调整工具：在对话框中单击选拖动调整工具，在图像中单击某一处，并在图像中向左或向右拖动，可以减少或增加包含所单击像素的颜色范围的饱和度，如果在执行此操作时按住Ctrl键，则左右拖动可以改变相对应区域的色相。

（5）勾选"着色"复选框，可以对灰度图像着色或创建单色调效果，右图为将图像改变为一种双色调的效果。

色彩平衡调整

"色彩平衡"命令适用于普通的色彩校正，能更改图像的总体颜色混合。选择"色彩平衡"命令可以在图像原色彩的基础上根据需要添加另外的颜色，以改变图像原色彩。

打开要调整的原图像，选择"图像>调整>色彩平衡"命令，打开"色彩平衡"对话框，如下图所示。

在"色彩平衡"对话框中各选项的含义介绍如下：

- "阴影"：选择此单选按钮，将会调整图像阴影部分的颜色。
- "中间调"：选择此单选按钮，将会调整图像中间调的颜色。
- "高光"：选择此单选按钮，将会调整图像高亮部分的颜色。
- "保持明度"：勾选此复选框，可以保持图像原来的亮度，即在操作时仅有颜色值被改变，像素的亮度值不变。

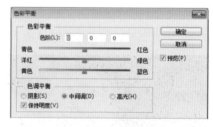

在"色彩平衡"对话框中拖动"青色"、"洋红"和"黄色"三组滑块，可以增加或减少对应的颜色。比如原图像色彩偏绿，我们设置完成后单击"确定"按钮，图像色彩相应会发生改变，如下图所示。

替换颜色

使用"替换颜色"命令，可以创建蒙版，首先选择图像中的特定颜色，然后替换那些颜色。可以设置选定区域的色相、饱和度和亮度，也可以使用拾色器来选择替换颜色。

01 启动Photoshop CC，打开需要替换颜色的原图像。

02 选择"图像>调整>替换颜色"命令，打开"替换颜色"对话框。

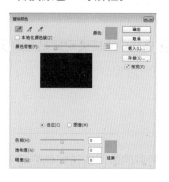

03 在图像或预览框中，使用吸管工具 单击选择由蒙版显示的区域。通过拖移"颜色容差"滑块，调整蒙版的容差。

04 拖移"色相"、"饱和度"和"明度"滑块设定需要调整后的颜色，在图像上可以实时预览调整变化。

05 使用"添加到取样"吸管工具 ，添加区域；或使用"从取样中减去"吸管工具 ，移去区域。

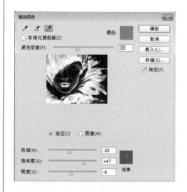

06 设置完成后单击"确定"按钮，人物衣服色彩会发生相应的替换。

01 在设计网页时，有页面尺寸的规定吗？

由于页面尺寸和显示器大小以及分辨率有关系，网页的局限性就是在于版面尺寸无法突破显示器的范围，一般分辨率在600×800的情况下，页面的显示尺寸为780×428个像素；分辨率在640×480的情况下，页面的显示尺寸为620×311个像素；分辨率在1024×768的情况下，页面的显示尺寸为1007×600个像素。可以看出，分辨率越高，页面尺寸越大。

02 Web上常用图像格式中支持透明背景图的是哪些？

GIF格式可以用来存储各种图像文件。GIF格式的文件非常小，它形成的是一种压缩的8位图像文件，所以最多只支持256种不同的颜色，支持动态图、透明图和交织图。PNG格式是一种无损压缩格式，但是如果没有插件支持，有的浏览器可能不支持这种格式，该格式最多可以支持32位颜色，支持透明图但是不支持动画图。

03 在设计网页时，色彩的数量应该如何把握？和静态常规版面设计中的色彩搭配一样吗？

常规静态版面设计中的色彩有的很少，只有1-2种色彩，多的在4-5种以上，初学者在设计网页时往往使用多种颜色，使网页看起来很花哨，缺乏统一性和协调性，事实上网站用色并不是越多越好，一般控制在3种以内，一般通过调整色彩的各种属性（如明度、纯度）来产生变化。

04 在设计网页时，对于字体和字号具体有什么要求？

最适合用于网页正文大小的字体磅数为12磅，如果文字内容较多，可以采用9磅字体。较大的字体可以用于标题或者其他需要强调的地方，小字一般用于页脚和辅助信息，小字号易产生整体感和精致感，但可读性差一些。同时，还要注意文字的行距和字体的关系为5:6，若文字是10磅，行距为12磅，这样容易形成一条水平的空白带，引导浏览者的目光。

05 RGB模式的图像中每个像素的颜色值都由R、G、B三个数值来决定，当R、G、B数值相等、均为255、均为0时，最终的颜色分别是什么？

最终的颜色为偏色的灰色、纯白色、纯黑色。

06 如何通过"变化"命令调整颜色和亮度？

执行"图像>变化"命令，在打开的"变化"对话框中，若要将所需颜色添加到图像上，单击相应的颜色缩览图；若要减去颜色，单击其相反颜色的缩览图。例如，若要减去青色，单击"加深红色"缩览图。若要调整亮度，则单击对话框右侧对应的缩览图。

1. 调整曝光过度

制作流程：

（1）打开素材图，选择"图像>调整>色阶"命令，拖动中间的输入色阶滑块向右移动，使图像整体变暗。

（2）再执行"图像>调整>亮度/对比度"或"曲线"命令，调整图像色调。

2. 图像调整-替换颜色

制作流程：

（1）打开素材图片。

（2）选择"图像>调整>替换颜色"命令，打开"替换颜色"对话框。

（3）使用"吸管工具" 🖊 单击图片中衣服绿色部分区域，以选择由蒙版显示的区域。

（4）通过拖移"颜色容差"滑块或输入相应的值，调整蒙版的容差。

（5）通过调整"色相"滑块，更改衣服颜色。

（6）使用"添加到取样"吸管工具 🖊 添加区域；或使用"从取样中减去"吸管工具 🖊 移去区域，调整为所需颜色效果。

各种图像的处理往往是基于对图像选取的基础上，之后才能在所选区域上进行操作，因此选择区域是处理网页图像的前提。本章介绍了许多有关选区方面的概念和基本操作，例如什么是选区、羽化，如何使用不同工具创建选区，如何依据色彩来进行选择，如何对选区进行编辑等。无论要在Photoshop里做什么，都不能忽略本章的内容，因为选取工具是熟练使用Photoshop的关键所在。

02
chapter
图像的选择与编辑

|学习目标|

- 了解什么是选区
- 熟悉选框工具、套索工具、魔棒工具的使用
- 熟悉选区的存储和载入的操作方法
- 熟悉选区的运算、调整、修改、变换的方法
- 掌握图像的填充、描边、裁剪、旋转等操作

精彩推荐

△ 创建选区调整网页图片效果

△ 利用色彩范围命令创建选区

UNIT 07 图像的选取

本节主要介绍 Photoshop CC 图像的选择，其中包括选择区域的概念和作用、选区的创建途径、选区的编辑方法及选区的存储方法。

创建选区

选区是Photoshop中最重要、最常用的辅助工具。当要对图像的某个部分进行编辑时，就必须通过各种途径将所需区域选中。要选中所需区域就有一个指定的过程，这个指定的过程称为选取，选取后形成选区，也就是所说的创建选区。

简单地说，选区就是一个限定操作范围的区域，有了选区，所有操作都被限定在选区中。选区是封闭的区域，可以是任意形状，但一定是封闭的。选区一旦建立，大部分的操作就只针对选区范围内有效。如果要针对全图操作，必须先取消选区。

创建选区的基本方法

在Photoshop CC中创建选区的方法有很多种，在操作时可以根据具体情况选择最便捷的方法进行创建。

■ 选框工具

下面将对选框工具组、选框工具选项栏以及选框工具的使用技巧分别进行介绍。

1．选框工具组

选框工具组中包括矩形选框工具、椭圆选框工具、单行选框工具和单列选框工具，如右图所示。利用它们可以快速创建各种基本形状的选区。

- 矩形选框工具：用于创建矩形选区。
- 椭圆选框工具：用于创建椭圆形选区。
- 单行选框工具：用于创建高度为1像素的选区。
- 单列选框工具：用于创建宽度为1像素的选区。

运用矩形选框工具在图像中拖动画出一块矩形区域，松手后会看到区域四周有流动的虚线。这样，我们就已经建立好了一个矩形的选区，流动的虚线是Photoshop对选区的表示。虚线之内的区域就是选区，在选取过程中如果按下【Esc】键将取消本次选取。

2．选框工具选项栏

选择选框工具后，选项栏中会显示出相对应的选项，如下图所示。

在选项栏中，紧邻工具图标右侧的4个按钮，分别为"创建新选区"、"添加到选区"、"从选区减去"、"与选区交叉"。它们也被称为选区范围运算，在本章后面的小节会对其进行专门介绍。"羽化"文本框用于设定选区边缘的柔和效果，取值范围是0～255，数值越大，选区边缘越柔和虚化。

"样式"选项列表中有3种方式可供选择："正常"表示以鼠标的起点和终点任意选择选区；"固定长宽比"表示以设定的长宽比来确定选区；"固定大小"表示以输入高、宽数值，来确定精确的选区。

　　"消除锯齿"复选框用于消除视觉上的锯齿硬边效果。由于像素是正方形色块，因此选取弧形或不规则形时，会产生锯齿状的边缘，分辨率越低越明显。若勾选该复选框，便可以在锯齿间填入介于边缘与背景的中间色调的色彩，以消除视觉上的锯齿硬边效果。

> **TIP** "消除锯齿"功能仅限于椭圆选框工具下使用，灰色的复选框表示此工具无此项选择，不能勾选。

实训项目 选框工具的应用

　　下面将对选框工具的具体使用方法进行介绍。

01 首先绘制一个矩形选区，然后单击选项栏中的"添加到选区"按钮，在原有选区的基础上，增加新的选择区域。

02 单击"从选区减去"按钮后，将要减去的部分创建成与原有选区相交的部分。

03 按下【Ctrl+Shift+I】组合键，执行反向选择，得到原来选区之外部分的选择范围。

04 执行操作后，对选区填充透明度为85%的蓝色，得到如下效果。

■ **套索工具**

套索工具组如右图所示。当图像形状较复杂时，可以使用套索工
具沿物体的轮廓进行选择。

- 套索工具：选择的区域形状与鼠标拖动轨迹相同。
- 多边形套索工具：鼠标单击的点连接形成多边形选区。
- 磁性套索工具：磁性套索工具具有识别边缘的作用，让它随物体的轮廓线单击会形成吸附于轮廓线的选区，从而选出所需部分。

> **TIP** 套索工具闭合选区前不能释放鼠标，否则会以释放鼠标处为终点，用直线与开始点连接。多边形套索工具闭合选区前双击鼠标，会自动以双击鼠标处为终点，用直线与开始点连接闭合选区。

套索工具、多边形套索工具的选项栏与矩形工具的选项栏相同，在此就不再赘述了。下面主要介绍磁性套索工具的选项栏，如下图所示。

| 🔗 ▾ | ■ ▢ ▢ ▢ | 羽化：0 像素 | ☑ 消除锯齿 | 宽度：10 像素 | 对比度：10% | 频率：57 | 🎯 | 调整边缘… |

- "宽度"文本框用于设置工具在选区边缘探测的宽度，取值为1～40。磁性套索工具只会搜索距光标在指定距离内的边缘。若宽度为1像素，则只搜索距光标1px距离内的边缘。
- "对比度"文本框用于设置确定边界线时的颜色差。数值大可以设置对比度高的边缘，数值小可以设置对比度低的边缘。
- "频率"数值框用于设置选取时节点的连接间距，取值为1%～100%，数值越高节点越多。
- 光笔压力按钮用于设定光笔绘图板的压力。单击该按钮，增大光笔压力导致边缘宽度减小。

> **TIP** 在边缘清晰的影像中，可以尝试较高的宽度值与较高的边缘对比，大致描绘边界就可以了。在边缘比较柔和的影像中，可以尝试较低的宽度值与较低的边缘对比，更精确的描绘边界。

🖿 实训项目 磁性套索工具的应用

下面将对磁性套索工具的具体使用方法进行介绍。

01 打开素材图片，若想得到抹茶蛋糕选区，可将抹茶蛋糕之外区域进行填充。

02 选择工具箱中的磁性套索工具选项，单击图片中抹茶蛋糕外边缘，并沿外边缘拖动。

03 拖动至开始点，闭合选区，得到咖抹茶蛋糕外边缘选区。

04 在磁性套索工具选项栏中单击"从选区中减去"按钮，在抹茶蛋糕内部减去不需要的选区部分。

05 按下【Ctrl+Shift+I】组合键，执行反向选择，得到抹茶蛋糕选区之外部分的选择范围。

06 随后对选区填充黑色，将得到如下效果。

■ **魔棒工具**

　　利用"魔棒工具"可以选择颜色一致的区域，而不必跟踪其轮廓。当用魔棒工具单击某个点时，与该点颜色相似和相近的区域将被选中，这样可以节省大量的精力来达到意想不到的结果。

　　魔棒工具的选项栏如下图所示。其中选区范围运算中的"消除锯齿"复选框与矩形工具的选项栏相同，在此将不在赘述。

- "容差"数值框用于表示颜色的选取范围，取值范围0～255。低数值会选取与单击处像素非常相近的颜色，较高数值则会选取较广的颜色范围。
- "连续"复选框，若勾选该复选框，则表示只选择与单击处相联续的图像区域。不勾选，则表示能够选中整幅图像范围内颜色容差符合要求的所有区域。
- "对所有图层取样"复选框，若勾选该复选框，则在图像的所有图层中选择相似颜色的区域；不勾选，则只在当前图层中选择相似颜色的区域。

⬛实训项目 魔棒工具的应用

　　下面将对魔棒工具的具体使用方法进行介绍。

01 打开素材图片，若我们想得到哆啦A梦的衣服的选区。

02 选择"魔棒工具"后，在图像上衣服处单击，即可创建选区。

03 单击"添加到选区"按钮后，将哆啦A梦选区添加进来。

04 使用魔棒工具得到所需选区，就可以对选区进行修改调整操作了。

■ **快速选择工具**

快速选择工具利用可调整的圆形画笔笔尖，快速绘制选区。拖动时选区会向外扩展并自动查找和跟随图像中定义的边缘。

快速选择工具像是魔棒工具与画笔工具的混合体，它可以像画笔工具一样绘制选区，并在绘画的同时像魔棒工具一样创建与画笔经过时选择的像素相近的像素选区。配合选用选项栏上的"添加到选区"和"从选区中减去"按钮，继续使用快速选择工具绘制，调整选区范围，得到所需的选区。

实训项目 快速选择工具的应用

下面将对快速选择工具的具体使用方法进行介绍。

01 在Photoshop CC中打开素材图片。

02 选择工具箱中的快速选择工具后，在图像上拖动，即可创建选区。

03 单击"添加到选区"和"从选区减去"按钮，将要添加或减去的部分创建成所需的选区。

04 对选区执行"滤镜>滤镜库>纹理>纹理化"命令，得到选区调整效果如下图所示。

利用"色彩范围"命令创建选区

　　"选择"菜单中的"色彩范围"命令，是一个利用图像中颜色变化关系来制作选区的命令。效果与魔棒工具类似，但更方便灵活，可在选取时预览到调整后的效果，方便进行调整，并且可按照图片中色彩及亮度层次的分布特点自动生成选区。

实训项目 "色彩范围"命令的应用

　　下面将对"色彩范围"命令的使用方法进行介绍。

01 启动Photoshop CC，打开素材图片。

02 执行"选择>色彩范围"命令，弹出"色彩范围"对话框。

03 在画面中适当位置单击鼠标以吸取颜色，同时在对话框的预览框中就会显示它的选择范围。

04 通过调整"颜色容差"值，也可以添加颜色到选区，设置如下图所示。

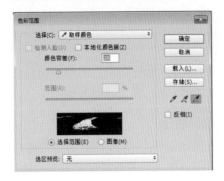

05 调整好后单击"确定"按钮，生成选区。

06 使用"色彩范围"命令得到选区后，对选区颜色进行效果填充。

UNIT 08 选区的编辑

创建好选区后，可以对选区进行位置、大小以及形状的编辑和调整，以实现最大程度地利用现有选区，避免重复创建选区，以提高工作效率，下面将详细介绍选区编辑的方法。

选区的运算

在Photoshop中选取复杂对象时，通常需要使用多个选取工具，要组合使用这些选取工具，可以使用选项栏中的选项控制，对选区进行加、减或交叉处理。所谓选区的运算就是指添加、减去、交叉等操作，它们以按钮形式分布在选项栏上，如右图所示。从左至右分别是："新选区"■、"添加到选区"■、"从选区减去"■、"与选区交叉"■。

1."新选区"按钮

单击"新选区"按钮■，可以创建新的选区。若已存在选区，则会去掉旧选区，创建新的选区。若在选区外单击，则取消选择。

2. "添加到选区"按钮

该按钮用于把选区添加到已有选区。可以单击选项栏中的"添加到选区"按钮 🖺，也可以在开始创建新选区时按下【Shift】键。

3. "从选区减去"按钮

该按钮用于从现有选区中减去不需要的选区。可以单击选项栏中的"从选区减去"按钮 🖺，也可以在开始创建新选区时按下【Alt】键。

4. "与选区交叉"按钮

在现有选区基础上，创建新的选区，两个选区交叉部分保留下来，形成交叉的选区，如右图所示。可以单击选项栏中的"与选区交叉"按钮 🖺，或者是在开始创建新选区时按下【Shift+Alt】组合键。

选区的调整

1. 移动选区

选区建立后可以将其进行移动，即在选区内按住鼠标左键并拖动到新位置。选区移动的前提是必须使用选取工具且运算方式为新选区，将光标放至边缘虚线上时才可以移动选区。移动过程中按住【Shift】键可保持水平、垂直或45度方向移动。移动后的选区大小不会发生变化。

2. 控制选区

在"选择"菜单中包含如下几个控制选区命令：
- "全选"命令表示将当前图层的内容全部选中，或按下组合键【Ctrl+A】。
- "取消选择"命令表示图像中存在选区，选择此命令即可取消选择；若是用矩形工具、椭圆工具、套索工具创建的选区，则单击选区以外的地方即可取消选择，或按下组合键【Ctrl+D】。
- "重新选择"命令用于重新选择被取消的选区。
- "反选"命令用于选取图像中当前选区以外的区域，组合键为【Ctrl+Shift+I】。

3. "扩大选区"与"选取相似"命令

选择"选择>扩大选取"（或"选取相似"）命令，可扩大选区。这两个命令是根据像素的颜色近似程度来增加选区范围的，选取范围的大小取决于容差值，在执行命令前，可在魔棒工具选项栏中先设定合适的容差值。
- "扩大选取"命令用于扩大原有的选区，扩大的区域范围是和原有的选区相邻并且颜色相近的区域。确定近似颜色的程度由魔棒工具选项栏设定的容差值决定。
- "选取相似"命令也用于扩大原有的选区，与"扩大选取"命令的区别在于："扩大选取"命令只作用于与原选区相邻的区域，而"选取相似"命令是针对图像中所有颜色相近的区域。同样，确定近似颜色的程度由魔棒工具选项栏设定的容差值决定。

🖳 实训项目 "扩大选取"命令与"选取相似"命令的应用

下面将对选区的调整操作进行详细介绍。

01 打开素材图片。

02 选择工具箱中的魔棒工具后，在图像天空部分单击，即可得到选区。

03 选择"选择>扩大选取"命令，可将原选区扩大。

04 再执行"选择>选取相似"命令，得到的选区效果如下图所示。

选区的修改

选择"选择>修改"命令，在其级联菜单中包括"边界"、"平滑"、"扩展"、"收缩"、"羽化"子命令，利用这些功能有助于对选区做出更进一步的编辑。

1."边界"命令

该命令是以当前选区为中心选取像素边框。下左图的选区在执行"选择>修改>边界"命令后，在弹出对话框中设置"宽度"为10像素，那么选区将会有5像素在选区内，5像素在选区外，如下右图所示。

当前选区　　　　　　　　　　　设置后的选区

2. "平滑" 命令

该命令使选区中比较锐利的角变得平滑，在创建圆角矩形时，该功能特别有用。

3. "扩展" 和 "收缩" 命令

执行"扩展"或"收缩"命令，在打开的对话框对"扩展量"或"收缩量"进行设置，输入一个1到100之间的像素值，边框按指定数量的像素扩大或缩小当前选区，并尽量保留其形状。

4. "羽化" 命令

和选框工具选项栏中的"羽化"文本框不同，这里的"羽化"命令只影响当前活动选区，而不会影响以后的选区。使用"羽化"命令存在的问题是从选区周围流动的虚线中根本看不出选区是否被羽化，而且对于羽化了的选区，我们看到的虚线边缘并不是羽化后的选区边缘。因此，最好使用"选择>调整边缘"命令进行设置。

选区的变换

选区产生后，选择"选择>变换选区"命令，或在当前选用的是选取工具前提下，在选区内单击鼠标右键，在弹出的快捷菜单中选择"变换选区"命令，均可以对选区进行缩放、旋转或扭曲操作。当执行这个命令时，图像周围有多个手柄，通过拖动这些手柄或使用键盘命令，均能完成对选区的任意变形。

1. 缩放

要缩放选区，可以拉动任意一个手柄，拉动角手柄将会同时改变选区的高和宽，按住【Shift】键可以等比例缩放选区。拖动边手柄可以改变选区的宽度或者是高度，但不能两者同时改变。

2. 旋转

要旋转选区，应先要把光标移动到选区的四角之外，当光标变成两段带箭头的圆弧时，就可以执行旋转操作了。移动选区中心的十字，可以控制旋转的中心点位置。

3. 扭曲

要改变选区形状，首先按住【Ctrl】键，然后拖动某个角点，就可以完成对选区的扭曲变换。要想同时移动两个对角，可以在拖动某个角手柄时按住【Alt+Ctrl】组合键。

对选区实施变换后，按【Enter】键，或在选区内双击，即可结束此次变换操作。在编辑的过程中，可随时按【Esc】键取消当前操作。

UNIT 09 选区与通道

Photoshop 中往往需要制作一些形状特殊的选区，这些选区用常规选取工具无法完成，而通过通道或蒙版技术，往往可以轻易、快速地完成。选区和通道之间可以相互转换。通道可以存储选区，也可以借用通道，像编辑图像那样来创建或编辑选区。

通道的概念和功能

通道是存储不同类型信息的灰度图像。通道的概念是由蒙版演变而来的，也可以说通道就是选区。在通道中，以白色代替透明要处理的部分（选择区域）；以黑色表示不需处理的部分（非选择区域）。因此，通道与蒙版一样，没有其独立的意义，而只有在依附于其他图像（或模型）存在时，才能体现其作用。

通道与蒙版的最大区别在于，通道可以完全由计算机来进行处理，也就是说，它是完全数字化的，这也是通道最大的优越之处。

通道的应用非常广泛，可以用通道来建立选区，进行选区的各种操作，也可以把通道看作由原色组成的图像，因此可利用滤镜进行单种原色通道的变形、色彩调整、拷贝粘贴等工作。下面将对通道的作用进行简单介绍。

- 可建立精确的选区。
- 可以存储选区和载入选区备用。
- 可以制作其他软件（如Illustrator）需要导入的"透明背景图片"。
- 可以看到精确的图像颜色信息，有利于调整图像颜色。
- 印刷出版时方便传输，制版。CMYK色的图像文件可以把其四个通道拆开分别保存成四个黑白文件，而后同时打开按CMYK的顺序再放到通道中，又可恢复成CMYK色彩的原文件。

通道的分类

通道作为图像的组成部分，是和图像的格式密不可分的。图像色彩、格式的不同决定了通道的数量与模式，这些在"通道"面版中可以直观的看到，如右图所示。

- 专色通道：指定用于专色油墨印刷的附加印版。
- Alpha 通道：该通道用于将选区存储为灰度图像。用户可以通过添加 Alpha 通道来创建和存储蒙版，这些蒙版可以用于处理或保护图像的某些部分。
- 颜色信息通道：该通道在打开图像时自动创建的通道。图像的颜色模式决定了所创建的颜色通道的数目。例如，RGB 图像的每种颜色（红色、绿色和蓝色）都有一个通道，并且还有一个用于编辑图像的复合通道。

一幅图像最多可有56个通道，所有的新通道都具有与原图像相同的尺寸和像素数目。通道所需的文件大小由通道中的像素信息决定。某些文件格式（如TIFF和PSD格式）会压缩通道信息以节约空间。

Alpha通道

Alpha通道使用频率非常高，而且灵活方便，其最为重要的功能是可以保存并编辑选区。Alpha通道中白色区域对应选区，黑色区域对应非选区，如下图所示。

由于在Alpha通道中可以使用由黑到白共256级灰度色，所以能够创建非常精细的选择区域。要长久地存储一个选区，可以将该选区存储为Alpha通道。

Alpha通道将选区存储为"通道"面板中的可编辑灰度蒙版。一旦将某个选区存储为Alpha通道，就可以随时重新载入该选区或将该选区载入到其他图像中。

实训项目 利用通道获取选区

用户可以使用通道来建立选区，也就是白色代表的部分，进行选区的各种操作。利用通道，可以创建选区创建工具所无法制作的精确选区。下面介绍如何利用通道来获取选区的操作方法。

01 打开素材图片，需要创建狗狗部分的选区，皮毛部分可以通过常规选区创建方法得到的。

02 打开"通道"面板，通过R、G、B三个通道的对比发现，R通道比其他通道狗狗部分和其他区域对比强烈，所以我们选择R通道作为可利用通道。

R   G   B

03 在"通道"面板中，选择R通道（红色通道）并复制，得到"红拷贝"通道。

04 选择"图像"菜单下"调整"子菜单中的"色阶"命令，打开"色阶"对话框。

05 通过对"色阶"对话框中相关参数的调整，使狗狗部分轮廓更加明显。

06 使用"色阶"命令得到通道，然后对选区进行颜色填充效果。

07 用画笔工具，将狗狗眼睛部分用黑色画笔涂满。

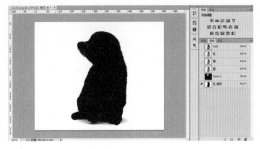

08 通道中白色部分为选区范围，按下【Ctrl+I】组合键，将通道反相，效果如下图所示。

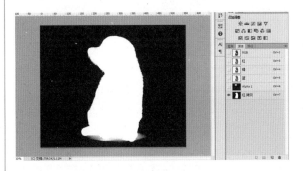

09 在"通道"面板中恢复RGB三色通道，按住【Ctrl】键单击"通道"面板中"红拷贝"通道，得到通道中保存的选区。

10 将选区外部分填充颜色，可以看到狗狗皮毛部分选区被完整保留，效果如右图所示。

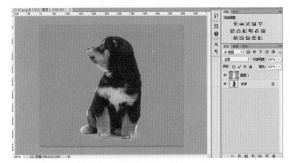

存储选区与载入选区

　　对于精心创建的选区，用户可以将其保存起来，以便于今后调用。当选区被保存后，就成为一个蒙版保存在通道中，以后使用时可重新转换为选区。蒙版和选区的转换是通过通道实现的，通道起到了保存选区的作用。在Photoshop中，这些新增通道称为Alpha通道。

1．选区的保存

　　若要保存编辑好的选区，可选择"选择>存储选区"命令，打开下图的"存储选区"对话框，从中设置各项参数后单击"确定"按钮即可。

- "文档"选项用于设定保存选区时的文件位置，默认为当前图像文件，也可以选择"新建"窗口保存。
- "通道"选项用于为选区选取一个目的通道。默认情况下，选区被存储在新通道中，也可以存储到所选图像的任何现有通道中，或存储到包含多图层图像的图层蒙版上。

- "名称"文本框用于设定新通道的名称，只有在"通道"列表中选择了"新建"时才可用。
- "操作"选项区域用于设定保存时的选区和原有选区之间的组合关系，默认为"新建通道"单选按钮。其他3个单选按钮只有在"通道"下拉列表中选择了已经保存的Alpha通道时才可用。

另外，直接单击"通道"面板下方"将选区存储为通道"按钮，可以直接将选区以Alpha通道形式存储在"通道"面板中。

2．选区的载入

保存后的选区可以重复调出使用。在按住【Ctrl】键的同时，单击保存在选区中的Alpha通道，获取保存的选区，或者选择"选择>载入选区"命令，打开"载入选区"对话框，如右图所示。从中对各选项进行设置并确认即可。

- "通道"选项用于选择通道名称。
- "反相"复选框，若勾选该复选框，则将载入选区进行反选。
- "新建选区"单选按钮，若选中该单选按钮，则将新载入的选区取代画面上原有的选区。
- "添加到选区"单选按钮，若选中该单选按钮，则将新载入的选区与画面上原有的选区进行相加选取。
- "从选区中减去"单选按钮，若选中该单选按钮，则新载入的选区与画面上原有的选区相减。
- "与选区交叉"单选按钮，若选中该单选按钮，则创建一个新载入的选区与原有的选区交叉的选区，创建完成后，只会保留与原选区交叉的选取区域。

要载入选区，还可以选中一个保存有选区的Alpha通道，直接单击"通道"面板下方的"将通道作为选区载入"按钮，也可以直接将Alpha通道中的选区载入到画面中。

UNIT 10 图像变换调整

在 Photoshop 中，我们经常碰到很多图像变形的需求，"编辑"菜单中的"变换"命令功能非常强大，子菜单包含"缩放"、"旋转"、"斜切"、"扭曲"、"旋转"等命令，熟练掌握它们的用法会对如何操作图像变形带来很大的方便。

应用"变换"命令

在Photoshop中可以应用相应的变换命令，对图像进行变换比例、旋转、斜切、伸展或变形处理，用户可以向选区、整个图层、多个图层或图层蒙版应用变换，还可以向路径、矢量形状、矢量蒙版、选区边界或Alpha 通道应用变换。要应用"变换"命令，首先要选择变换的对象，然后选择"编辑>变换"子菜单下所包含的多个变换命令，如右图所示。

下面对"变换"子菜单中的命令进行简单地介绍：

- "缩放"命令：该命令用于相对于项目的参考点（围绕其执行变换的固定点）增大或缩小项目。用户可以水平、垂直或同时沿这两个方向同时进行缩放。
- "旋转"命令：该命令用于围绕参考点转动项目。默认情况下，此点位于对象的中心，用户可以根据需要将它移动到所需的位置。
- "斜切"命令：该命令用于垂直或水平倾斜项目。
- "扭曲"命令：该命令用于将项目向各个方向伸展。
- "透视"命令：该命令用于对项目应用单点透视。
- "变形"命令：该命令用于变换项目的形状。
- "旋转180度"、"顺时针旋转90度"、"逆时针旋转90度"命令，用于通过指定度数，沿顺时针或逆时针方向旋转项目。
- "水平翻转"/"垂直翻转"命令：用于垂直或水平翻转项目。

当执行"变换"命令后，对象周围会有多个手柄，可以通过拉动这些手柄或使用相应的键盘命令，完成对图像的变换，操作方式和"变换选区"一样，这里将不再赘述。

TIP "变换选区"命令只针对选区起作用，选区变换了，选区内的图像没有变换，而"变换"命令是针对图像像素产生的变换。

应用"自由变换"命令

"自由变换"命令可用于在一个连续的操作中应用所需的变换（例如旋转、缩放、斜切、扭曲和透视等）。在"自由变换"状态下，不需要选取其他命令，通过配合键盘上的按键就可以在变换类型之间进行切换。

实训项目 "自由变换"命令的具体应用

下面将对"自由变换"命令的使用方法进行详细介绍。

01 打开素材图片，选择要执行"自由变换"命令的文字图层。

02 选择"编辑>自由变换"命令，或者按【Ctrl+T】组合键。

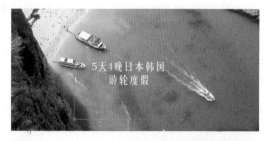

03 要通过拖动进行缩放，拖动手柄即可。拖动角手柄时，按住【Shift】键可按比例缩放。

04 要通过拖动进行旋转，将指针移到定界框之外（指针变为弯曲的双向箭头），然后拖动。

05 要自由扭曲，则按住【Ctrl】键并拖动手柄。

06 按住【Ctrl+Shift】组合键并拖动边手柄，可以斜切。当定位到边手柄上时，指针变为双向白色箭头。

07 要应用透视，则按住组合键【Ctrl+Alt+Shift】并拖动角手柄。当放置在角手柄上方时，指针变为灰色箭头。

08 要变形，则单击选项栏中的"在自由变换和变形模式之间切换"按钮，拖动控制点以变换项目的形状。

操作完成后，按【Enter】键，或单击选项栏中的"提交变换"按钮，也可以在变换选框内双击，以确定执行变换。要取消变换，可以按【Esc】键或单击选项栏中的"取消变换"按钮。

> **TIP** 如果用户要变换某个形状或整个路径，"变换"命令将变为"变换路径"命令。如果用户要变换多个路径段（而不是整个路径），"变换"命令将变为"变换点"命令。

"内容识别缩放"命令

内容识别比例变换，可以在不更改图像中重要可视内容（如人物、建筑、动物等）的情况下，调整图像大小。

常规缩放在调整图像大小时会统一影响所有像素，而内容识别缩放主要影响没有重要可视内容区域中的像素。内容识别缩放可以放大或缩小图像以改善合成效果、适合版面或更改方向。

下左图为原素材，下中图为使用常规变换缩放的操作效果，下右图为使用内容识别比例变换对图像进行水平放大操作后的效果，可以看出来原图像中建筑基本没有受到影响，只是将左右树和草坪部分隐藏起来了。

内容识别比例变换的使用方法为：首先选择要缩放的图像，若是缩放背景图层，则应选择"选择>全部"命令，接着选择"编辑>内容识别缩放"命令，然后在其工具选项栏中进行相应的设置，最后拖动外框上的手柄以缩放图像，拖动角手柄时按住【Shift】键，可按比例缩放。

下图为"内容识别缩放"命令的工具选项栏，其中各选项的含义介绍如下：

X: 244.50 像素 △ Y: 247.50 像素 W: 100.00% H: 100.00% 数量: 100% ▼ 保护: 无

- "参考点位置"按钮：单击"参考点位置"按钮 上的方块，指定缩放图像时要围绕的固定点。默认情况下，该参考点位于图像的中心。
- "使用参考点相关定位"按钮：单击 △ 按钮，指定相对于当前参考点位置的新参考点位置。
- 缩放比例：指定图像按原始大小的百分之多少进行缩放。输入宽度（W）和高度（H）的百分比，还可以根据需要，单击"保持长宽比"按钮 。
- "数量"选项：指定内容识别缩放与常规缩放的比例。通过在文本框中输入值或单击箭头和移动滑块来指定内容识别缩放的百分比。
- "保护"选项：用于选取指定要保护的区域的Alpha通道。
- "保护肤色"按钮：用于试图保留含肤色的区域。

> **TIP**
> "内容识别缩放"命令适用于处理图层和选区，图像可以是 RGB、CMYK、Lab 和灰度颜色模式。"内容识别缩放"命令不适用于处理调整图层、图层蒙版、各个通道、智能对象、3D 图层、视频图层、图层组或者同时处理多个图层。

UNIT 11 其他调整操作

在 Photoshop CC 中，除了前面介绍的图像修饰工具和常用图像变换调整之外，还有一些调整图像和修饰图像的方法是需要掌握，下面分别进行介绍。

填充

在Photoshop中填充图像的方法有很多种，下面介绍使用"填充"命令或一些快捷键等来填充区域或者填充图层的方法。

1. 使用快捷键进行填充

为选区或一个图层填充实色，最常用、最便捷的方法就是使用快捷键，按【Alt+Delete】组合键，可以为选区或当前图层填充前景色，按【Ctrl+Delete】组合键，则可以填充背景色。

在"背景"图层中按【Delete】键，可以将选区填充为背景色；而在非背景图层中按【Delete】键，则可以删除选区中的像素。

2. "填充"命令

执行"编辑>填充"命令,弹出右图的"填充"对话框中,在"使用"下拉列表中选取填充颜色,或选择一个自定图案,对选区或图层进行填充。

指定"使用"选项后,还可以设置混合模式和不透明度。如果正在图层中工作,并且只想填充包含像素的区域,可以勾选"保留透明区域"复选框。单击"确定"按钮,就可以应用填充效果。

3. 定义图案

Photoshop预设了很多类型的图案,预设图案显示在油漆桶、图案图章、修复画笔和修补工具选项栏对应的弹出式面板和"图层样式"对话框中。除了这些预设的图案,还可以自定义图案,创建新图案并将其存储在库中,以便提供给多个工具和命令使用。

● 实训项目 自定义图案

要将图像定义为预设图案,方法很简单,其具体操作介绍如下。

01 首先在打开的图像上使用矩形选框工具,选择所需的图案区域。

02 选择"编辑>定义图案"命令,在打开的"图案名称"对话框中输入图案的名称后,单击"确定"按钮。

03 打开需要填充图案的文件。

04 在背景图层上新建一个图层。

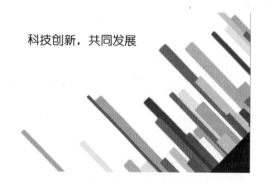

05 执行"编辑>填充"命令,在打开的对话框中选择自定义图案进行填充。

06 然后单击"确定"按钮,查看使用自定义的底纹图案进行填充的效果。

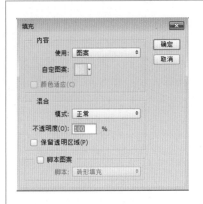

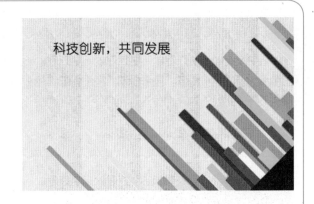

描边

在Photoshop中使用"描边"命令可以在选区或图层周围绘制彩色边框。

选择要描边的区域或图层，选择"编辑>描边"命令，打开"描边"对话框，如下右图所示。在对话框中设置描边边框的宽度，选择描边颜色，指定是在选区或图层的内部、外部还是中心放置边框，最后指定不透明度和混合模式。如果正在图层中工作，而且只需要对包含像素的区域进行描边，可以勾选"保留透明区域"复选框。如下左图所示为图中"幸"字描边后的效果。

TIP 如果图层内容填充整个画布图像，描边应用位置为"外部"时，描边将超出画布范围，则描边不可见。

图像大小调整

位图图像的品质和最终印刷效果与其图像大小、分辨率有密切的关系。一般来说，图像的分辨率越高，得到的印刷图像的质量就越好。

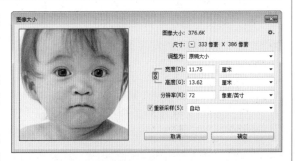

在Photoshop中，可以选择"图像>图像大小"命令，在打开的"图像大小"对话框中查看或设置当前文件图像大小和分辨率，如右图所示。

随着图像尺寸和分辨率的不同，文件容量也存在差异。即使是相同尺寸的图像，分辨率越大，单位面积的像素数越多，文件容量就会越大。

画布大小调整

在Photoshop CC中，提供了显示纸张区域画布大小的功能。在实际操作中，用户要注意区分图像大小和画布大小，画布大小指的是所编辑的文档的尺寸大小，"画布大小"命令可用于添加或移去现有图像周围的工作区，也可用于通过减小画布区域来裁切图像。

01 打开要调整画布大小的图像。

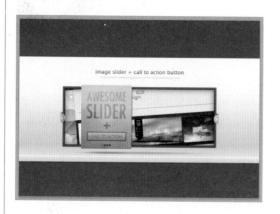

02 选择"图像>画布大小"命令，会弹出 "画布大小"对话框。

03 在"画布大小"对话框中进行如下设置。

04 将"高度"设置为11厘米，"定位"设置为从下往上扩展，扩展颜色选择为原图片下方深灰色。

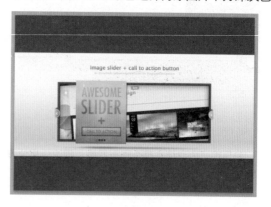

05 再次打开"画布大小"对话框，设置"宽度"和"高度"值小于原画布大小。

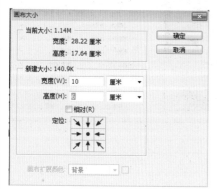

06 将会弹出提示框，单击"继续"按钮，即可对图像进行剪切。

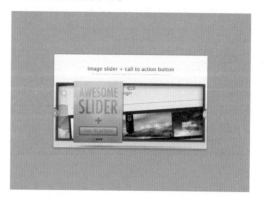

图像的裁剪

使用裁剪工具，也是改变图像画布尺寸的常用方法。裁剪是移去部分图像以形成突出或加强构图效果的过程。在Photoshop中，用户可以使用裁剪工具和"裁剪"命令裁剪图像，也可以使用"裁剪并修齐"或"裁切"命令来裁切像素。

1．使用裁剪工具裁剪图像

选择裁剪工具，在其选项栏中设置重新取样选项，如下图所示。

关于选项栏中各选项值的设置，需要说明的是：

- 要裁剪图像而不重新取样（默认），选项栏中的文本框应该是空白的。用户可以单击"清除"按钮，快速清除所有文本框。
- 要在裁剪过程中对图像进行重新取样，需要在选项栏中输入"高度"、"宽度"和"分辨率"的值，否则裁剪工具不会对图像重新取样。如果输入了"高度"和"宽度"尺寸值并且想要快速交换值，可以单击 "高度和宽度互换"按钮。
- 单击选项栏中裁剪工具右侧的下三角按钮，以打开"工具预设"选取器，在下拉列表中选择所需的预设选项。

2．使用"裁切"命令裁剪图像

"裁切"命令是通过移去不需要的图像来裁剪图像，其所用的方式与"裁剪"命令所用的方式不同。用户可以通过裁切周围的透明像素或指定颜色的背景像素来裁剪图像。

选择"图像>裁切"命令，将弹出右图的对话框，其中各选项的含义介绍如下：

- "透明像素"单选按钮用于修整图像边缘的透明区域，留下包含非透明像素的最小图像。
- "右下角像素颜色"单选按钮用于从图像中移去右下角像素颜色的区域。
- "左上角像素颜色"用于从图像中移去左上角像素颜色的区域。
- "裁切"选项区域中的复选框用于选择一个或多个要修整的图像区域，包括"顶"、"底"、"左"或"右"四个复选框。

🔲 实训项目 裁剪图像

下面将对裁剪工具的使用方法进行介绍。

01 打开要裁剪的图像，单击"裁剪工具"按钮。

02 在图像中调整裁剪选框，将要保留的部分框选在选框内。

03 调整完成后，按【Enter】键确定裁剪，也可以直接在裁剪选框内双击确定裁剪。

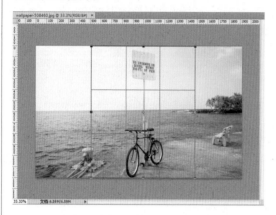 

04 调整裁剪控制框，不但可以变换图像大小，还可以改变其角度。对图像的裁剪选框进行旋转调整，确认裁剪后得到校正角度图像效果。

图像旋转

选择"图像>图像旋转"命令，在其级联菜单中包含多个子菜单可以选择，如下左图所示。用户可以选择旋转或者翻转整个画布，同时，画布上的图像、图层、通道等所有元素都可以被旋转。如果只对图像的一部分应用变形功能，可以选择"编辑>变换"命令。

选择"任意角度"命令，会弹出"旋转画布"对话框，从中输入想旋转的角度并单击"确定"按钮即可。

实训项目 旋转图像

下面将对图像的旋转操作进行介绍。

01 启动Photoshop CC应用程序，打开素材图片图像。

02 执行"图像>图像旋转"命令，在子菜单中选择"180度"命令，整个图像将旋转180度。

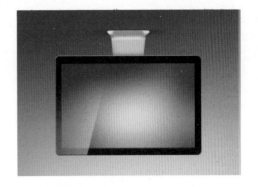

03 执行"图像>图像旋转"命令子菜单中的"90度（顺时针）"命令，得到效果如下图所示。

04 再执行"图像>图像旋转"命令子菜单中的"任意角度"命令，在弹出的对话框中输入60度（顺时针），则原图像再次旋转60度，其他部分自动用背景色补充完整，得到的效果如下图所示。

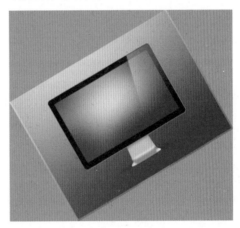

UNIT 12 设计网站LOGO

　　网站 LOGO 是互联网上各个网站用来与其网站链接的图形标志，是一个网站的"形象代言人"。网站 LOGO 以单纯、显著、易识别的物象、图形或文字符号为直观语言，它不仅是一个网站的标志，还具有表达意义、情感和指令行动等作用，一个好的网站 LOGO 能让人轻松地记住网站的名字。

01 启动Photoshop CC，新建一个宽为500像素，高为300像素，背景为白色的文件，单击"确定"按钮，如右图所示。

新建			
名称(N):	logo		确定
预设(P):	自定	▼	取消
大小(I):		▼	存储预设(S)...
宽度(W):	500	像素 ▼	删除预设(D)...
高度(H):	300	像素 ▼	
分辨率(R):	72	像素/英寸 ▼	
颜色模式(M):	RGB 颜色 ▼	8 位 ▼	
背景内容(C):	白色	▼	图像大小:
⊗ 高级			439.5K

02 新建图层1，背景色设为白色，单击"添加图层样式"按钮，勾选渐变叠加复选框后，单击"确定"按钮。

03 打开"渐变编辑器"对话框设置颜色值，如下图所示。

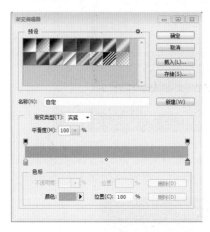

04 新建图层2，选择矩形工具，绘制一个矩形形状，填充颜色为白色，如下图所示。

05 选择变形工具，对图形进行角度设置，如下图所示。

06 复制图层2，并调整大小及位置，如下图所示。

07 选择矩形工具，绘制一个正方形，填充颜色为白色，再复制3个相同的正方形出来，得到房子上的窗户图形，如下图所示。

08 选择矩形工具绘制一个长方形，填充为白色，再复制一个白色的矩形，并调整好位置，如下图所示。

09 选择横排文字工具，输入合适的文本内容，并设置字体样式，最终效果如下图所示。

01 在Photoshop CC中创建选区有哪几种基本方法?

在Photoshop CC中,用户可以应用选框工具、套索工具、魔棒工具、快速选择工具或利用"色彩范围"命令创建选区。

02 在Photoshop CC中如何保存编辑好的选区?

选择"选择>存储选区"命令,弹出"存储选区"对话框,从中设置各项参数后,单击"确定"按钮即可。也可单击"通道"面板下方的"将选区存储为通道"按钮,直接将选区以Alpha通道形式存储在"通道"面板中。

03 在Photoshop CC中填充图像的方法有很多种,除了油漆桶工具填充方法外,有什么办法同样可以填充区域或者填充图层?

用户可以使用快捷键、"填充"命令或应用自定义的图案进行填充。

04 使用选框工具有哪些技巧?

选框工具在使用时,包含以下使用技法:

- 在按住【Alt】键的同时,单击工具箱中的选框工具,即可在矩形和椭圆形选框工具之间切换。在使用工具箱中的其他工具时,按下键盘上的【M】键(在英文输入状态下),便可切换到选框工具。
- 在按住【Shift】键的同时,拖曳鼠标来创建选区,可得到正方形或正圆的选区。若同时按住【Alt+Shift】键,可形成以鼠标的落点为中心的正方形或正圆的选区。
- 选择矩形选框工具或椭圆选框工具后,用鼠标由左上角开始拖曳,形成矩形或椭圆选区;如果想使选区以鼠标的落点为中心向四周扩散,按住【Alt】键的同时拖曳鼠标即可。

05 如何调整选区的边缘?

在使用任意选取工具建立选区后,选择"选择>调整边缘"命令,将打开"调整边缘"对话框。该对话框允许在大量不同背景上交互地预览选区,并提供用于柔和与改善选区的边缘,或者调整选区的边缘尺寸的相关选项。

1. 练习使用通道创建选区

请使用已经学过的知识替换人物背景图片。

制作流程:

(1) 打开图片,头发部分用基本创建选区方法无法达到效果。打开后,图片建立的副本显示为"图层1拷贝",选择蓝色通道并复制,得到"蓝拷贝"图层。

(2) 对"蓝拷贝"图层使用"色阶"命令,使人物部分轮廓明显化,人物部分黑色,其他背景部分为白色区域。

(3) 如人物内部还有没有调整为黑色的区域,可用画笔工具将其涂黑,使人物部分全部为黑色区域。

(4) 通道中白色部分为选区范围,按下【Ctrl+I】,将通道反相。

(5) "通道"面板中恢复RGB三色通道,按【Ctrl】键同时单击"通道"面板中"蓝拷贝"通道,得到通道中保存的人物选区。

(6) 回到"图层"面板,复制人物选区并粘贴到新图层上,再将背景图片拖动到人物图层之下,得到人物完整发丝部分。

(7) 复制好之后,将"图层1拷贝"图层位置移到发丝图层上面,并建立蒙版。

(8) 在蒙版图层中,将用画笔工具"流量"设置为50%,并用黑色将人物脸部和身体部分描绘出来。

(9) 打开要替换的背景图片,即可完成背景的替换操作。

2. 自由变化图形

制作流程:

(1) 选择要执行的图层,执行"编辑>自由变换"命令,或者按【Ctrl+T】组合键。

(2) 按住【Ctrl】键并拖动手柄,进行自由扭曲。

(3) 将指针移到定界框之外(指针变为弯曲的双向箭头),然后拖动,进行旋转。

本章将对Photoshop中图层的概念及其应用进行介绍，其中包括图层的基本概念、图层的分类、"图层"面板的使用、图层混色模式的设置、图层样式及图层蒙版的应用等。通过本章知识的学习，最终让读者达到熟练应用图层的目的。

03
chapter
图层与图层蒙版

┃学习目标┃

- 了解图层的概念
- 了解图层蒙版的原理
- 熟悉"图层"面板的使用
- 熟悉图层蒙版的使用方法
- 掌握图层混合模式的设定
- 掌握图层样式的使用方法

精彩推荐

○ 为图片应用图层效果

○ 网页广告设计

图层概述

图层是 Photoshop 中非常重要的一个概念，是应该重点学习的内容之一。自从 Photoshop 引入了图层的概念后，为图像的编辑带来了极大的便利。原来很多只能通过复杂的通道操作和通道运算才能实现的效果，现在通过图层和图层样式便可轻松完成。

图层的概念及其分类

Photoshop中的图像可以由多个图层和多种图层组成。通常，图像在打开的时候只有一个背景图层，在设计过程中可以新建多个图层，以放置不同的图像元素。我们可以把图层想象成是一张一张叠起来的透明胶片，每张透明胶片上都有不同的画面，改变图层的顺序和属性可以改变图像的最终效果。通过对不同的图层进行不同的操作，便可以创建出很多复杂的图像效果。

在Photoshop CC中，常见的图层类型包括背景图层、普通图层、文本图层、形状图层、填充图层、调整图层和智能对象等，如右图所示。下面将对其分别进行介绍。

(1) 普通图层

图层是创作各种合成效果的重要途径，用户可以将不同的图像放在不同的图层上进行独立操作，而对其他图层没有影响。在默认的情况下，图层中灰白相间的方格表示该区域没有像素，是透明的。透明区域是图层所特有的特点，如果将图像中某部分删除，该部分将变透明，而不是像"背景"那样显示工具箱中的背景色。

(2) 背景图层

每次新建一个Photoshop文件时，都将会自动建立一个背景图层（使用白色背景或彩色背景创建新图像时），这个图层是被锁定的，位于图层的最底层。用户是无法改变背景图层的排列顺序的，同时也不能修改它的不透明度或混合模式。如果按照透明背景方式建立新文件，图像没有背景图层。

(3) 文本图层

文本图层即指使用文本工具时自动建立的图层。在工具箱中选择文字输入工具，然后再图像上单击鼠标，输入文字时，"图层"面板中将会自动产生一个文本图层。

(4) 形状图层

所谓形状图层即指使用形状工具或钢笔工具创建的图层。创建的形状会自动填充当前的前景色，用户也可以很方便地使用其他颜色、渐变或图案来进行填充。

(5) 填充图层

填充图层是采用填充的图层制造出特殊效果，填充图层共有 "纯色"、"渐变"和"图案"3种形式。

(6) 调整图层

调整图层对于图像的色彩调整非常有帮助，图像在存储后不能再恢复到以前的色彩状况，这时可以建立一个调整图层，对各种色彩进行相应的调整。同时，调整图层还具有图层的大多数功能，包括不透明度、色彩模式及图层蒙版等。

（7）智能对象

智能对象可以包含栅格或矢量图像，当图像创建智能对象后，可以对智能对象进行多次任意缩放、旋转和图层变形，最后渲染的结果将基于源数据重新渲染复合数据。

智能对象实际上是嵌入在图像文件中的一个文件，使用一个或者多个选定的图层创建智能对象，实际上是在该图像文件中创建了一个新的图像文件，这个新的图像文件就是源数据。

"图层"面板

"图层"面板列出了图像中的所有图层、图层组和图层效果。使用"图层"面板不仅可以显示和隐藏图层、创建新图层以及处理图层组，还可以在"图层"面板菜单中访问其他命令和选项，如下图所示。

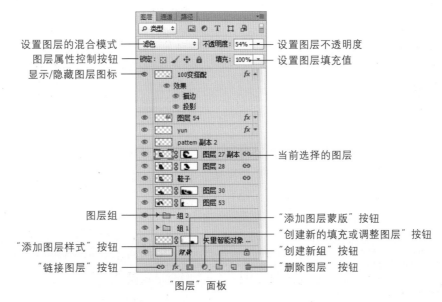

"图层"面板

- 设置图层的混合模式：在此下拉列表中可选择当前图层的混合模式。
- 图层不透明度：在此数值框输入数值控制当前图层的不透明度，数值越小当前图层越透明。
- 图层填充值：该数值只影响图层中图像的不透明度数值，而不影响作用于该图层上的图层样式的不透明度。
- 图层属性控制按钮：用于控制锁定图层的编辑、移动、透明区域可编辑等图层属性。
- 显示/隐藏图层图标：单击此控制图标可以控制当前图层的显示与隐藏状态。
- 图层组：在此图标右侧显示组的名称，左边三角为图层组的展开和折叠按钮。
- "链接图层"按钮：在选中多个图层的情况下，单击此按钮可以将选中的多个图层链接起来。
- "添加图层样式"按钮：单击该按钮可以在弹出的下拉菜单中选择各种图层样式命令，为当前选择的图层添加相应的图层样式。
- "添加图层蒙版"按钮：单击该按钮，可以为当前图层添加图层蒙版。
- "创建新的填充或调整图层"按钮：单击该按钮，在弹出的下拉列表中为当前图层创建新的填充或调整图层。
- "创建新组"按钮：单击该按钮，可以新建一个图层组。
- "创建新图层"按钮：单击该按钮，可以添加一个新的图层。
- "删除图层"按钮：单击该按钮，可以删除当前所选择的图层。

图层的基本操作

图层的基本操作包括新建图层、编辑图层、锁定图层、图层与图层的对齐与分布、改变图层顺序、合并图层等，下面将对这些基本操作逐一进行介绍。

1．新建图层

在Photoshop CC中，新建图层的操作方法如下：

01 单击"图层"面板底部的"创建新图层"按钮，在"图层"面板中就会出现一个名称为"图层1"的空白图层。

02 从"图层"菜单中建立新图层，即选择"图层>新建>图层"命令，或按【Ctrl+Shift+N】组合键进行创建。

03 通过"图层"面板弹出菜单建立新图层。在"图层"面板中，单击面板右边的扩展按钮，在弹出的菜单中选择"新建图层"命令，弹出"新建图层"对话框进行创建。

04 通过拷贝和粘贴命令，创建新图层。

2．图层的显示与隐藏

在"图层"面板中，眼睛图标显示时，表示这个图层是可见的。若要隐藏图层，则在"图层"面板内单击眼睛图标，即可隐藏该图层，再次单击则会重新显示该图层。按住【Alt】键，单击眼睛图标，则只显示当前图层，按住【Alt】键，再单击一次，则所有图层都会显示出来。

3．选择当前图层

要对某个图层进行编辑时，可直接在"图层"面板上单击要编辑的图层使它成为当前图层。

4．图层的复制与删除

在"图层"面板中，将要复制的图层用鼠标拖到"图层"面板底部的 按钮上，即可将此图层复制，随后在"图层"面板中会出现一个带有"拷贝"字样的图层。选择"图层>复制"命令，也可进行复制操作。

如果要删除图层，则用鼠标将图层拖到"图层"面板右下角的"删除图层"按钮上，或单击"图层"面板右上角的扩展按钮，从菜单中选择"删除图层"命令即可。

5．图层的锁定

将图层的某些编辑功能锁住，可以避免不小心将图层中图像损坏的情况。在"图层"面板中的"锁定"一栏提供了4个按钮，用来锁定不同的内容，单击相应的按钮，即可执行相应的锁定操作，再次单击即会取消锁定。

- "锁定透明像素"按钮🔲：在图层中没有像素的部分是透明的，或者是空的，所以在使用工具箱中的工具或执行菜单命令时，想只针对有像素的部分进行操作，可以单击"图层"面板中的🔲按钮。当图层的透明部分被锁定后，图层的后面会出现一个小锁的图标🔒。
- "锁定图像像素"按钮🖌：单击该按钮，不管是透明部分还是图像部分都不允许进行任何编辑。
- "锁定位置"按钮➕：单击该按钮，当前图层中的图像将不能被移动或编辑。
- "锁定全部"按钮🔒：单击该按钮，图层与图层组的所有编辑功能将被锁定，图像将不能进行任何编辑。

6．图层之间的对齐与分布

如果图层上的图像需要对齐，除了使用参考线进行参照外，最直接的对齐和分布方式是在移动工具的选项栏中进行设定，用户只需单击选项栏中的各种对齐和分布的按钮即可，如下图所示。

7．改变图层的排列顺序

在"图层"面板中，可直接用鼠标拖动改变各图层的排列顺序。如果要将"图层1"放置在"图层2"的下面，只需用鼠标将其拖到"图层2"的下线处，当下线变黑后，松开鼠标即可。

另外，也可以通过选择"图层>排列"命令来实现同样的操作，如右图所示。

需要注意的是，"排列"子菜单中的"反向"命令，可以反选图层的顺序，因此使用该命令时，需要先选中两个或两个以上的图层。

图层编组(G)	Ctrl+G
取消图层编组(U)	Shift+Ctrl+G
隐藏图层(R)	
排列(A) ▶	置为顶层(F)　Shift+Ctrl+]
合并形状(H) ▶	前移一层(W)　Ctrl+]
对齐(I) ▶	后移一层(K)　Ctrl+[
分布(T) ▶	置为底层(B)　Shift+Ctrl+[
	反向(R)
锁定组内的所有图层(X)...	

8．图层的合并

图层的合并可通过执行"图层"菜单中的"向下合并"、"合并可见图层"和"拼合图像"3个命令实现，下面对各个命令的使用进行简单说明。

- 如果选择"向下合并"命令，当前选中的图层会向下合并一层。如果在"图层"面板中将图层链接起来，原来的"向下合并"命令将会变为"合并链接图层"命令，利用此命令可将所有的链接图层合并。
- 如果在"图层"面板中包含"图层组"，原来的"向下合并"命令将会变为"合并图层组"命令，利用此命令可将当前选中的图层组内的所有图层合并为一个图层。
- 如果所要合并的图层都处于显示状态，而其他的图层和背景是隐藏状态，则可以选择"合并可见图层"命令，从而将所有可见图层合并，而隐含的图层不受影响。如果所有的图层和背景都处于显示状态，选择该命令后，会将全部图层合并到背景层上。
- 选择"合并可见图层"命令后，隐藏的图层会丢失，但选择"拼合图像"命令后则会弹出对话框，提示是否丢弃隐藏的图层。

图层样式的使用

图层样式是 Photoshop 中制作图片效果的重要手段之一，它可以运用于一幅图片中除背景图层以外的所有图层。本节将对图层样式的使用进行详细介绍。

混合选项

打开"图层样式"对话框，在左侧列表中最上方为"混合选项：默认"选项，如右图所示。用户可以根据需要对混合模式进行自定义设置。

（1）"不透明度"选项

该选项的作用和"图层"面板中的一样，在这里修改"不透明度"的值，"图层"面板中的设置也会有相应的变化，这个选项会影响整个图层的内容。

（2）"填充不透明度"选项

该选项只会影响图层本身图像的内容，不会影响图层的样式。因此调节这个选项可以将图层调整为透明的，同时保留图层样式的效果。设置应与"不透明度"的设置进行对照。在"填充不透明度"的下方有三个复选框，用于设置填充不透明度所影响的色彩通道。

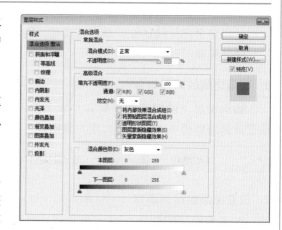

（3）"挖空"选项

该选项用来设定穿透某图层是否能够看到其他图层的内容。挖空方式有"深"、"浅"和"无"三种选项，分别用来设置当前层在下面的层上"打孔"并显示下面层内容的方式。如果没有背景层，当前层就会在透明层上打孔。要想看到"挖空"效果，必须将当前层的填充不透明度（而不是普通层不透明度）设置为0或者一个小于100%的值，来使其效果显示出来。

实训项目 "挖空"功能的应用

下面将举例说明，如何使用"挖空"选项让文字图层穿透下面一个图层，而显示背景图层的颜色。

01 打开素材图片。

02 在"图层"面板上新建一个图层，给图层填充为蓝色。

03 新建文字图层，在画面合适位置输入HELLO 文本内容。

04 为了使效果显示明显，我们这里给文字图层添加了投影和内阴影效果。

05 双击文字图层，在弹出的"图层样式"对话框中，将"填充不透明度"数值调节为0%，"挖空"设定为"无"选项。

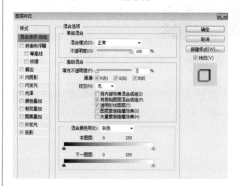

06 设置完成后，画面效果如下图所示。

07 在"图层样式"对话框中，将"填充不透明度"数值调节为0%，"挖空"设定为"浅"选项。

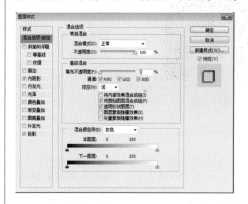

08 这时可以看到，文字图层穿透下图层直接显示背景图层颜色，效果如下图所示。

（4）"混合颜色带"选项区域

"混合颜色带"选项区域用于进行高级颜色调整。通过调整相应的滑块，可以让混合效果只作用于图片中的某个特定区域，用户可以对每一个颜色通道进行不同的设置，如果要同时对三个通道进行设置，应当选择"灰色"选项，如右图所示。

在"本图层"有两个滑块，比左侧滑块更暗或者比右侧滑块更亮的像素将不会显示出来。在"下一图层"上也有两个滑块，但是作用和上面的恰恰相反，图片上在左边滑块左侧的部分将不会被混合，亮度高于右侧滑块设定值的部分也不会被混合。

实训项目 "混合颜色带"选项区域功能的应用

下面将举例说明"图层样式"对话框中"混合颜色带"选项区域的调整效果。

01 打开素材图片，作为背景图层。

02 将另一张素材图片拖动到画面上，"图层"面板上自动新建一个"图层1"图层。

03 双击"图层1"图层，打开"图层样式"对话框，设置"混合颜色带"为"灰色"，将"本图层"的像素值设定为234。

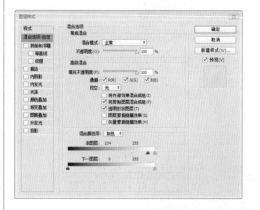

04 那么此图层中从0~234较暗的像素点就不会在图像中显现，可以得到的效果如下图所示。

图层效果

Photoshop中的图层样式效果非常丰富，在"图层样式"对话框中可以设定10种不同的图层效果样式，用其他方法需要用很多步骤才能制作的效果，在此只需设置几个参数就可以轻松完成，因此这些很快成为大家制作图片效果的重要手段之一，下面对其进行详细介绍。

1."投影"、"内发光"和"外发光"样式

在图层中应用"投影"效果样式，可使图像产生立体感，而使用"外发光"和"内发光"样式，则可以使图像的边缘产生光晕效果。

实训项目 网页按钮效果的制作

下面以制作网页按钮为例，介绍"投影"和"外发光"等样式的设置方法和应用效果。

01 打开网页按钮图片，双击需要设置图层效果的图层，打开"图层样式"对话框。

02 在"图层样式"对话框左侧勾选"投影"复选框，右侧将会出现相对应的设置选项，用于创建出所需的"投影"效果。

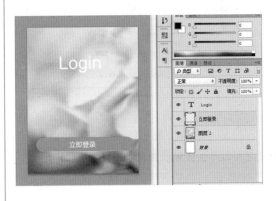
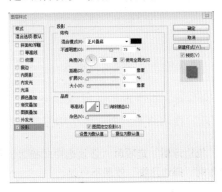

03 添加"投影"效果后，图层的下方会出现一个轮廓和图层的内容相同的"影子"，这个影子有一定的偏移量，默认情况下会向右下角偏移。

04 用同样的方法，勾选"外发光"复选框，进行相应的设置，为按钮应用"外发光"效果。

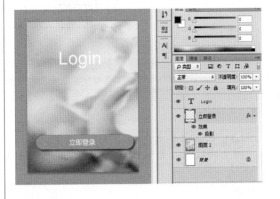
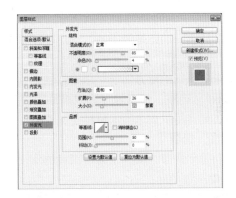

05 单击"确定"按钮，可以看到为图层添加的发光效果。

06 此外，还可以应用相同的方法，为该按钮添加"内阴影"效果。

2.“斜面和浮雕”样式

“斜面和浮雕”样式可以说是Photoshop图层样式中最复杂的样式，其中包括“内斜面”、“外斜面”、“浮雕效果”、“枕形浮雕”和“描边浮雕”样式效果，如右图所示，虽然每一项中包含的设置选项都是一样的，但是制作出来的效果却大不一样。

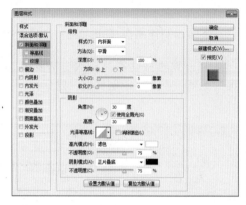

（1）“样式”列表

单击“样式”下三角按钮，查看下拉列表中的样式效果选项。

- “内斜面”表示在图层内容的内边缘上创建斜面。
- “外斜面”表示在图层内容的外边缘上创建斜面。
- “浮雕效果”模拟使图层内容相对于下层图层呈浮雕状的效果。
- “枕状浮雕”模拟将图层内容的边缘压入下层图层中的效果。

 TIP 选择“描边浮雕”选项时，必须选中“描边”图层样式才可以产生效果。如果未将任何描边应用于图层，则“描边浮雕”效果不可见。

（2）“方法”列表

单击“方法”下三角按钮，在下拉列表中可以看到斜面和浮雕效果有“平滑”、“雕刻清晰”和“雕刻柔和”三个选项，如右图所示。

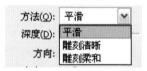

- “平滑”选项：稍微模糊杂边的边缘，可用于所有类型的杂边，不论其边缘是柔和的还是清晰的，该选项不保留大尺寸的细节特征。
- “雕刻清晰”选项：使用距离测量技术，主要用于消除锯齿形状（如文字）的硬边杂边，该选项保留细节特征的能力优于“平滑”选项。
- “雕刻柔和”选项：使用经过修改的距离测量技术，虽然不如“雕刻清晰”精确，但对较大范围的杂边更有用，该选项保留特征的能力优于“平滑”选项。

（3）“深度”选项

不仅用于指定斜面深度，还指定图案的深度。

（4）“方向”选项

“上”和“下”单选按钮用于改变高光和阴影的位置。

（5）“高度”数值框

对于斜面和浮雕效果来讲，该数值框用于设置光源的高度。其中，值为0表示底边；值为90表示图层的正上方。

（6）“高光模式”和“阴影模式”选项

这两个下拉选项，用于指定斜面或浮雕高光或阴影的混合模式。

（7）“纹理”复选框

在“图层样式”对话框左侧“斜面和浮雕”复选框下面还包含“等高线”和“纹理”复选框，如下左图所示。“纹理”复选框提供了所需应用的纹理选项，如下中图所示。使用“缩放”选项可以缩放纹理的大小。如果要使纹理在图层移动时随图层一起移动，可勾选“与图层链接”复选项。勾选“反相”复选框，可使纹理反相。“深度”选项用于改变纹理应用的程度和方向。“贴紧原点”按钮用于使图案的原点与文档的原点相同（取消“与图层链接”的状况下），或将原点放在图层的左上角（选定“与图层链接”状况下）。

3．"光泽"样式

"光泽"样式用于在图层的上方添加一个波浪形（或者绸缎）效果，如下右图所示。它的选项虽然不多，但是很难准确把握，有时候设置值的微小差别都会使效果产生很大的区别。用户可以将光泽效果理解为光线照射下，反光度比较高的波浪形表面显示的效果。

光泽效果之所以让人琢磨不透，主要是其效果会和图层的内容直接相关，也就是说，图层的轮廓不同，添加光泽样式之后产生的效果完全不同（即便参数设置完全一样）。

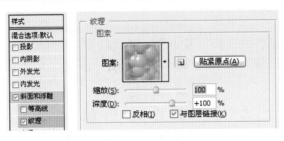 

4．"颜色叠加"、"渐变叠加"、"图案叠加"样式

下面将对Photoshop CC中的"颜色叠加"、"渐变叠加"、"图案叠加"样式效果分别进行介绍。

（1）"颜色叠加"样式

这是一个很简单的样式，作用实际就相当于为所选图层着色。

（2）"渐变叠加"样式

"渐变叠加"和"颜色叠加"的原理是完全一样的，只不过着色的颜色是渐变而不是纯色的。在"渐变叠加"的选项中，"混合模式"以及"不透明度"和"颜色叠加"的设置方法都相同。"渐变叠加"样式的参数设置比"颜色叠加"参数多了"渐变"、"样式"、"缩放"三个选项。

- "渐变"选项：用于设置渐变色，单击下拉按钮，可以在预设置的渐变色中进行选择。
- "样式"选项：用于设置渐变的类型，包括"线性"、"径向"、"对称的"、"角度"和"菱形"选项。
- "缩放"选项：用于截取渐变色的特定部分并作用于图层上，其值越大，所选取的渐变色的范围越小，否则范围越大。

（3）"图案叠加"样式

该样式的设置方法和前面在"斜面与浮雕"中介绍的"纹理"完全一样，在此将不再赘述。

5．"描边"样式

"描边"样式很直观简单，如下左图所示。该效果是沿着图层中非透明部分的边缘描边，这在实际应用中非常普遍。下右图为添加"描边"效果的实例图片。

- "大小"选项：用于设置描边的宽度。
- "位置"选项：用于设置描边的位置，其下拉列表中包括："内部"、"外部"和"居中"三个选项。
- "填充类型"选项：包括"颜色"、"渐变"和"图案"三个选项。

"样式"面板

在Photoshop的"样式"面板中，用户可以使用系统提供的现成样式，也可以自己创建新样式。任何样式的调用、存储、预览或删除均可在该面板中实现。

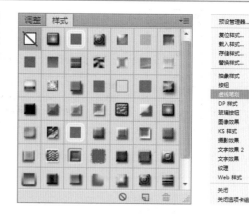

（1）预制样式

"样式"面板中已经有一些预制的样式可供选择。单击面板右上角的菜单按钮，在打开的菜单中选择任何一个样式库文件。在弹出的对话框中单击"追加"按钮，即可添加多个种类的预制样式。

（2）新建样式

用户可以为一个图层添加一些图层样式，若要将这些样式保存起来，便于以后的调用，则只需单击样式面板下方 按钮，创建新的样式，弹出右图的对话框，从中设置该样式的名称及包含的效果，最后单击"确定"就可以了。在下次使用时，可以通过"样式"面板直接应用该样式。

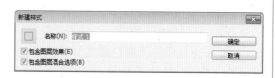

（3）删除样式

若要删除图层样式，只需将其拖至"样式"面板底部的"删除样式"按钮 上即可。如要清除图层的样式，也只需要单击面板底部的"清除样式"按钮 即可。

UNIT 15 图层蒙版

图层蒙版相当于一个8位灰阶的Alpha通道，下面将对图层蒙版的相关操作进行详细介绍。

在"图层"面板上，单击面板底部的"添加图层蒙版"按钮 ，即可为当前图层创建一个图层蒙版，该图层缩览图后面就会添加蒙版缩览图。需要说明的是，Alpha通道用于保存和编辑选择范围，也可以用作图像的蒙版。在图层中设定了蒙版后，在"通道"面板中也会有一个临时的Alpha通道出现。

蒙版的概念和作用

在Photoshop CC中，蒙版是将不同灰度色值转化为不同的透明度，并作用到它所在的图层，使图层不同部位透明度产生相应的变化。用户可以使用蒙版来隐藏或显示图层部分区域，而不是将其永久删除。在蒙版中，黑色为完全不透明，白色为完全透明。蒙版图层是一项重要的复合技术，可用于将多张照片组合成单个图像，也可用于局部的颜色和色调校正。

实训项目 蒙版的应用

下面将以实例的形式，详细介绍蒙版中的颜色控制图层隐藏或显示的方法。

01 打开图片，给"图层1"添加图层蒙版，制作矩形选区。

02 给蒙版中选区部分填充黑色，图像显示效果如下图所示。

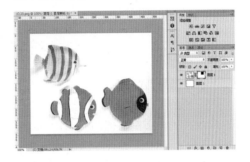

03 在选区中填充白色，选区之外其他区域填充黑色，图像显示效果如下图所示。

04 在选区中填充渐变色，图层不同部位透明度产生相应的变化如下图所示。

图层蒙版是非破坏性的，即表示以后可以返回并重新编辑蒙版，而不会丢失蒙版隐藏的像素。且便于修改，不会因为使用橡皮擦、剪切或删除操作而造成不可返回的遗憾。蒙版可运用不同的滤镜，以产生一些意想不到的特效。任何一张灰度图都可作蒙版。蒙版常用来抠图、做图的边缘淡化效果及处理图层间的融合等操作。

添加图层蒙版

（1）添加显示或隐藏整个图层的蒙版

在图像中没有任何选区的情况下，在"图层"面板中，选择要添加蒙版的图层或组，配合使用"蒙版"面板，执行下列操作：

- 创建显示整个图层的蒙版：在"蒙版"面板中单击"像素蒙版"按钮，或在"图层"面板中单击"添加图层蒙版"按钮 ，如右图所示，或选择"图层>图层蒙版>显示全部"命令。
- 创建隐藏整个图层的蒙版：在按住【Alt】键的同时单击"蒙版"面板中的"像素蒙版"按钮，也可以在按住【Alt】键的同时单击"添加图层蒙版"按钮，或单击"图层>图层蒙版>隐藏全部"命令。

（2）添加隐藏部分图层的图层蒙版

在"图层"面板中,选择图层或组。选择图像中的区域，在有选区的情况下（如右图所示），执行下列操作：

- 单击"蒙版"面板中的"像素蒙版"按钮，或单击"图层"面板中的"新建图层蒙版"按钮以创建显示选区的蒙版。
- 在按住【Alt】键的同时单击"蒙版"面板中的"像素蒙版"按钮，或单击"图层"面板中的"添加图层蒙版"按钮，以创建隐藏选区的蒙版。
- 选择"图层>图层蒙版>显示区域"（或"隐藏区域"）命令。

（3）应用另一个图层中的图层蒙版

- 要将蒙版移到另一个图层，可以选择该蒙版用鼠标直接拖动至其他图层，如下图所示。
- 要复制蒙版，应在按住【Alt】键的同时将蒙版拖至另一个图层。

编辑图层蒙版

要编辑图层蒙版，一定要将其选中。在"图层"面板中，选择要编辑的图层蒙版，单击"蒙版"面板中的"滤镜蒙版"按钮，使之成为可用状态，或者直接在"图层"面板上单击图层上的蒙版缩略图，蒙版缩览图的周围将出现一个边框，表示选择了该蒙版。

（1）选择任何一种绘画或修饰工具对蒙版进行编辑

- 要从蒙版中减去并显示图层，可将蒙版涂成白色。
- 要使图层部分可见，可将蒙版绘成灰色。灰色越深，色阶越透明；灰色越浅，色阶越不透明。
- 要隐藏图层或图层组，可将蒙版绘成黑色。

TIP 当蒙版处于编辑状态时，前景色和背景色均采用默认灰度值。

> **TIP** 要编辑图层而不是图层蒙版，应单击"图层"面板中的图层缩览图，将其选中，图层缩览图的周围将出现一个边框。

（2）要将拷贝的选区粘贴到图层蒙版中

- 在图像中创建选区，选择"编辑>拷贝"命令，复制选区内像素。
- 在按住【Alt】键的同时，单击"图层"面板中的图层蒙版缩览图，以选择和显示蒙版通道。
- 选择"编辑>粘贴"命令，然后选择"选择>取消选择"命令，或按【Ctrl+D】组合键取消选区。选区中像素将转换为灰度并添加到蒙版中，如右图所示。
- 单击"图层"面板中的图层缩览图，取消选择蒙版通道。

蒙版的其他编辑操作

（1）删除蒙版

如果对所创建的蒙版不满意，有两种方法可将其删除。

- 选择"图层>图层蒙版"命令，若要完全删除蒙版，则选择子菜单中的"删除"命令；要将蒙版合并到图层上，则应选择"应用"命令。

- 选中"图层"面板中的蒙版缩览图，然后将其拖到"图层"面板中的垃圾桶图标上，或选中蒙版缩览图后单击垃圾桶图标，在弹出的对话框中根据需要单击"应用"、"取消"或"删除"按钮即可，如右图所示。

（2）停用和启用图层蒙版

可以将"图层"面板中的蒙版暂时性的关掉。方法是：按住【Shift】键的同时用鼠标单击"图层"面板中的蒙版缩览图，或在"图层"面板中选中带蒙版的图层，然后选择"图层>图层蒙版>停用"命令，蒙版将被临时关闭，在"图层"面板中会看到蒙版缩览图上有一个红色的"×"，如右图所示。

单击缩览图上的"×"，或单击"图层>图层蒙版>启用"命令，即可使红色的"×"消失，恢复蒙版的作用。

（3）图层和蒙版的选择

在操作过程中，需注意"图层"面板中的操作对象，当某图层缩览图的周围出现一个边框时，表明当前选中的是图层，所有的操作只对图层有效。当图层蒙版的周围出现一个边框时，表示当前选中的是图层蒙版，所有的操作都只对图层蒙版有效。

设计"低碳环保"网页

下面将以网页的设计为例，对图层的应用进行介绍，其具体操作介绍如下。

01 启动Photoshop CC，打开素材图片，作为背景，如下图所示。

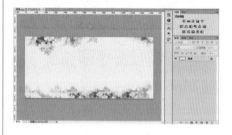

02 将产品图片拖入文件，自动新建一个图层，并将其命名为"灯泡"。

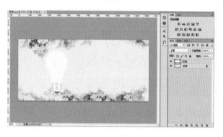

03 在"灯泡"图层下新建图层组"组1"，将装饰植物和蝴蝶分别放置到合适的位置。

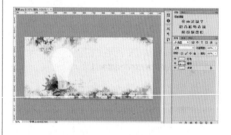

04 双击"蝴蝶"图层，设置相应的图层样式，让蝴蝶看起来有立体感，如下图所示。

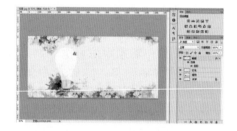

05 在"灯泡"图层下新建图层组"组2"，再添加装饰素材，让画面看起来更加丰富。

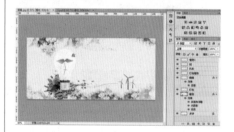

06 素材的添加使画面丰富，但展示的产品不够突出，下面通过添加产品阴影，突出光泽度。

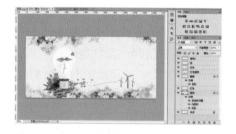

07 选中"灯泡"图层，按【Ctrl+J】键，复制图层，移动图层位置，将图层透明度设为10%。

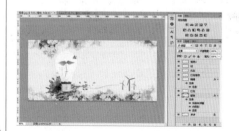

08 把泡泡元素放置在"蝴蝶"图层下面，命名为"泡泡"，将其属性设为"滤色"，效果就出来了。

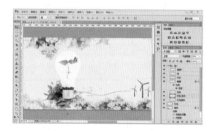

09 在画面右侧配上文字，并放置在合适位置。

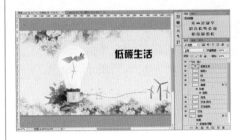

10 再拖一张绿色草地进图片，放置在文字上方位置。

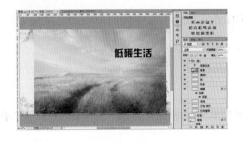

11 通过旋转工具，将素材进行旋转，并拖到合适的位置。

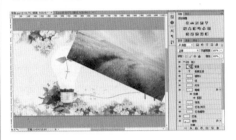

12 按【Ctrl】键的同时单击文字图层缩略图，得到文字部分选区。

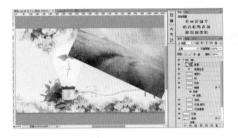

13 在有文字选区的情况下，选择草地素材图层，并创建图层蒙版。

14 再双击图层，设置图层样式，给该图层添加"描边"和"投影"效果。

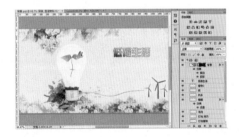

15 同样的方法，添加其他文字内容。

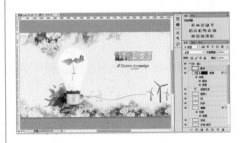

16 完成设计效果并进行保存。

01 在Photoshop CC中如何编辑图层蒙版?

要编辑图层蒙版,一定要将其选中。在"图层"面板中,选择要编辑的图层蒙版,单击"蒙版"面板中的"滤镜蒙版"按钮使之成为可用状态,或者直接在"图层"面板上单击图层上的蒙版缩览图,蒙版缩览图的周围将出现一个边框,表示选中了蒙版。

02 图层样式中"斜面和浮雕"结构样式中包括哪几种?

包括"内斜面"、"外斜面"、"浮雕效果"、"枕形浮雕"和"描边浮雕"5种。

03 在图层上增加一个蒙版,当要单独移动蒙版时应该如何操作?

首先要解除图层与蒙版之间的链接,再选择蒙版,然后选择移动工具就可以移动了。

04 如何实施移动图层的操作?

移动图层时,如果要每次移动10像素的距离,可再按住【Shift】键的同时按键盘上的箭头键;如果要控制移动的角度,可在移动的同时按住【Shift】键,这样就能以水平、垂直或45°角移动;如果要以一个像素的距离移动,可直接按键盘上的箭头键(上、下、左、右键),每按一次,图层中的图像或选中的区域就会移动1个像素。

05 如何使用菜单命令对齐图层?

通过执行"图层>对齐"命令来实现,具体操作介绍如下:

01 将各图层连接起来,执行"图层>对齐"命令,在其子菜单中选择所需的对齐命令。

02 在"分布"命令的级联菜单中也有类似的子命令。

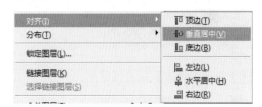
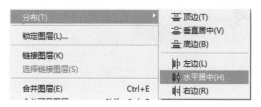

06 关于"挖空"操作时需要注意哪些事项?

如果对不是图层组中的图层设置"挖空",这个效果将会一直穿透到背景层,也就是说当前层中的内容所占据的部分将全部或者部分显示背景层的内容(按照填充不透明度的设置不同而不同)。在这种情况下,将"挖空"设置为"浅"或者"深"是没有区别的。但是如果当前层是某个图层组的成员,那么"挖空"设置为"深"或者"浅"就有了区别,若设置为"浅",则打孔效果将只能进行到图层组下面的一个层;若设置为"深",则打孔效果将一直深入到背景层。

1. 使用图层样式制作"商品图标"商品精选

制作流程:

(1) 利用布纹素材,得到圆形图标。

(2) 打开"图层样式"对话框,设置"投影"效果,利用"内阴影"制作图标的立体感。

(3) 输入"商品精选"文本,并设置填充颜色为白色。

(4) 用变形工具将文字倾斜。

(5) 设置图层样式"斜面和浮雕"效果为"枕状浮雕"。

(6) 然后输入其他小排文字,以做装饰。

(7) 将文字图层和圆环图层合并,这样一个圆形的商品图标就做出来了。

2. 制作立体荧光字效果

制作流程:

(1) 输入文字,设置图层样式为"颜色叠加",以达到塑料效果。

(2) 继续设置文字的"添加颜色"、"斜面和浮雕"、"雕刻清晰"等效果。

(3) 再次设置图层样式,设置高光和阴影的颜色。

(4) 复制一次文字层,使之有立体感,把填充设置为0。

(5) 设置投影效果,使用颜色叠加,以达到立体荧光字效果。

本章将讲解图像的绘制、修饰和色彩调整，包括各种绘画工具及修饰工具的功能、设置及使用方法。通过本章的学习，帮助读者正确使用各种绘画工具，区分不同修饰工具的功能并正确使用这些修饰工具，从而达到掌握图像绘制与修饰的目的。

04 chapter 图像的绘制与修饰

▌学习目标▐

- 了解常见绘图工具的分类
- 熟悉画笔的创建、编辑、删除与存储
- 掌握"画笔"面板的使用
- 掌握图像的绘制操作
- 掌握图像的修饰操作

精彩推荐

⚪ 颜色替换工具的应用

⚪ 修饰工具的使用

UNIT 17 绘画工具

Photoshop 提供了多个用于绘制和编辑图像的工具。在 Photoshop CC 中内置的笔刷更加丰富了，习惯使用 Photoshop 作画的朋友不用再到处下载笔刷了。渐变工具和油漆桶工具都可以将颜色应用于大块区域，既可对选区填充，也可对图层进行填充。

画笔工具组

画笔工具组包括画笔工具、铅笔工具、颜色替换工具和混合器画笔工具，如下图所示。其中画笔和铅笔工具参数设置方法相同，作图方式也相同，不同的是，画笔工具可绘出边缘柔软的画笔效果，并且可以设置柔和程度，而铅笔工具的画笔边缘都是锐利的，创建硬边直线。由于画笔工具和铅笔工具的操作方法相同，这里将以画笔工具为例进行详细介绍。

TIP 使用Photoshop绘画的优势在于，只要设置画笔的参数，就可以得到不同类型的线条，并可以将一个图案定义为画笔形状，从而得到用传统绘画方式无法得到的效果。用户可以将一组画笔选项存储为预设，以便能够方便查找经常使用的画笔特性。Photoshop包含若干样画笔预设，用户可以根据需要对这些预设进行修改以产生新的效果。

1. 画笔工具和铅笔工具的使用

画笔工具和铅笔工具可在图像上绘制当前的前景色。选取一种前景色，选择画笔工具或铅笔工具，在选项栏中的"画笔预设"选取器中选取画笔，并设置"模式"、"不透明度"等，然后在图像中单击并拖动便可以开始绘画。若将画笔工具用作喷枪时，则按住鼠标（不拖动），可增大颜色量。

（1）画笔工具选项栏

画笔工具选项栏如下图所示。

- 画笔预设选项：单击该选项，可在弹出的面板中选择一种画笔，如右图所示。在该选项面板中还可以调整画笔的直径，暂时更改画笔大小，也可以调整硬度，临时更改笔工具的消除锯齿量。

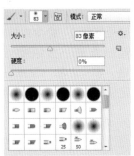

- "模式"选项：用于设置如何将绘画的颜色与下面的现有像素混合的方法。可用模式将根据当前选定工具的不同而变化，绘画模式与图层混合模式类似。
- "不透明度"数值框：用于设置应用颜色的透明度。数值越大则绘制效果越明显，绘制出图像被覆盖的效果越明显；数值越小其透明程度越大，越能够透出背景图像。 选项则控制始终对不透明度使用压力，关闭时，"画笔预设"控制压力。
- "流量"数值框：相当于颜料的流出速度，流量值的大小决定了绘画时颜色的浓度，当值为100%时直接绘制前景色，该值越小，颜色越淡。在某个区域上方进行绘画时，如果一直按住鼠标按钮，颜色量将增大，直至达到不透明度设置。

- "喷枪"按钮：使用喷枪模拟绘画时，将指针移动到某个区域上方时，如果按住鼠标左键，颜料量将会增加。画笔硬度、不透明度和流量值的设置，可以控制应用颜料的速度和数量。单击"喷枪"按钮 ，可打开或关闭此功能。

> **TIP** 旋转视图工具可旋转画布，使绘画更加省事。如果要调整画笔大小，可在按住鼠标右键的同时按下【Alt】键，向左或向右拖动。如果要更改画笔颜色，应按住鼠标右键的同时，按下【Shift+Alt】组合键，选择所需的颜色。

（2）"画笔"面板的使用

使用Photoshop功能强大的"画笔"面板，能够绘制出丰富、逼真的图像，我们可以通过控制画笔的参数，获得丰富的画笔效果。

选择"窗口>画笔"命令，即可打开下左图的"画笔"面板。面板底部的画笔描边预览区域中，显示使用当前画笔选项时绘画描边的外观。单击"画笔"面板右上角的扩展按钮 ，可以弹出下右图的扩展菜单。

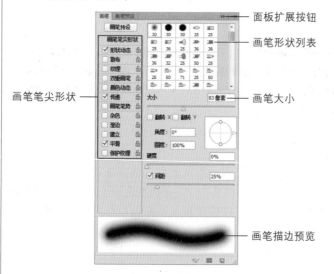

面板扩展按钮
画笔形状列表
画笔笔尖形状
画笔大小
画笔描边预览

（3）自定义画笔

当编辑完画笔的基本形状后，可以将其存储在画笔库中。在"画笔"面板扩展菜单中选择"新建画笔预设"命令或单击"画笔"面板右下角"创建新画笔"按钮 ，弹出"画笔名称"对话框，在"名称"文本框中输入名称后，单击"确定"按钮即可，如右图所示。

2．颜色替换工具

颜色替换工具能够简化图像中特定颜色的替换，可以用校正颜色在目标颜色上绘画。颜色替换工具的原理是用前景色替换图像中指定的像素，因此使用时需选择好前景色。在图像中涂抹时，起笔（第一个单击点）像素颜色将作为基准色，选项栏中的"取样"、"限制"和"容差"值都是以此为准的。

实训项目 颜色替换工具的应用

下面将通过具体实例的制作，介绍颜色替换工具的使用方法。

01 启动Photoshop CC应用程序，打开素材图片，如下图所示。

02 先用魔棒工具选择红色部分，将要替换颜色的裙子部分制作出选区。

03 再执行"选取相似"命令，扩大选区范围。

04 再配合魔棒工具，添加选取未被选中的裙子部分，得到完整的裙子选区。

05 按【Ctrl+J】组合键，将选区部分复制并粘贴到一个新的图层上。

06 选择颜色替换工具，并将前景色设置为绿色。

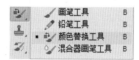

07 在复制的图层上使用颜色替换工具进行涂抹。

08 涂抹完成，裙子颜色替换后效果如下图所示。

3．混合器画笔工具

混合器画笔工具是较为专业的绘画工具，我们通过选项栏的设置可以调节笔触的颜色、潮湿度、混合颜色等，这些就如同在绘制水彩或油画的时候，随意的调节颜料颜色、浓度、颜色混合等一样，可以绘制出非常细腻的效果图。

实训项目　混合器画笔工具的应用

下面将通过具体的操作，介绍混合器画笔工具的使用方法与技巧。

01 启动Photoshop CC应用程序，打开素材图片，然后选择混合器画笔工具。

02 如果单击这个窗口，可以更换画笔的姿态，比如让较扁的画笔转动一个角度，在绘画时可以通过捻动笔杆改变各个方向涂抹时的笔触效果。

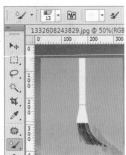

03 在选项栏中单击"画笔预设"按钮，打开画笔下拉列表。用户可以在这里找到自己需要的画笔样式。

04 选择"圆角低硬度"画笔，在"有用的混合画笔组合"下拉列表中，选择一种混合画笔时，右边的四个选择数值会自动改变为预设值，如下图所示。

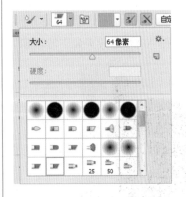

05 在画面上试一下画笔效果，将前景色和画布上的颜色化开。

06 选择"圆角低硬度"画笔，混合画笔组合：湿润，深混合，利用侧锋在画面上涂刷。

07 不再需要调颜色，一切颜色都可以从画面上拾取。即使一个很小的图像，被放大后，再用混合器画笔一刷，就是一张不错的画面。

08 调整画笔大小和角度，在画面上涂出细节，将细节与大背景完美地混合起来了。这样只需要几分钟，一张照片就变成了水粉画。

渐变工具与油漆桶工具

在Photoshop中填充图像的方法有很多种，如使用工具箱中的渐变工具和油漆桶工具，既可以填充选区，也可以对图像进行填充，如右图所示。

1. 渐变工具

渐变是一种常用的填充效果，渐变工具可以创建两种或两种以上的颜色间的逐渐混合，用户可以从预设渐变填充中选取或创建所需的渐变，从而得到过渡细腻、颜色丰富的填充效果。

选择渐变工具，在图像中拖动应用渐变填充区域。起点（按下鼠标处）和终点（松开鼠标处）会影响渐变外观，拖动的距离将决定渐变的有效范围。在工具箱中选择渐变工具，用户可以在下图的渐变工具选项栏中设置参数。

- 选取渐变填充：单击渐变样本旁边的三角形，将弹出下图的渐变填充库面板，选择所需的渐变填充。
- 渐变类型：单击该下拉按钮，选择应用渐变填充的选项。
- 线性渐变：以直线从起点渐变到终点。
- 径向渐变：以圆形图案从起点渐变到终点。
- 角度渐变：围绕起点以逆时针扫描方式渐变。
- 对称渐变：使用均衡的线性渐变在起点的任意一侧渐变。

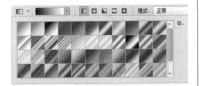

- 菱形渐变 ：以菱形方式从起点向外渐变，终点定义菱形的一个角。
- "模式"和"不透明度"选项：指定绘画的模式和不透明度。
- "反向"复选框：要反转渐变填充中的颜色顺序，可以勾选"反向"复选框。
- "仿色"复选框：要用较小的带宽创建较平滑的混合，可以勾选"仿色"复选框。
- "透明区域"复选框：要对渐变填充使用透明蒙版，可以勾选"透明区域"复选框。

针对需要填充渐变的区域，进行不同类型的渐变设置，可通过"渐变编辑器"自定义渐变颜色。

实训项目 渐变工具的应用

下面将通过实例对渐变工具的使用方法进行介绍。

01 启动Photoshop CC应用程序，打开素材图片，如下图所示。

02 用魔棒工具选择画面中白色区域，然后执行"选择>反向"命令，获得赛车部分选区。

03 按【Ctrl+J】组合键，将赛车选区部分复制并粘贴到新的图层，再将背景图层填充为白色。

04 选择渐变工具，在渐变工具选项栏中选择"黑白"渐变色，"对称渐变"类型，在画面中执行渐变填色效果，如下图所示。

05 打开"渐变编辑器"对话框，将要创建的渐变存储到预设库，输入新名称，单击"新建"按钮。

06 选择"径向渐变"类型，在画面中执行渐变填色，最终效果如下图所示。

> **TIP** 如果要填充图像的一部分，应先选择要填充的区域。否则，渐变填充将应用于整个图层。如果要将线条角度限定为 45 度的倍数，请在拖动时按住【Shift】键。

2．油漆桶工具

油漆桶工具用于对一个相似色彩区域进行填充。在工具箱中选择油漆桶工具，在下图的油漆桶工具选项栏中设置参数，可以指定是用前景色还是用图案填充选区。

- "模式"和"不透明度"选项：用于指定绘画的混合模式和不透明度。
- "容差"数值框：用于定义一个颜色相似度，一个像素必须达到此颜色相似度才会被填充。值的范围为从 0 到 255。低容差会填充颜色值范围内与所单击像素非常相似的像素，高容差则填充更大范围内的像素。
- "消除锯齿"复选框：要平滑填充选区的边缘，勾选此复选框。
- "连续的"复选框：勾选该复选框，仅填充与所单击像素邻近的像素，不勾选则填充图像中的所有相似像素。
- "所有图层"复选框：不勾选该复选框，油漆桶工具只能对所选图层有效，若要作用于所有可见图层，则需勾选此复选框。

橡皮擦工具组

Photoshop提供了3个擦除像素的工具，用于修改绘画中出现的错误，或擦去不需要的像素。橡皮擦工具组中包含橡皮擦工具、背景橡皮擦工具及魔术橡皮擦工具，如右图所示。下面将对其使用方法分别进行介绍。

1．橡皮擦工具

利用橡皮擦工具，可以擦除图像像素，并且将擦除的位置用背景色或透明像素填充。选择橡皮擦工具后，在工具选项栏中可以设置各选项，如下图所示。

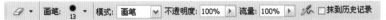

- "模式"选项：在此下拉列表中选择橡皮擦工具的擦除模式，其中包括"画笔"、"铅笔"及"块"3种，每一种选项的擦除效果不同，如右图所示。

- "不透明度"数值框：用于设置橡皮擦操作时的不透明度。
- "抹到历史记录"复选框：勾选此复选框，系统将不再以背景色或透明填充被擦除的区域，而是以"历史记录"面板中选择的图像状态覆盖当前被擦除的区域。

设置完橡皮擦工具选项后，在"图层"面板中选择要擦除的图层，使用橡皮擦工具在要擦除的图像区域上拖动，即可擦除图像像素。

2．背景橡皮擦工具

背景橡皮擦工具可在拖动时将图层上的像素抹成透明，从而可以在抹除背景的同时在前景中保留对象的边缘。通过指定不同的取样和容差选项，可以控制透明度的范围和边界的锐化程度。

背景橡皮擦工具指针显示为带有表示工具热点的十字线画笔形状。选择背景橡皮擦工具，选项栏如下图所示。

- **取样选项**：包含三个按钮选项，分别为"取样：连续"、"取样：一次"及"取样：背景色板"。在"取样：连续"模式下，随鼠标不断地移动，将会对取样点不断地更改，此时擦除的效果比较连续。在"取样：一次"模式下，单击鼠标对颜色取样，此时不松开鼠标，可以对该取样的颜色进行擦除。要对其他颜色取样只要松开鼠标，再按下鼠标重复上面的操作即可。在"取样：背景色板"模式下，背景橡皮擦工具只对背景色及容差相近的颜色进行擦除。
- **抹除的限制模式**：包含三个限制选项。选择"不连续"选项时，抹除在画笔下任何位置的样本颜色；选择"连续"选项时，抹除包含样本颜色并且相互连接的区域；选择"查找边缘"选项时，抹除包含样本颜色的连接区域，同时更好地保留形状边缘的锐化程度。其实这三种限制模式效果差别并不明显，建议使用"不连续"选项。
- **"容差"数值框**：在数值框中输入值或拖动滑块设置容差值。低容差仅限于抹除与样本颜色非常相似的区域，高容差可以抹除范围更广的颜色。
- **"保护前景色"复选框**：勾选该复选框，可防止抹除与工具框中的前景色匹配的区域。

3．魔术橡皮擦工具

用魔术橡皮擦工具在图层中单击时，该工具会将所有相似的像素更改为透明区域。如果在已锁定透明度的图层中操作，这些像素将更改为背景色。如果在背景中单击，背景则会转换为普通图层并将所有相似的像素更改为透明区域。

在魔术橡皮擦工具的工具选项栏中，用户可以选择在当前图层上，是只抹除的邻近像素，还是要抹除所有相似的像素。魔术橡皮擦工具选项栏如下图所示。

实训项目 魔术橡皮擦工具的应用

下面将通过实例来介绍魔术橡皮擦工具的使用方法。

01 启动Photoshop CC应用程序，打开素材图片，如下图所示。

02 选择魔术橡皮擦工具后，单击画面左上角灰色背景，这时背景图层会转换为普通图层。

03 使用魔术橡皮擦工具再单击其他部分，将所有相似的像素更改为透明区域。

04 如需替换背景，可以选中所需要的背景图片，使用移动工具拖到文件中，然后将背景素材图层拖动到人物图层之下。

UNIT 18 修饰工具

灵活运用Photoshop中的修饰工具，可以修复破损的老照片，除去人物脸上的瑕疵，使模糊的图片变的清晰，还可以克隆图像局部。在修饰方面，没有哪个软件比Photoshop做得更好。下面逐一讲解用于修饰、复制及修改图像的工具。

修复画笔工具组

修复画笔工具组中包含修复画笔工具、污点修复画笔工具、修补工具、内容感知移动工具及红眼工具五个修复工具，如右图所示。

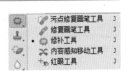

1. 污点修复画笔工具

使用污点修复画笔工具，可以快速移去照片中的污点和其他不理想部分。污点修复画笔是使用图像或图案中的样本像素进行绘画，并将样本像素的纹理、光照、透明度和阴影与所修复的像素相匹配。与修复画笔不同，污点修复画笔不需要指定样本点。污点修复画笔工具将自动从所修饰区域的周围取样。

污点修复画笔工具的选项栏如下图所示。

画笔: 19 模式: 正常 类型: ○近似匹配 ○创建纹理 □对所有图层取样

若要去除右图人物面部的痣，则单击要修复的区域，然后选择污点修复画笔工具，选择比痣稍大一点的画笔，接着单击人物脸部嘴角的痣即可。

TIP 如果需要修饰大片区域或需要更大程度地控制来源取样，用户可以使用修复画笔工具而不是污点修复画笔工具。

2. 修复画笔工具

　　修复画笔工具可用于校正瑕疵。与仿制工具一样，使用修复画笔工具可以利用图像或图案中的样本像素来绘画。但修复画笔工具还可将样本像素的纹理、光照、透明度和阴影与所修复的像素进行匹配，从而使修复后的像素不留痕迹地融入图像中。

　　选择修复画笔工具，在下图的工具选项栏中，选择用于修复像素的源，"取样"单选按钮表示可以使用当前图像的像素，"图案"单选按钮表示可以使用某个图案的像素。

> **TIP** 如果要修复的区域边缘有强烈的对比度，则在使用修复画笔工具之前，先建立一个选区。选区应该比要修复的区域大，但是要精确地遵从对比像素的边界。当用修复画笔工具绘画时，该选区将防止颜色从外部渗入。

3. 修补工具

　　通过使用修补工具，可以用其他区域或图案中的像素来修复选中的区域。像修复画笔工具一样，修补工具会将样本像素的纹理、光照和阴影与源像素进行匹配，修补工具选项栏如下图所示。用户还可以使用修补工具来仿制图像的隔离区域。

实训项目　修补工具的应用

　　下面将通过具体的操作来介绍修补工具的应用方法。

01 打开需要修补的图片，下面将使用修补工具将图中右侧一只牛去掉。

02 选择修补工具将需要去除的一只牛圈选起来。

03 将指针定位在选区内，将选区边框拖动到想要从中进行取样的区域。

04 释放鼠标左键时，原来选中的区域被选中的样本像素区域进行了填充修补。

4. 红眼工具

红眼工具可移去用闪光灯拍摄的人像或动物照片中的红眼，也可以移去用闪光灯拍摄的动物照片中的白色或绿色反光。

选择红眼工具，在要修复的照片红眼中单击即可。如果对结果不满意，可以还原修正，在选项栏中设置所需的参数选项，然后再次单击红眼。

瞳孔大小设置可以增大或减小受红眼工具影响的区域。变暗量可以设置校正的暗度。

> **TIP** 红眼是由于相机闪光灯在主体视网膜上反光引起的。在光线暗淡的房间里照相时，由于主体的虹膜张开得很宽，即会发生红眼现象，为了避免红眼，用户可以使用相机中的红眼消除功能。

5. 内容感知移动工具

内容感知移动工具的作用是将图像移动或复制到另外一个位置。内容感知移动工具是在旧版本中"内容识别"功能的一个全新发展，让"内容识别"功能在照片处理中使用起来更加简单，也让"内容识别"功能有更多的用途而添加的一款全新工具。

实训项目 内容感知移动工具的应用

下面将通过一个简单的应用来介绍内容感知移动工具的使用方法与技巧。

01 打开素材图片。

02 选择工具箱中的内容感知移动工具，将右侧的草莓圈选起来，将指针定位在选区内。

03 在选项栏中"模式"设为"移动"后，将选区拖动到想要移动的区域。移动之后，软件会自动根据周围环境填充空出的区域。

04 在选项栏中将"模式"设为"扩展"后，在移动选区时，则会将选取的区域内容复制到另外的地方。

图章工具

图章工具组包含仿制图章工具和图案图章工具两个工具，如右图所示。

1. 仿制图章工具

仿制图章工具可以将图像的一部分复制到同一图像的其他地方，或复制到具有相同颜色模式的其他图像上，也可以将一个图层的一部分复制到另一个图层。仿制图章工具对于复制对象或移去图像中的缺陷很有用，下左图为修改前的图像，在用仿制图章工具复制爱心部分后，效果如下右图所示。

要使用仿制图章工具，应从其拷贝（仿制）像素的区域上设置一个取样点，并在另一个区域上绘制。勾选"对齐"复选框，则在每次停止并重新开始绘画时，使用最新的取样点进行绘制。取消勾选"对齐"复选框，将从初始取样点开始绘制，而与停止并重新开始绘制的次数无关。

用户可以在下图的仿制图章工具选项栏中，对仿制图章工具的画笔笔尖进行设置，从而准确地控制仿制区域的大小。用户也可以通过对"不透明度"和"流量"值的设置，以控制对仿制区域应用绘制的方式。

用户可以通过将指针放置在任意打开的图像中，然后在要复制的图像部分按住【Alt】键的同时单击取样点，在要修饰的图像部分上拖移，完成图像复制。也可以单击选项工具栏中的"切换仿制源面板"按钮 ，打开右图的"仿制源"面板，该面板中提供了大量的可用选项。

用户可以在"仿制源"面板中单击相应的仿制源按钮，设置其取样点，最多可以设置五个不同的取样点。要缩放或旋转所仿制的源，可以输入 W（宽度）或 H（高度）的值，或输入旋转角度，负的宽度和高度值则会翻转源。

2. 图案图章工具

图案图章工具用于复制预先定义好的图案。

使用图案图章工具可以利用图案进行绘画，可以从右图的图案库中选择图案或者自己创建图案。

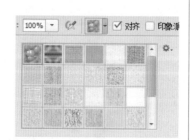

选择图案图章工具，在选项栏中选取画笔笔尖，并设置画笔选项的"模式"、"不透明度"和"流量"等选项，然后在图像中拖移可以使用该图案进行绘画。

在选项栏中勾选"对齐"复选框，会对像素连续取样，而不会丢失当前的取样点，即使用户释放鼠标左键时也是如此。如果取消勾选"对齐"复选框，则会在每次停止并重新开始绘画时，使用初始取样点中的样本像素。

在选项栏中，单击图案拾色器下三角按钮，在弹出的图案库中选择所需的图案。如果用户要对图案应用印象派效果，可以勾选选项栏中的"印象派效果"复选框。

需要注意的是，使用图案图章工具时，需要先选择所需仿制的图案。若要自定义图案，可以用矩形选框工具选定图案中的一个范围之后，选择"编辑/定义图案"命令来自定义图案。如果该命令呈灰色，不能实现定义图案，则可能是在操作时设置了"羽化"值。这时选择矩形选框工具后，在选项栏中将"羽化"值设置为0就可以了。

模糊工具组

模糊工具组中包含模糊工具、锐化工具和涂抹工具3个修饰工具，如右图所示。

1．模糊工具

模糊工具可柔化硬边缘或减少图像中的细节。使用此工具在某个区域上方绘制的次数越多，该区域就越模糊。

2．锐化工具

锐化工具的作用和模糊工具恰好相反，用于增加边缘的对比度，以增强外观上的锐化程度。用此工具在某个区域上方绘制的次数越多，增强的锐化效果就越明显。

3．涂抹工具

利用涂抹工具可以改变图像像素的位置，破坏图像的结构，从而得到特殊的效果。涂抹工具模拟将手指拖过湿油漆时所看到的效果。使用该工具可选择开始位置的颜色，并沿拖动的方向展开这种颜色。

> **TIP**
> 在需要模糊和锐化区域时，除了使用模糊工具组中的工具外，还可以在选择区域后应用滤镜效果。使用滤镜模糊和锐化图像，不仅能在提交应用设置前预览图像，还能把滤镜效果均匀地使用到要修改的区域。

实训项目 修饰工具组的应用

下面将应用实例，对修饰工具组中的模糊工具、锐化工具、涂抹工具的使用方法进行逐一介绍。

01 启动Photoshop CC应用程序，打开素材图片，如下图所示。

02 使用模糊工具对赛车背景进行绘制，模糊效果如下图所示。

03 使用锐化工具对赛车后轮火焰进行绘制，得到相应的锐化效果。

04 使用涂抹工具对赛车后轮火焰向后涂抹，以便达到更突出的火焰效果。

减淡工具组

减淡工具、加深工具、海绵工具常用于润饰图像，利用这些工具可以改善图像色调、色彩的饱和度，使调整后的图像更出色，如右图所示。减淡工具和加深工具可以使图片变亮或变暗，而海绵工具则可以吸收或增强图片中的颜色。

1．减淡工具和加深工具

减淡工具和加深工具是基于调节照片特定区域的曝光度的传统摄影技术，用于使图像区域变亮或变暗，是模仿摄影师遮挡光线以使照片中的某个区域变亮（减淡），或增加曝光度以使照片中的某些区域变暗（加深）的效果。用减淡工具或加深工具在某个区域上方绘制的次数越多，该区域就会变得越亮或越暗。

下图为减淡工具选项栏，加深工具选项栏与减淡工具参数相同，其参数介绍如下：

- "范围"选项：在"范围"下拉列表中包括三个选项，"中间调"表示更改灰色的中间范围；"阴影"表示更改暗区域；"高光"表示更改亮区域。
- "曝光度"数值框：用于为减淡工具或加深工具指定曝光数值。
- 喷枪按钮：将画笔用作喷枪。用户也可以在"画笔"面板中选择"喷枪"选项。
- "保护色调"复选框：勾选该复选框，操作后的图像的色调不发生变化。

2．海绵工具

海绵工具可精确地更改区域的色彩饱和度，就好像一块有漂白剂的海绵，用它在图像上拖动能够吸收颜色，或者具有完全相反的功能，为图像增强颜色。当图像处于灰度模式时，海绵工具则起到增加或降低对比度的作用。

实训项目 减淡工具组的应用

下面将通过具体的操作介绍减淡工具、加深工具、海绵工具的使用方法及应用效果。

01 启动Photoshop CC应用程序，打开素材图片，如下图所示。

02 使用加深工具对背光部分进行绘制，使暗部更暗，让明度更有层次。

03 使用减淡工具对人物高光部分进行提亮修饰。

04 使用海绵工具对人物裙子和嘴唇进行涂抹，增加颜色饱和度。

UNIT 19 绘制网页中的图标

当用户访问网站时，经常可以看到网站中有许多精美的小图标。一个图标是一个小的图片或对象，代表一个文件、程序或命令。图标有助于用户快速执行命令和打开程序文件，单击或双击图标可以执行相应的命令。下面将具体介绍网页图标的制作方法。

（1）启动Photoshop CC，创建一个"宽度"和"高度"为550像素，背景为白色的文件，单击"确定"按钮，如下左图所示。

（2）选择圆角矩形工具，在选项栏中选择"形状"选项，设置"填充"为蓝色，"半径"设置为35像素，绘制一个形状，如下右图所示。

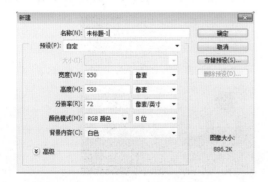

（3）单击"图层"面板底部的"添加图层样式"按钮，选择"渐变叠加"选项，弹出"图层样式"对话框，对渐变叠加图层样式进行设置，设置渐变颜色分别为"#79deff"、"#ccf8ff"，其他参数设置如下左图所示。

（4）选择"投影"样式选项，对投影样式参数进行设置，如下右图所示。

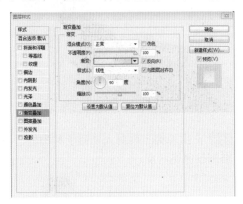 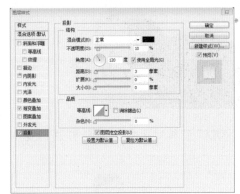

（5）设置完成后，单击"确定"按钮，效果如右一图所示。

（6）用钢笔工具绘制一个白云形状，并填充为白色，如右二图所示。

（7）同样用钢笔工具绘制一个小白云形状，并调整位置，如右一图所示。

（8）用钢笔工具绘制一个三角形，颜色为"#beda79"，图层命名为"山一"，如右二图所示。

（9）选中圆角矩形框的图层，将鼠标移到"山一"图层，选中图层下方的"添加图层蒙版"按钮，如右一图所示。

（10）以相同的方法，绘制第二个小山，颜色设置为"#c6df89"，这样就可以有层叠的效果了，图层命名为"山二"，如右二图所示。

（11）图层一的矩形选框，应用图层模板，绘制一个陆地图层，如下左图所示。

（12）至此完成该图标的制作，将其应用到一个客户端界面中，整体效果如下右图所示。

01 背景橡皮擦工具与魔术橡皮擦工具的区别是什么?

背景橡皮擦工具与魔术橡皮擦工具使用方法基本相似,背景橡皮擦工具可将颜色擦掉变成没有颜色的透明部分,魔术橡皮擦工具可根据颜色近似程度来确定将图像擦成透明的程度。背景橡皮擦工具选项栏中的"容差"选项可用来控制擦除颜色的范围。

02 在自定义画笔时应注意哪些事项?

若选择彩色图像,则画笔笔尖图像会转换成灰度。对此图像应用的任何图层蒙版不会影响画笔笔尖的定义。如果要定义具有柔边效果的画笔,应使用灰度值选择像素。

03 设置纹理效果和不设置纹理效果有何差异?

纹理画笔利用图案使描边看起来像是在带纹理的画布上绘制的一样。在画笔直径和间距设置同样情况下,不设置"纹理"和设置纹理的效果如右图所示。

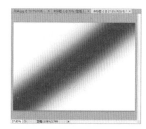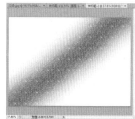

04 什么是双重画笔?

双重画笔是组合两个笔尖来创建画笔笔迹。例如,在"画笔"面板的"画笔笔尖形状"部分设置主要笔尖的选项,选择主画笔如右一图所示的画笔描边后,选择第二个辅助画笔纹理,如右二图所示。应用后得到如右三图所示的双重画笔描边效果。

主画笔笔尖描边图　　　　辅助画笔笔尖描边图　　　　双重画笔描边

05 如何设置颜色动态?

颜色动态决定描边路线中油彩颜色的变化方式。颜色动态的设置选项面板如下左图所示。下右图分别为无颜色动态的画笔描边和应用颜色动态后的画笔描边效果。

无颜色动态的画笔描边　　　　有颜色动态的画笔描边

1. 在Photoshop中进行绘制练习

制作流程：

（1）扫描线稿，进入Photoshop中后，利用"色阶"命令对线稿进行对比度的调整，使线条更明显，并去除多余杂点。

（2）线稿调整清晰后，将线稿部分和背景脱离，成为单独的线稿图层，再次将线稿中残留的碎线、杂点清理干净。

（3）在背景层之上线稿层之下，新建图层并选用合适的画笔进行绘制。

（4）绘制时可以分图层绘制，便于修改，适当时候可以合并图层，绘制好后可以根据需要添加修饰图层，完成绘制效果。

2. 人物图像修饰

制作流程：

（1）结合使用修复画笔工具、污点修复画笔工具修饰脸部雀斑，注意不要破坏原图的明暗效果，保留面部立体感。

（2）使用加深工具和减淡工具，调节脸部整体的明暗度。

（3）添加曲线调整图层，调整图像亮度及明暗对比。

（4）添加色相/饱和度调整图层，调整画面偏色。

在网页设计中，虽然图像的设计是重中之重，但准确的文字描述也是至关重要的。本章将介绍Photoshop中路径和文字的使用等内容，其中包括路径的基本概念、路径的创建和编辑、路径的使用，以及文字的创建、设置和编辑等操作，从而达到掌握路径的使用方法和Photoshop文字编辑处理的目的。

05 chapter 路径与文字的使用

|学习目标|

- 了解路径的基本概念
- 熟悉各种路径工具的使用方法
- 熟悉路径与选区的转换方法
- 掌握文本内容的设置方法
- 掌握文字图层的编辑操作

精彩推荐

⬆ 路径文字

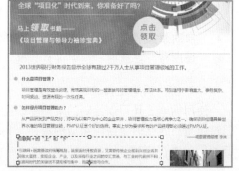

⬆ 段落文字

路径的使用

在 Photoshop 中，路径能够被转换成为与其形状相同的选区。由于 Photoshop 中的路径具有矢量特性，所以使用路径选择的图像具有非常平滑的边缘。在选择边缘较为规则的图像时，经常使用路径选择工具。

路径的概念

路径是可以转换为选区或者使用颜色填充和描边的轮廓。通过编辑路径的锚点，可以很方便地改变路径的形状。

路径可以说是对制作选区方法的有效补充，但路径所具有的功能不仅仅是制作选区，使用路径还可以进行描边、填充等操作。路径的主要功能如下：

- 可以使用路径作为矢量蒙版来隐藏图层区域；
- 将路径转换为选区；
- 使用颜色填充或描边路径；
- 将图像导出到页面排版或矢量编辑程序时，将已存储的路径指定为剪贴路径，以使图像的一部分变得透明。

路径的创建

路径在Photoshop中起着非常重要的作用，不仅可以用于绘制图形，而且在大多数情况下若想精确地选择区域也只能使用路径，下面将对创建选区的相关工具进行介绍。

1. 钢笔工具的使用

在Photoshop中，提供了多种钢笔工具，如右图所示。其中钢笔工具可用于绘制具有最高精度的图像；自由钢笔工具可用于像使用铅笔在纸上绘图一样来绘制路径，勾选选项栏中的"磁性的"复选框，该工具将变成磁性钢笔工具，可用于绘制与图像中已定义区域的边缘对齐的路径。在具体的操作中，用户可以组合使用钢笔工具和形状工具以创建复杂的形状。

使用钢笔工具时，选项栏中提供了下列选项，具体如下图所示。

- "自动添加/删除"复选框：用于在单击线段时添加锚点，或在单击锚点时删除锚点。
- "橡皮带"复选框：选中该复选框，用于在移动指针时预览两次单击之间的路径段。

（1）使用钢笔工具绘制直线段

使用钢笔工具可以绘制的最简单路径是直线，方法是使用钢笔工具创建两个锚点，继续单击可创建由角点连接的直线段组成的路径。如果希望直线角度限制为45度的倍数，可以在按住【Shift】键的同时进行创建。

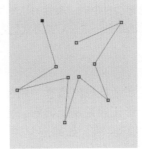 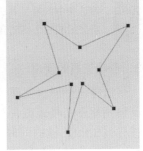

选择钢笔工具，将钢笔工具定位到所需绘制的直线段起点并单击，以定义第一个锚点。再次单击确认结束点位置，继续单击可设置其他线段锚点，最后添加的锚点总是显示为实心方形，表示已选中状态。当添加更多的锚点时，先前定义的锚点会变成空心并被取消选择，如右一图所示。

要闭合路径，可将钢笔工具定位在第一个（空心）锚点上。如果放置的位置正确，钢笔工具指针旁将出现一个小圆圈，单击即可闭合路径。若要保持路径开放，在按住【Ctrl】键的同时，单击远离所有对象的任何位置。

（2）使用钢笔工具绘制曲线

选择钢笔工具，将钢笔工具定位到曲线的起点，并按住鼠标左键，拖动以设置要创建的曲线段的斜度。此时会出现第一个锚点，同时钢笔工具指针变为一个箭头，如下左图所示，然后释放鼠标。

将钢笔工具定位到曲线段结束的位置，单击鼠标，根据需要执行以下操作：

- 若要创建 C 形曲线，可向前一条方向线的相反方向拖动，然后松开鼠标，如下中图所示。
- 若要创建 S 形曲线，可按照与前一条方向线相同的方向拖动然后松开鼠标，如最右图所示。

 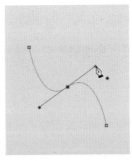 

继续从不同的位置拖动钢笔工具可以创建一系列平滑曲线。要闭合路径，同样使用钢笔工具回到第一个（空心）锚点上，钢笔工具指针旁将出现一个小圆圈，单击即可闭合路径。

> **TIP** 使用尽可能少的锚点拖动曲线，可以更容易编辑曲线并且系统可更快速显示和打印它们，使用过多的点会在曲线中造成不必要的凸起。在操作中，用户可以通过调整方向线长度和角度绘制间隔宽的锚点和练习设计曲线形状。

2. 自由钢笔工具的使用

自由钢笔工具可用于随意绘图，就像用铅笔在纸上绘图一样。在绘图时，将自动添加锚点，无需确定锚点的位置，完成路径后可进一步对其进行调整。

选择自由钢笔工具，要控制最终路径对鼠标或钢笔移动的灵敏度，可以单击选项栏中 按钮旁边的黑色箭头，弹出右图的下拉面板选项，然后在"曲线拟合"文本框中输入介于 0.5~10.0 像素之间的值。数值越高，创建的路径锚点越少，路径越简单。

在图像中拖动指针，会有一条路径尾随指针，释放鼠标，工作路径即创建完毕。若要继续创建现有手绘路径，则可将钢笔指针定位在路径的一个端点，然后拖动。若要创建闭合路径，可将直线拖动到路径的初始点，同样当它对齐时会在指针旁出现一个圆圈。

3．形状工具的使用

选择一个形状工具，在选项栏中选择"路径"模式后，在图像中拖动以绘制形状路径。如果要使用矩形工具或圆角矩形工具绘制正方形、圆形或将线条角度限制为 45 度角的倍数，可以在按住【Shift】键的同时进行绘制。如果要从中心向外绘制，应将指针放置到形状中心所需的位置，再按住【Alt】键的同时进行绘制，然后沿对角线拖动到任何角或边缘，直到形状已达到所需大小。

选择自定形状工具，单击选项栏中"形状"后面下三角按钮，在弹出的面板中选择一个形状，如右图所示。如果在面板中找不到所需的形状，请单击面板右上角的箭头，然后选取其他类别的形状。当询问是否替换当前形状时，单击"确定"按钮显示新类别中的形状，或单击"追加"按钮以添加到已显示的形状中。然后在图像中拖动绘制形状路径。在此不仅可以使用面板中的形状绘制路径，还可以存储形状或路径以便用作自定形状。

路径的编辑

创建路径后，用户可以像编辑选区一样对其进行变换操作，可以调整路径的位置、比例和方向等。

1．选择路径

选择路径组件或路径段将显示选中部分的所有锚点，包括全部的方向线和方向点（如果选中的是曲线段）。方向点显示为实心圆，选中的锚点显示为实心方形，而未选中的锚点显示为空心方形。

使用路径选择工具，直接单击需要选择的路径。当整条路径处于选中状态时，路径线呈黑色显示，如右一图所示。

若要选择路径锚点，则可使用直接选择工具单击路径上的某个锚点。如果要选择多个锚点，可以在按住【Shift】键的同时单击要添加的锚点，所选锚点呈现实心显示，未选择的锚点以空心显示，如右二图所示。

2．调整路径

选择锚点后，可以对锚点进行调整。要调整直线段，可以利用直接选择工具拖动需要移动的路径，或使用直接选择工具拖动该路径中的一个锚点，以改变它的位置。

调整曲线线段时，利用直接选择工具单击并拖动需要调整的曲线路径线段，或拖动该曲线段的控制柄进行变换，如右图所示。

3．转换锚点

将转换点工具放置在要转换的锚点上方，利用转换点工具，可以在平滑点和角点之间进行转换。

实训项目 转换锚功能的应用

下面将通过具体的操作来介绍如何转换锚点。

01 首要将角点转换成平滑点，单击角点。

02 向角点外拖动，使方向线出现。

03 如果要将平滑点转换成没有方向线的角点，则单击平滑点。

04 这时，平滑点转变为角点。

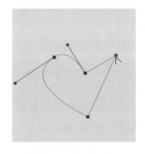

05 若要更改方向线两边路径的弧度方向，则可以用转换点工具单击并拖动锚点，锚点两侧即出现控制柄。

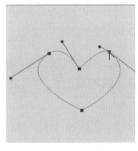

06 拖动两侧控制杆，可以改变锚点两侧曲线路径的弧度大小和方向。

4．添加、删除锚点

添加锚点可以增强对路径的控制，也可以扩展开放路径，但在实际操作中不要添加过多的点，点数较少的路径更易于编辑、显示和打印。可以通过删除不必要的点来降低路径的复杂性，在Photoshop的工具箱中，包含用于添加或删除点的三种工具，分别为：钢笔工具、添加锚点工具和删除锚点工具。默认情况下，当将钢笔工具定位到所选路径上方时，它会变成添加锚点工具；当将钢笔工具定位到锚点上方时，它会变成删除锚点工具。在实际操作中，用户可以同时选择和编辑多条路径，也可以在添加锚点时调整路径的形状，方式是在添加时单击或拖动。若要添加锚点，则可以将指针定位到路径段的上方，然后单击。若要删除锚点，则可以将指针定位到锚点上，然后单击。

路径的使用技巧

　　路径和选区之间可以相互转换。路径绘制好后，可以将路径转换成选区，路径包含的区域就变成了可编辑的图像区域。也可以将现有选区转换为工作路径，通过调整路径再转换为选区的方式来修改选区。

1.将路径转换为选区

　　路径提供平滑的轮廓，可以将它们转换为精确的选区边框。也可以使用直接选择工具进行微调，将选区边框转换为路径。

　　任何闭合路径都可以定义为选区边框，用户可以从当前的选区中添加或减去闭合路径，也可以将闭合路径与当前的选区结合。路径转换为选区的方法如下：

　　方法1：在"路径"面板中选择路径，如下左图所示。在按住【Alt】键的同时单击"路径"面板底部的"将路径作为选区载入"按钮 。

　　方法2：从"路径"面板菜单中选择"建立选区"选项。在打开的"建立选区"对话框中设置相应的选项，然后单击"确定"按钮，如右图所示。

- "羽化半径"数值框，用于定义羽化边缘在选区边框内外的伸展距离。输入以像素为单位的值。
- "消除锯齿"复选框，用于在选区中的像素与周围像素之间创建精细的过渡效果。勾选该复选框时，要确保"羽化半径"的值为0。
- "新建选区"单选按钮，用于只选择路径定义的区域。
- "添加到选区"单选按钮，用于将路径定义的区域添加到原选区中。
- "从选区中减去"单选按钮，用于从当前选区中移去路径定义的区域。
- "与选区交叉"单选按钮，用于选择路径和原选区的共有区域。如果路径和选区没有重叠，则不会选择任何内容。

2．将选区转换为路径

　　使用选择工具创建的所有选区都可以转换为路径。"建立工作路径"命令可以消除选区上应用的所有羽化效果，还可以根据路径的复杂程度和在"建立工作路径"对话框中选取的容差值来改变选区的形状。选区转换为路径方法如下：

　　方法1：建立选区，然后单击"路径"面板底部的"从选区生成工作路径"按钮 ，在不打开"建立工作路径"对话框的情况下使用当前的容差设置。

　　方法2：从"路径"面板菜单中选取"建立工作路径"命令。在打开的"建立工作路径"对话框中输入容差值，如下图所示。最后单击"确定"按钮，路径将出现在"路径"面板的底部，如右图所示。

3．使用颜色填充路径

使用钢笔工具创建的路径只有在经过描边或填充处理后，才会成为图素。"填充路径"命令可用于使用指定的颜色、图像、图案或填充图层来填充包含像素的路径。当填充路径时，颜色值会出现在现用图层中。在填充之前，所需图层一定要处于当前选择状态。当图层蒙版或文本图层处于当前选择状态时，无法填充路径。

如果需要用前景色设置填充路径，只要在"路径"面板中选择路径，单击"路径"面板底部的"用前景色填充路径"按钮 ●。

如果需要填充路径并指定选项，那么可以在"路径"面板中选择路径，在按住【Alt】键的同时单击"路径"面板底部的"用前景色填充路径"按钮，或从"路径"面板菜单中选取"填充路径"命令，在弹出的"填充路径"对话框中设置相关选项，最后单击"确定"按钮。对路径填充指定图案后的效果如下右图所示。

"填充路径"对话框中各选项的含义介绍如下：

- "使用"选项，用于选取填充内容。
- 混合模式选项，用于选取填充的混合模式。"模式"列表中提供的"清除"模式，可将选区抹除为透明区域，使用该模式必须在背景以外的图层中工作才能使用。
- "不透明度"数值框，用于指定填充的不透明度。要使填充更透明，请使用较低的百分比。100%的设置使填充完全不透明。
- "保留透明区域"复选框，勾选"保留透明区域"复选框，仅限于填充包含像素的图层区域。
- "羽化半径"数值框，用于定义羽化边缘在选区边框内外的伸展距离，输入以像素为单位的值。
- "消除锯齿"复选框，用于通过部分填充选区的边缘像素，在选区的像素和周围像素之间创建精细的过渡效果。

4．使用颜色对路径描边

"描边路径"命令可用于绘制路径的边框。"描边路径"命令可以沿任何路径创建绘画描边，和"描边"图层的效果完全不同，它并不模仿任何绘画工具的效果。

在对路径进行描边时，颜色值会出现在现用图层上。开始之前，所需图层一定要处于当前选择状态。当图层蒙版或文本图层处于当前选择状态时，无法对路径进行描边。

在按住【Alt】键的同时，单击"路径"面板底部的"用画笔描边路径"按钮 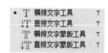，或从"路径"面板菜单中选择"描边路径"命令，打开"描边路径"对话框。若打开该对话框之前没有选择工具，则可以从"描边路径"对话框中选取工具。完成设置后，单击"确定"按钮，对路径指定铅笔描边效果如右图所示。

文字的使用

Photoshop 虽然是图像处理软件，但也具有较强的文字处理功能。若需在 Photoshop 中创建文本，可使用文字工具在图像中的任何位置创建。当创建文本时，"图层"面板中会添加一个新的文本图层。

创建文字对象

创建文字的方法包括"在点上创建"、"在段落中创建"和"沿路径创建"3种。

1. 点文字

点文字是一个水平或垂直文本行，它从单击图像的位置开始。当输入点文字时，每行文字都是独立的，行的长度随着编辑增加或缩短，但不会换行。输入的文字会出现在新的文字图层中。根据需要的文本类型，可以在工具箱文字工具组中选择横排文字工具或直排文字工具，如右图所示。

- T 横排文字工具　　　T
- ↓T 直排文字工具　　　T
- T 横排文字蒙版工具　T
- ↓T 直排文字蒙版工具　T

选择文字工具后，在图像中单击，即可为文字设置插入文本光标。在文字工具选项栏中设置文字字体、字号等选项，如下图所示。

文本光标中的小线条标记的是文字基线的位置。对于直排文字，基线标记的是文字字符的中心轴。然后在指定位置输入字符，输入或编辑完文字后，单击选项栏中的"提交所有当前编辑"按钮 ✔，确认输入的文字，并创建一个文本图层，如右图所示。

> **TIP** 用户可以在编辑模式下变换点文字，在按住【Ctrl】键的同时，文字周围将出现一个外框，通过抓住手柄缩放或倾斜文字。

2. 段落文字

段落文字是以水平或垂直方式控制字符流的边界。当要创建一个或多个段落（比如创建宣传手册）时，采用这种方式输入文本十分方便。

　　输入段落文字时，文字是基于外框的尺寸进行换行的。输入多个段落并选择段落调整选项，可以调整外框的大小，使文字在调整后的矩形内重新排列。用户可以在输入文字或创建文字图层后调整外框，也可以使用外框来旋转、缩放和斜切文字。

　　在工具箱文字工具组中根据需要选择横排文字工具或直排文字工具。沿对角线方向拖动，为文字定义一个外框，如右图所示。输入字符后，若要开始新段落，可按【Enter】键换行。文字输入完成后单击选项栏中的"提交所有当前编辑"按钮即可，如下左图所示。新输入的段落文字将出现在新的文字图层中。

　　如果输入的文字超出外框所能容纳的大小，外框右下角将出现溢出图标（内含加号的小框）。此外，用户可以调整外框的大小、旋转或斜切外框，如下右图所示。

3．路径文字

　　路径文字是指沿着开放或封闭的路径的边缘绕排的文字。当沿水平方向输入文本时，字符将沿着与基线垂直的路径出现。当沿垂直方向输入文本时，字符将沿着与基线平行的路径出现。在任何一种情况下，文本都会按将点添加到路径时所采用的方向绕排。

　　要制作、编辑沿路径绕排文字效果，可以使用钢笔工具在图像中绘制工作路径，如下左图所示。选择横排文字工具，在选项栏中设置适当的字体和字号后，将光标置于路径上要输入的文字的起始点，当光标变为 ♪ 状态时单击鼠标左键，在路径上插入一个输入文本光标。然后直接输入相应的字符，如下右图所示。

如果输入的文字超出段落边界或超出路径范围所能容纳的大小，则边界的角上或路径端点处的锚点上将不会出现手柄，取而代之的是一个内含加号（＋）的小框或圆。

设置字符格式

用户可以在输入字符之前设置文字属性，也可以输入完成后重新设置这些属性，以更改文字图层中所选字符的外观。在设置各个字符的格式之前，必须先选择这些字符。在文本图层中选择一个字符、一系列字符或所有字符。

1．"字符"面板

"字符"面板用于设置字符的格式。选择"窗口＞字符"命令可显示"字符"面板，或者在文字工具处于选定状态的情况下，单击文字工具选项栏中的"切换字符和段落面板"按钮，下图为"字符"面板。

要在"字符"面板中设置字符格式选项，可以从该选项右边的弹出下拉列表中选取一个值。对于具有数字值的选项，也可以使用向上或向下箭头来设置值，或者直接在文本框中输入值，按【Enter】键即可应用输入的值。通过"字符"面板可以方便地设置文字的字体、字号、字距、行距等。

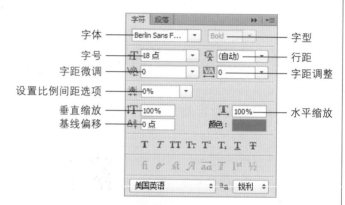

> **TIP** 要使"设置比例间距"选项出现在"字符"面板中，必须在"字体"首选项中选择"显示亚洲字体"选项。

2．给文本加下划线或删除线

用户可以在横排文字下方或直排文字的左侧或右侧放置一条直线，也可以应用贯穿横排文字或直排文字的直线，线的颜色与文字颜色相同。

- 若要为水平文字加下划线，可以单击"字符"面板中的"下划线"按钮。文本添加下划线后的效果如右图所示。
- 若要在直排文字的左侧或右侧应用下划线，则可以从"字符"面板菜单中选择"下划线左侧"或"下划线右侧"选项。用户可以在左侧或右侧应用下划线，但不能同时在两侧应用。复选标记表示已选中某个选项。

回首向来萧瑟处，归去

- 若要对横排文字应用水平线或对直排文字应用垂直线，可单击"字符"面板中的"删除线"按钮。也可以从"字符"面板菜单中选择"删除线"选项。文本添加删除线的效果如右图所示。

回首向来萧瑟处，归去

> **TIP** 只有当选中包含直排文字的文字图层时，"下划线左侧"和"下划线右侧"选项才会出现在"字符"面板菜单中。在处理直排亚洲文字时，可以在文字行的任一侧添加下划线。

3．应用全部大写字母或小型大写字母

通过"字符"面板，设定输入大写字符或将文字设置为大写字符格式，即全部大写字母或小型大写字母。当将文本格式设置为小型大写字母时，Photoshop 会自动使用作为字体一部分的小型大写字母字符。如果字体中不包含小型大写字母，则 Photoshop 生成仿小型大写字母。

选择要更改的文字，单击"字符"面板中的"全部大写字母"按钮 **TT** 或"小型大写字母"按钮 **Tr**。或从"字符"面板菜单中选择"全部大写字母"或"小型大写字母"命令。复选标记表示已选中该选项。右图为全部大写字母与小型大写字母的效果。

> NO PAINS,NO GAINS
>
> NO PAINS,NO GAINS

4．指定上标字符或下标字符

上标和下标文本是尺寸变小，且相对字体基线上升或下降的文本。如果字体不包含上标或下标字符，则 Photoshop 生成仿上标或仿下标字符。

选择要更改的文字，单击"字符"面板中的"上标"按钮 **T¹** 或"下标"按钮 **T₁**，或从"字符"面板菜单中选取"上标"或"下标"命令。右图为上标字符或下标字符效果。

$O^2 \quad O_2$

设置段落格式

对于点文字，每行即是一个单独的段落。对于段落文字，一段可能有多行，具体视外框的尺寸而定，这时就需要使用"段落"面板。

1．"段落"面板

使用"段落"面板可更改列和段落的格式设置。要显示该面板，可以选择"窗口>段落"命令，也可以选择一种文字工具并单击选项栏中的"面板"按钮 ▣，打开右图的"段落"面板。

要在"段落"面板中设置带有数字值的选项，可以使用向上和向下箭头键，或直接在文本框中输入相应的数值后，按【Enter】键即可应用。

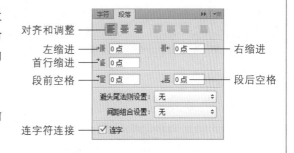

2．指定对齐方式

若要将文字与段落的指定边缘（横排文字的左边、中心或右边；直排文字的顶边、中心或底边）对齐，需选择文字图层，选择要影响的段落，在"段落"面板或选项栏中，单击需要的对齐选项，就可以指定段落对齐方式。

选择文字图层，选择要设置的段落。在"段落"面板中，单击段落对齐选项，即可指定段落文字对齐方式。当文本内容同时与两个边缘对齐时，即称它为两端对齐。选取的对齐设置将影响各行的水平间距和文字在页面上的美感。对齐选项只可用于段落文字，并确定字、字母和符号间距。对齐设置仅适用于Roman字符；用于中文、日语、朝鲜语字体的双字节字符不受这些设置的影响。

3．调整字符间距

在Photoshop 中可以精确控制字符间距、单词间距以及字符的缩放方式。调整间距选项对于处理两端对齐文字尤其有用。

选择要影响的段落，或选择文本图层。从"段落"面板菜单中选取"对齐"命令，在弹出的"对齐"对话框中输入"字间距"、"字符间距"和"字形缩放"的值。

"最小值"和"最大值"用于定义两端对齐段落的可接受间距范围（仅适用于两端对齐段落）。"期望值"用于定义两端对齐和非两端对齐段落的所需间距：

- "字间距"用于指定按下空格键而产生的单词之间的间距。该值的范围可以从 0% 到 1000%；字间距为 100% 时，将不会向字之间添加额外的空格。
- "字符间距"用于指定字母间的距离，包括字距微调或字距调整值。"字符间距"值的范围为–100%到500%；设置为0%时，表示字母间不添加任何间距；设置为100%时，表示各字母之间将添加一整个字母的间距宽度。
- "字形缩放"用于指定字符的宽度（字形指任何字体字符）。该值的范围为50% 到 200%，设置为100% 时，字符高度不会做任何缩放处理。

> **TIP**　间距选项总是应用于整个段落，若要调整几个字符而非整个段落的间距，则应使用"字距调整"选项。

4．缩进段落

缩进指定文字与外框之间或与包含该文字的行之间的间距量时，缩进只影响选定的一个或多个段落，因此可以轻松地为各个段落设置不同的缩进。

先选择文字图层，再选择要影响的段落。在"段落"面板中，为缩进选项输入相应的缩进值：

- "左缩进"选项：从段落的左边缩进。对于直排文字，此选项控制从段落顶端的缩进。
- "右缩进"选项：从段落的右边缩进。对于直排文字，此选项控制从段落底部开始的缩进。
- "首行缩进"选项：缩进段落中的首行文字。对于横排文字，首行缩进与左缩进有关；对于直排文字，首行缩进与顶端缩进有关。要创建首行悬挂缩进，请输入一个负值。

5．调整段落间距

选择要影响的段落，或选择文字图层。若没有在段落中插入光标，或未选择文字图层，则设置将应用于创建的新文本。在"段落"面板中，可以调整"段前添加空格" ▇ 和"段后添加空格" ▇ 的值。

6．自动调整连字

选取的连字符连接设置，将影响各行的水平间距和文字在页面上的美感。连字符连接选项确定是否可用连字符连接字，如果可以，还将确定使用的分隔符。

> **TIP**　连字符连接设置仅适用于罗马字符；对于中文、日语、朝鲜语字体的双字节字符不受这些设置的影响。

编辑文本图层

文本图层是随时可以再编辑的，可以对路径文字进行编辑、对文字进行变形编辑、基于文字创建工作路径等。还可以将创建的文字图层转换为图像图层，转换后图层上的文字就完全变成了像素信息，不能再进行文字的编辑，但可以执行所有图像可以执行的命令。

1．在路径上移动或翻转文字

选择直接选择工具或路径选择工具，并将其定位到文字上，指针会变为带箭头的Ⅰ型光标。若要移动文本，则应单击并沿路径拖动文字。拖动时应小心，以避免跨越到路径的另一侧。若要将文本翻转到路径的另一边，则要单击并横跨路径拖动文字。右图为将路径上文字翻转效果。

2．文字变形

在Photoshop中，应用文字变形，可以创建特殊的文字效果，例如，使文字的形状变为扇形或波浪。选择的变形样式是文本图层的一个属性，可随时更改图层的变形样式更改变形的整体形状。使用变形选项可以精确控制变形效果的取向及透视。

使文字变形。首先选择文本图层，接着选择文字工具，并单击选项栏中的"创建文字变形"按钮，打开"变形文字"对话框从中进行设置。或者，使用"变形"命令来使文本图层中的文本变形，即选择"编辑＞变换路径＞变形"命令，从选项栏中的"变形"下拉列表中选取一种变形样式。

在"变形文字"对话框中可以选择变形效果的方向是"水平"或"垂直"。如果需要，可指定其他变形选项的值，如右图所示。

- "弯曲"选项用于指定对图层应用变形的程度。
- "水平扭曲"或"垂直扭曲"选项用于对变形应用透视。

3．基于文字创建工作路径

通过将文字字符转换为工作路径，可以将这些文字字符用作矢量形状。工作路径是出现在"路径"面板中的临时路径，用于定义形状的轮廓。从文本图层创建工作路径之后，可以像处理任何其他路径一样对该路径进行存储和操作。虽然无法以文本形式编辑路径中的字符，但原始文本图层将保持不变并可编辑。

选择文字图层，然后选择"类型＞创建工作路径"命令，右图为"路径"面板基于文字创建工作路径。

4．创建文字选区边界

在使用横排文字蒙版工具或直排文字蒙版工具时，创建一个文字形状的选区。文字选区出现在现用图层中，可以像任何其他选区一样对其进行移动、复制、填充或描边。

选择要创建文字选区的图层，为获得最佳效果，可以在普通的图像图层上而不是文字图层上创建文字选区。如果要填充或描边文字选区边界，可以在新的空白图层上创建选区。

选择横排文字蒙版工具或直排文字蒙版工具。选择其他的文字选项，并在某一点或在外框中输入文字。输入文字时当前图层上会出现一个红色的蒙版，如右一图所示。单击"提交所有当前编辑"按钮之后，文字选区边界将出现在当前图层的图像中，如右二图所示。

5. 应用图像填充文字

通过将剪贴蒙版应用于"图层"面板中位于文本图层上方的图像图层，可以用图像填充文字。

实训项目 巧用图像填充文字

下面将详细介绍使用图像来填充平面作品中的文字内容的操作方法。

01 打开包含要在文本内部使用的图像的文件，在工具箱中选择横排文字工具。

02 在工具选项栏中选择较大的、粗体的粗线字母效果。单击文档窗口中的插入点，并输入所需的文本。

03 打开"图层"面板，此时图像图层为背景图层，接着需要在"图层"面板中双击图像图层，将其从背景图层转换为常规图层。在"图层"面板中拖动图像图层，放置于文本图层的上方。

04 在图像图层处于选中状态时，执行"图层>创建剪贴蒙版"命令，"图层"面板变化如下图所示。

05 此时图像将出现在文本内部。选择移动工具，然后拖动图像以调整它在文本内的位置。

06 新建图层，将新建图层移动到图层最下方，填充蓝色，最终呈现出下图的填充效果。

6. 栅格化文字图层

在Photoshop中某些命令和工具，如滤镜效果和绘画工具，是不可用于文字图层的。若要使用这些命令和工具，必须先栅格化文字。

栅格化是将文字图层转换为正常图层，并使其内容不能再作为文本编辑。要栅格化文字图层，应先选择文本图层，单击鼠标右键，在弹出的快捷菜单中选择"栅格化文字"命令，或选择"文字>栅格化文字图层"命令即可。

UNIT 22 制作网页通栏平面广告

在网络中，通栏广告是一种具有惟一性的多媒体推广方式，以横贯页面的形式出现，该广告形式尺寸较大，视觉冲击力强，能给网页浏览者留下深刻印象。

（1）启动Photoshop CC应用程序，创建一个宽度为900像素，高度为150像素，背景为白色的文件，单击"确定"按钮，如下左图所示。

（2）打开图像素材"红背景"，使用移动工具，拖到画布上，调整大小，如下右图所示。

（3）新建图层1，选择矩形选框工具，绘制矩形选框，设置前景色为"#d5d8da"，使用油漆桶工具填充颜色，取消选区，如下左图所示。

（4）新建图层2，选择钢笔工具，在选项栏中选择路径选项，绘制路径，按【Ctrl+Enter】组合键，将路径转化成选区，如下右图所示。

（5）选择渐变工具，设置渐变颜色分别为"#85898b"、"#cfd1d2"，在选区中拖曳，应用渐变填充，取消选区，如下左图所示。

（6）新建"图层3"，选择矩形选区工具，绘制矩形选区，填充渐变颜色分别为"#c3c4c6"、"#e7e7e8"，效果如下右图所示。

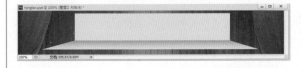
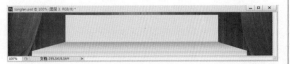

（7）新建图层4，选择钢笔工具，设置前景色为白色，绘制形状，栅格化图层，设置图层不透明度为45%，制作高光部分，如下左图所示。

（8）新建图层5，使用相同的方法，制作顶部形状，设置不透明度为90%，如下右图所示。

（9）绘制顶灯部分，选择椭圆工具，设置前景色为"#ababae"，绘制椭圆形状，栅格化图层，然后设置前景色为白色（#ffffff），绘制稍小的椭圆形状，选择椭圆形状图层，按【Ctrl+E】组合键，合并图层，命名为顶灯，效果如下左图所示。

（10）选择椭圆工具，设置前景色为白色（#ffffff），绘制椭圆形状，栅格化图层，命名为"灯光"，如下右图所示。

（11）单击"图层"面板底部的"添加图层蒙版"按钮，选择渐变工具，绘制图层蒙版，效果如下左图所示。

（12）使用相同的方法，制作底部灯光投影，如下右图所示。

（13）单击"图层"面板底部的"创建新组"按钮，创建一个文件夹，命名为"灯"，将"灯顶"图层到"投影"图层拖至文件夹中，如下左图所示。

（14）多复制几个"灯"文件夹，向右依次移动，如下右图所示。

(15) 打开图像素材"鞋", 使用移动工具将素材图像拖至画布, 调整位置及其大小, 如下图所示。

(16) 选择文字工具, 输入文字, 栅格化文字图层, 并使用钢笔工具在文字上绘制下图的形状。

(17) 参照前面的制作方法, 输入文字, 添加其他的元素, 最终效果如下图所示。

01 Photoshop CC中路径的主要功能有哪些？

可以使用路径作为矢量蒙版来隐藏图层区域；将路径转换为选区；使用颜色填充或描边路径；在图像导出到页面排版或矢量编辑程序时，将已存储的路径指定为剪切路径以使图像的一部分变得透明。

02 Photoshop中编辑路径大致流程是什么？

第一选择路径，第二调整路径，第三转换锚点，第四添加、删除锚点。

03 为什么要将文字转换为路径？

通过将文字字符转换为工作路径，可以将这些文字字符用作矢量形状。工作路径是出现在"路径"面板中的临时路径，用于定义形状的轮廓。应用文字图层创建工作路径之后，可以像处理任何其他路径一样对该路径进行存储和操作。

04 路径文字设置好之后是否可以更改？

如果需要修改文字的颜色、字体、字号，可以使用文字工具将文字选中，重新设置文字属性，下左图为修改文字字体、字号后效果。

如果对路径的形状不满意，也可以进行修改，修改后文字也会随路径变化而发生变化，如下右图所示。

05 如何为文本内容设置段落格式？

使用"段落"面板可以为文本图层中的单个段落、多个段落或全部段落设置段落格式。
若要将格式设置应用于单个段落，则可以在该段落中单击；
若要将格式设置应用于多个段落，则可以在段落范围内建立一个选区；
若要将格式设置应用于图层中的所有段落，则可以在"图层"面板中选择文字图层。

1. 路径填充与描边的应用

制作流程：

（1）使用钢笔工具制作长颈鹿的嘴巴轮廓路径，并填充路径。

（2）新建图层，绘制鼻孔轮廓路径，并对路径进行填充。

（3）新建图层，绘制身体轮廓路径，并对身体路径进行填充。

（4）绘制长颈鹿四肢路径和黑色的脚路径，并对其进行填充。

（5）绘制长颈鹿身上斑点，并填充路径。

（6）绘制长颈鹿尾巴和眼睛，并填充路径。

（7）把外部椭圆画出来，并填充和描边路径。

（8）制作长颈鹿脚底的阴影部分。

2. 路径文字

制作流程：

（1）使用自定义形状工具绘制心形路径，并用红色填充路径。

（2）使用文字工具在路径内添加路径填充文字LOVE。打开"字符"/"段落"面板，设置字体、字号、字间距、段前段后值。

（3）使用文字工具在路径上添加沿路径排列的路径文字。调整文字排列的方向，位置。在字符段落面板中设置字体、字号、基线偏移等参数，最终效果如右图所示。

本章将讲解Photoshop CC中滤镜的使用，包括介绍滤镜的基础知识，详细讲解多个常用的滤镜效果，以及外挂滤镜的使用。通过本章的学习，读者应该重点了解滤镜的概念，掌握各种常用滤镜使用的效果，学会使用液化、扭曲、模糊、风格化、锐化等滤镜，以及掌握外挂滤镜的安装和使用，从而达到掌握Photoshop CC中滤镜的使用的目的。

06 chapter 特殊图像效果的打造

▌学习目标▐

- 了解滤镜的概念与分类
- 熟悉常见滤镜的使用方法
- 熟悉外挂滤镜的使用方法
- 熟练应用各种滤镜制作特效

精彩推荐

△ 径向模糊效果

△ 制作火焰效果

Photoshop CC滤镜基础

Photoshop 中的滤镜主要用于实现图像的各种特殊效果，它的产生是为了适应复杂的图像处理需求，是最重要的增效功能。

滤镜的概念

"滤镜"是图像处理软件所特有的功能，它是一种植入Photoshop的外挂功能模块，或者也可以说它是一种开放式的程序，它是为众多图像处理软件进行图像特殊效果处理制作而设计的系统处理接口。

滤镜的操作非常简单，但是真正用起来却很难得到恰到好处的效果。滤镜通常需要同通道、图层等联合使用，才能取得最佳艺术效果。如果想恰到好地应用滤镜，除了平常的美术功底之外，还需要用户对滤镜的熟悉和操控能力，甚至需要具有很丰富的想象力。

滤镜的分类

Photoshop滤镜可以分为三种类型：内阙滤镜、内置滤镜、外挂滤镜。内阙滤镜指内阙于Photoshop程序内部的滤镜。内置滤镜指Photoshop缺省安装时，Photoshop安装程序自动安装到Plugin目录下的滤镜。外挂滤镜就是除上面两种滤镜以外，由第三方厂商为Photoshop所提供的滤镜，它们不仅种类齐全，品种繁多而且功能强大，同时版本与种类也在不断升级与更新。

从"滤镜"菜单应用滤镜

应用"滤镜"菜单中的滤镜，可以对图层或智能对象应用滤镜效果。应用于智能对象的滤镜没有破坏性，并且可以随时对其进行所需的调整。

如果要将滤镜应用于整个图层，要确保该图层是当前选中的图层。如果要将滤镜应用于图层的一个区域，应先选择该区域。

从"滤镜"菜单的子菜单中选取一个滤镜，如右图所示。如果不出现任何对话框，则说明已应用该滤镜效果。如果出现对话框或滤镜库，可以通过预览效果，调整数值或选择相应的选项，然后单击"确定"按钮即可。

将滤镜应用于较大图像可能要花费很长的时间，但我们可以在滤镜对话框中预览效果。在某些滤镜中，可以在图像中单击以使该图像在单击处居中显示。单击预览窗口下的"+"或"-"按钮可以放大或缩小图像，直观地查看应用滤镜后的效果。

从"滤镜库"应用滤镜

　　"滤镜库"提供许多特殊效果的滤镜，从中用户可以应用多个滤镜、打开或关闭滤镜的效果、复位滤镜的选项以及更改应用滤镜的顺序。若对预览效果感到满意，则可以将它应用于图像。但是"滤镜库"并不提供"滤镜"菜单中的所有滤镜。执行"滤镜>滤镜库"命令，打开下图的"滤镜库"对话框，单击滤镜的类别名称，即可显示可用滤镜效果的缩览图。

　　要放大或缩小预览图，可以单击预览区域下的"+"或"−"按钮，或选取所需的缩放百分比。要查看预览的其他区域，可以使用抓手工具在预览区域中拖动。要隐藏滤镜缩览图，可以单击滤镜库顶部的"显示/隐藏"按钮。

　　在"滤镜库"中滤镜效果是按照它们的选择顺序应用的，添加滤镜后，该滤镜将出现在"滤镜库"对话框右下角的已应用滤镜列表中，如下图所示。

　　执行"滤镜>滤镜库"命令，单击一个滤镜名称以添加一个滤镜。用户可以单击滤镜类别旁边的倒三角扩展按钮，以查看完整的滤镜列表。选择要应用的滤镜后，即可为选定的滤镜设置相应的参数。

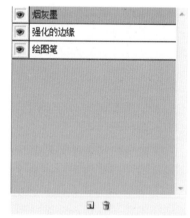

　　要累积应用滤镜，可以单击"滤镜库"对话框右下角的已应用滤镜列表中"新建效果图层"按钮 🗊，并选取要应用的另一个滤镜，重复此过程以添加其他滤镜。在应用滤镜之后，可通过在已应用的滤镜列表中将滤镜名称拖动到另一个位置来重新排列它们的顺序，这样可以改变图像的外观。单击滤镜旁边的眼睛图标 👁，可在预览图像中隐藏该滤镜效果。

　　此外，还可以通过选择滤镜并单击"删除效果图层"按钮 🗑，删除已应用的滤镜。

UNIT 24 常用滤镜效果

滤镜是 Photoshop 中非常突出的一个功能，它可以为图像应用各种非常特殊的效果。除了 Photoshop 本身提供的滤镜外，用户还可以加载一些外挂滤镜，巧妙地利用这些滤镜，能处理出千变万化的图像效果。

"液化"滤镜

"液化"滤镜可用于推、拉、旋转、反射、折叠和膨胀图像的任意区域，创建的扭曲可以是细微的或剧烈的，这就使"液化"命令成为修饰图像和创建艺术效果的强大工具。用户可将"液化"滤镜应用于 8 位/通道或 16 位/通道图像。化妆师利用发饰和妆面修饰脸型，服装设计师利用服装和配饰美化身型，摄影师利用光影来塑造完美脸型，后期设计师则可以利用Photoshop中的"液化"工具修饰脸型和身材。

打开原人物照片，选择"滤镜>液化"命令，打开"液化"对话框，对话框中提供了"液化"滤镜的工具、选项和图像预览。修改液化的画笔粗细和其他参数后，即可很轻松地对图像进行液化处理，不同的图像选用不同的参数以满足修改需要。

下面列出了各液化工具的使用方法。

- 向前变形工具：用于在拖动时向前推像素。按住【Shift】键单击变形工具、左推工具或镜像工具，可创建从以前单击的点沿直线拖动的效果。
- 重建工具：在按住鼠标左键并拖动时，可反转已添加的扭曲。
- 顺时针旋转扭曲工具：在按住鼠标左键或拖动时，可顺时针旋转像素。要逆时针旋转像素，可按住鼠标左键或拖动时按住【Alt】键。
- 褶皱工具：在按住鼠标左键或拖动时使像素朝着画笔区域的中心移动。
- 膨胀工具：按住鼠标左键或拖动时使像素朝着离开画笔区域中心方向移动。
- 左推工具：当垂直向上拖动该工具时，像素向左移动，如果向下拖动，像素会向右移动。也可围绕对象顺时针拖动以增加其大小，或逆时针拖动以减小其大小。
- 冻结蒙版工具：蒙版内区域不可被编辑，不会被液化。
- 解结蒙版工具：用来去除蒙版区域，冻结蒙版工具，同时控制不需要编辑区域的大小。
- 抓手工具：用来在放大模式下拖动图片编辑。
- 放大工具：用来放大图片对局部区域编辑使用。

"扭曲"滤镜

应用"扭曲"滤镜可对图像进行几何扭曲，创建3D 或其他变形效果。这些滤镜可能占用大量内存。用户可以通过"滤镜库"来应用"扩散亮光"、"玻璃"和"海洋波纹"滤镜效果，如右图所示。

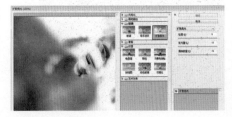

- "扩散亮光"滤镜：将图像渲染成像是透过一个柔和的扩散滤镜来观看的效果。此滤镜添加透明的白杂色，并从选区的中心向外渐隐亮光。

- "置换"滤镜：使用名为置换图的图像确定如何扭曲选区。例如，使用抛物线形的置换图，创建的图像看上去像是印在一块两角固定悬垂的布上。

- "玻璃"滤镜：使图像显得像是透过不同类型的玻璃来观看的。可以选取玻璃效果或创建自己的玻璃表面（存储为 Photoshop 文件）并加以应用。用户可以进行缩放、扭曲和平滑度设置。

- "镜头校正"滤镜：可修复常见的镜头瑕疵，如桶形和枕形失真、晕影和色差。

- "海洋波纹"滤镜：将随机分隔的波纹添加到图像表面，使图像看上去像是在水中。

- "挤压"滤镜：用于挤压选区。正值（最大值是 100%）将选区向中心移动；负值（最小值是 -100%）将选区向外移动。

- "球面化"滤镜：通过将选区折成球形、扭曲图像以及伸展图像以适合选中的曲线，使对象具有 3D 效果，如右图所示。

"旋转扭曲"滤镜：旋转选区，中心的旋转程度比边缘的旋转程度大，指定角度时，可生成旋转扭曲图案。

"极坐标"滤镜：根据选中的选项，将选区从平面坐标转换到极坐标，或将选区从极坐标转换到平面坐标。

用户可以使用此滤镜创建圆柱变体，当在镜面圆柱中观看圆柱变体中扭曲的图像时，图像是正常的。

"波纹"滤镜：在选区上创建波状起伏的图案，像水池表面的波纹。要进一步进行控制，请使用"波浪" 滤镜，选项包括波纹的数量和大小。

"波浪"滤镜：工作方式类似于"波纹" 滤镜，但可进行进一步的控制。选项包括波浪生成器的数量、波长、波浪高度和波浪类型，正弦（滚动）、三角形或方形。"随机化"选项可应用随机值，也可以定义未扭曲的区域。

"水波"滤镜：根据选区中像素的半径将选区径向扭曲。"起伏"选项用于设置水波方向从选区的中心到其边缘的反转次数。还要指定如何置换像素，"水池波纹"将像素置换到左上方或右下方，"从中心向外"向着或远离选区中心置换像素，而"围绕中心"围绕中心旋转像素。

实训项目 扭曲滤镜的应用

下面将通过制作水波实例，对扭曲滤镜的使用方法进行详细介绍。

01 打开Photoshop CC应用程序，新建一个 400*400像素的文档，并将背景填充为黑色。

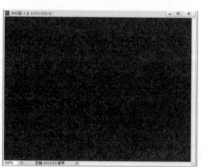

02 新建图层，并做一个径向渐变。

03 执行"滤镜 > 扭曲 >波浪"命令，选择默认设置即可。

04 执行"滤镜>扭曲>波浪"命令，并重复九次。

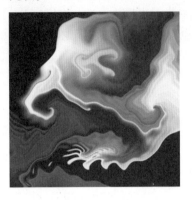

05 添加图层样式，设置"渐变叠加"相关选项，选择"混合模式"为"颜色加深"。

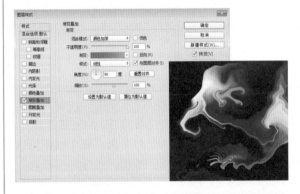

06 复制图层后，旋转90度，并设置混合模式为"变亮"。

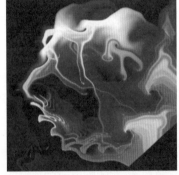

"模糊"滤镜

　　"模糊"滤镜：用于柔化选区或整个图像，这对于修饰图像非常有用。该滤镜通过平衡图像中已定义的线条和遮蔽区域的清晰边缘旁边的像素，使变化显得柔和。

- "平均"滤镜：找出图像或选区的平均颜色，然后用该颜色填充图像或选区以创建平滑的外观。
- "模糊"和"进一步模糊"滤镜：在图像中有显著颜色变化的地方消除杂色。"模糊"滤镜通过平衡已定义的线条和遮蔽区域的清晰边缘旁边的像素，使变化显得柔。"进一步模糊"滤镜的效果比"模糊"滤镜强三到四倍。
- "方框模糊"滤镜：基于相邻像素的平均颜色值来模糊图像。此滤镜用于创建特殊效果，如右图所示。可以调整用于计算给定像素的平均值的区域大小，半径越大，产生的模糊效果越好。

- "高斯模糊"滤镜：使用可调整的量快速模糊选区。应用"高斯模糊"滤镜添加低频细节，并产生一种朦胧效果。
- "镜头模糊"滤镜：向图像中添加模糊以产生更窄的景深效果，以便使图像中的一些对象在焦点内，而使另一些区域变模糊。
- "动感模糊"滤镜：沿指定方向（-360°至 +360°）以指定强度（1 至 999）进行模糊。此滤镜的效果类似于以固定的曝光时间给一个移动的对象拍照。

- "形状模糊"滤镜：使用指定的内核来创建模糊。从自定形状预设列表中选取一种内核，并使用"半径"滑块来调整其大小。通过单击三角形并从列表中进行选取，可以载入不同的形状库。半径值决定了内核的大小，内核越大，模糊效果越好。

- "特殊模糊"滤镜：精确地模糊图像。可以指定半径、阈值和模糊品质。半径值确定在其中搜索不同像素的区域大小。阈值确定像素具有多大差异后才会受到影响。也可以为整个选区设置模式，或为颜色转变的边缘设置模式。在对比度显著的地方，"仅限边缘"应用黑白混合的边缘，而"叠加边缘"应用白色的边缘。

- "径向模糊"滤镜：模拟缩放或旋转的相机所产生的模糊，产生一种柔化的模糊，如下右图所示。选取"旋转"，沿同心圆环线模糊，然后指定旋转的度数。选取"缩放"，沿径向线模糊，好像是在放大或缩小图像，然后指定1到100之间的值。通过拖动"中心模糊"框中的图案，指定模糊的原点。

- "表面模糊"滤镜：在保留边缘的同时模糊图像。此滤镜用于创建特殊效果并消除杂色或粒度。"半径"选项指定模糊取样区域的大小。"阈值"选项控制相邻像素色调值与中心像素值相差多大时才能成为模糊的一部分。色调值差小于阈值的像素被排除在模糊之外。

"渲染"滤镜

"渲染"滤镜用于在图像中创建 3D形状、云彩图案、折射图案和模拟的光反射等效果。也可在 3D空间中操纵对象，创建3D 对象，并从灰度文件创建纹理填充，以产生类似 3D 的光照效果。

- "云彩"滤镜：使用介于前景色与背景色之间的随机值，生成柔和的云彩图案。要生成色彩较为分明的云彩图案，请按住【Alt】键，然后选取"滤镜>渲染>云彩"选项。当应用"云彩"滤镜时，现用图层上的图像数据会被替换，如下左图所示。

- "分层云彩"滤镜：使用随机生成的介于前景色与背景色之间的值，生成云彩图案。此滤镜将云彩数据和现有的像素混合，其方式与"差值"模式混合颜色的方式相同。第一次选取此滤镜时，图像的某些部分被反相为云彩图案。应用此滤镜几次之后，会创建出与大理石的纹理相似的凸缘与叶脉图案。当应用"分层云彩"滤镜时，现有图层上的图像数据会被替换，如下中图所示。

- "纤维"滤镜：该滤镜使用前景色和背景色，创建编织纤维的外观。可以使用"差异"滑块来控制颜色的变化方式。"强度"滑块控制每根纤维的外观。低设置会产生松散的织物效果，而高设置会产生短的绳状纤维效果。单击"随机化"按钮可更改图案的外观。可多次单击该按钮，直到看到喜欢的图案。当应用"纤维"滤镜时，现有图层上的图像数据会被替换，如下右图所示。

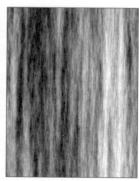

"画笔描边"滤镜

"画笔描边"滤镜使用不同的画笔和油墨描边效果创造出绘画效果的外观。有些滤镜添加颗粒、绘画、杂色、边缘细节或纹理。可以通过"滤镜库"来应用所有"画笔描边"滤镜，如右图所示。

- "强化的边缘"滤镜：强化图像边缘。设置高的边缘亮度控制值时，强化效果类似白色粉笔；设置低的边缘亮度控制值时，强化效果类似黑色油墨。
- "成角的线条"滤镜：使用对角描边重新绘制图像，用相反方向的线条来绘制亮区和暗区。
- "阴影线"：保留原始图像的细节和特征，同时使用模拟的铅笔阴影线添加纹理，并使彩色区域的边缘变粗糙。"强度"选项（使用值 1 到 3）确定使用阴影线的遍数。
- "深色线条"滤镜：用短的、绷紧的深色线条绘制暗区；用长的白色线条绘制亮区。
- "墨水轮廓"滤镜：以钢笔画的风格，用纤细的线条在原细节上重绘图像。
- "喷溅"滤镜：模拟喷溅喷枪的效果。增加选项可简化总体效果。
- "喷色描边"滤镜：使用图像的主导色，用成角的、喷溅的颜色线条重新绘画图像。
- "烟灰墨"滤镜：以日本画的风格绘画图像，看起来像是用蘸满油墨的画笔在宣纸上绘画。烟灰墨使用非常黑的油墨来创建柔和的模糊边缘。

"纹理"滤镜

可以使用"纹理"滤镜模拟具有深度感或物质感的外观，或者添加一种器质外观，如右图所示。

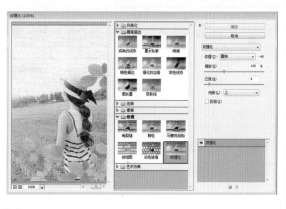

- "龟裂缝"滤镜：将图像绘制在一个高凸现的石膏表面上，以循着图像等高线生成精细的网状裂缝。使用此滤镜可以对包含多种颜色值或灰度值的图像创建浮雕效果。
- "颗粒"滤镜：通过模拟以下不同种类的颗粒在图像中添加纹理：常规、软化、喷洒、结块、强反差、扩大、点刻、水平、垂直和斑点（可从"颗粒类型"菜单中进行选择）。
- "马赛克拼贴"滤镜：渲染图像，使它看起来是由小的碎片或拼贴组成，然后在拼贴之间灌浆。
- "拼缀图"滤镜：将图像分解为用图像中该区域的主色填充的正方形。此滤镜随机减小或增大拼贴的深度，以模拟高光和阴影。
- "染色玻璃"滤镜：将图像重新绘制为用前景色勾勒的单色的相邻单元格。
- "纹理化"滤镜：将选择或创建的纹理应用于图像。

"锐化"滤镜

锐化"滤镜通过增加相邻像素的对比度来聚焦模糊的图像，如右图所示。

- "锐化"和"进一步锐化"滤镜：聚焦选区并提高其清晰度。"进一步锐化"滤镜比"锐化"滤镜应用更强的锐化效果。
- "锐化边缘"和"USM 锐化"滤镜：查找图像中颜色发生显著变化的区域并将其锐化。"锐化边缘"滤镜只锐化图像的边缘，同时保留总体的平滑度。对于专业色彩校正，可使用"USM 锐化"滤镜调整边缘细节的对比度，并在边缘的每侧生成一条亮线和一条暗线。
- "智能锐化"滤镜：通过设置锐化算法或控制阴影和高光中的锐化量来锐化图像。如果用户尚未确定要应用的特定锐化滤镜，那么这是一种值得考虑的推荐锐化方法。

UNIT 25 使用外挂滤镜

与 Photoshop 内部滤镜不同的是，外挂滤镜需要用户自己动手安装。安装外部滤镜的方法分为两种：一种是进行了封装的外部滤镜，可以让安装程序安装的外挂滤镜；另外一种是直接放在目录下的滤镜文件。

外挂滤镜的安装

安装滤镜方法很简单，直接将该滤镜文件拷贝到"Photoshop\PlugIns"下即可。先找到滤镜所在目录，如光盘根目录下的PlugIns中的不同公司出品的滤镜目录，进入这些目录，你会发现除了滤镜文件8bf与8bi之外，还有一些帮助文件、asf、dll等文件，一般的安装文件就是将这个目录一起拷贝到Photoshop的滤镜目录即可，在下一次进入Photoshop时，打开"滤镜"菜单，便会发现新安装的滤镜。

外挂滤镜的安装方法是：对于简单的未带安装程序的滤镜，用户只需将相应的滤镜文件（扩展名为.8BF）复制到安装目录"Adobe\Adobe Photoshop CC\Plug-Ins\滤镜"文件夹中即可；对于复杂的带有安装程序的滤镜，运行setup.exe，并将安装路径设置为"Adobe\Adobe Photoshop CC\Plug-Ins"。为了节省空间，也可以将滤镜目录下的滤镜文件拷贝到Photoshop的滤镜目录下，拷贝时要看一下该滤镜有没有附属所动态链接库dll文件或asf文件，如果未将滤镜拷贝完整，那么将不能正常使用该滤镜，在拷贝单个滤镜文件之前，请先记下它的文件名，如果下次进入Photoshop后不能正常使用的话，就可以将其删除掉，以节省硬盘空间。

外挂滤镜的使用

Metacreations公司的KPT（Kai`s Power Tools）系列是第三方滤镜的佼佼者，Photoshop最著名的滤镜。最新的KPT 7.0版本更是滤镜中的极品。安装好Kpt 7.0滤镜以后，在滤镜菜单下就多了一个KPT effects选项。点击KPT effects选项，就可以看到Kpt系列滤镜。

在Kpt 7.0系列滤镜中一共包括了9个滤镜，分别为Channel Surfing、Fluid、Frax Flame、Gradient Lab、Hyper tiling、Ink Dropper、Lightning、Pyramid、Scatter。

（1）Channel Surfin滤镜：可对图像中的各个通道（Channel）进行效果处理，比如模糊或锐化所选中的通道，也可以调整色彩的对比度、色彩数、透明度等等各项属性。

（2）Fluid滤镜：可以在图像中加入模拟液体流动的效果，如扭曲变形效果等。

（3）Frax Flame滤镜：能捕捉并修改图像中不规则的几何形状，并修改其颜色、对比度、扭曲等效果。

（4）Gradient Lab滤镜：可以创建不同形状、不同水平高度、不同透明度的复杂的色彩组合并运用在图像中。

（5）Hyper tiling滤镜：在节省文件空间的同时，产生类似瓷砖的效果。

（6）Ink Dropper滤镜：模拟一种墨水滴入静水中的效果。

（7）Lightning滤镜：可以在图像中创建出闪电效果。

（8）Pyramid滤镜：可以将一幅图像转换成类似于油画的效果，在该滤镜中你可以对图像的色调、饱和度、亮度等参数进行调整，使得你生成的效果更具艺术特质。

图像表面上的污点，也可以在图像中创建各种微粒运动的效果。

（9）Scatter滤镜：可以去除图像表面上的污点，也可以在图像中创建各种微粒运动的效果。

UNIT 26 设计网站首页

为了更好的掌握前面所学的知识，下面我们练习制作一个美食网站首页，其中涉及到的知识点包括图层、文字、滤镜等。

该页面的具体制作过程为：

（1）启动Photoshop CC，创建一个1920像素×850像素的文档，背景颜色为#f6d31f，如右图所示。

（2）打开"背景.psd"文件，使用"移动工具"将树图像移动到新文档中，如下图所示。

（3）单击"图层"面板底部的"添加图层蒙版"按钮，使用"矩形选框工具"在蒙版上创建选区，并填充黑色，隐藏部分图像，如下图所示。

（4）打开"桌面.psd"文件，将其拖至正在编辑的文件中，并执行"滤镜＞模糊＞高斯模糊"命令，设置参数值为0.5，如下图所示。

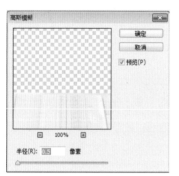

（5）打开食物素材，将其拖至正在编辑的文件中，并放好位置，选中食物图层，按住Ctrl键，就有一个选区出现，如下图所示。

（6）新建一个图层，执行"选择＞修改＞扩展"命令，在弹出的对话框中设置"扩展量"为2，如右图所示。

（7）执行"窗口＞画笔"命令，打开"画笔"面板，参照图中所示进行设置，然后使用工具箱中的"画笔工具"配合键盘上的Shift键在视图中绘制。并设置图层不透明度为30%。

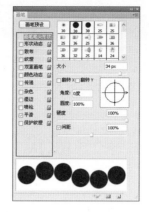

（8）打开"零食1.psd"和"零食2.psd"文件，将其拖至正在编辑的文件中，按Ctrl＋T组合键或者执行"编辑＞自由变换"命令，调整图像的大小位置。

（9）新建文字图层，输入"真诚美味与您共享"，选择图层样式，依次设置描边、内阴影、投影效果，如下图所示。

（10）接下来，我们制作导航栏。隐藏之前的所有图层，使用圆角矩形工具在视图中绘制路径，并执行"选择>载入选区"命令，将路径转换为选区。

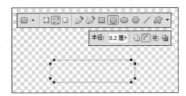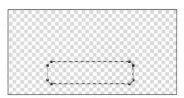

（11）参照图中所示，为圆角矩形填充渐变效果。

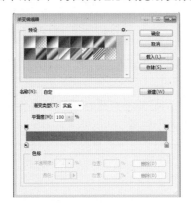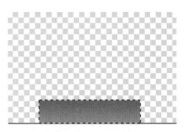

（12）双击渐变填充图层的图层名称空白处，弹出"图层样式"对话框，参照图中所示进行设置，单击"确定"按钮，为图像添加内阴影效果。

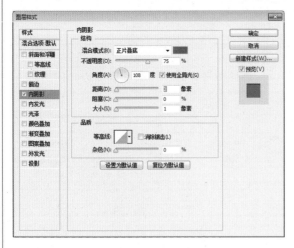

（13）按住Ctrl键单击渐变填充图层的图层蒙版缩览图，将图像载入选区，然后执行"选择>变换选区"命令，将选区缩小并移动位置，其次新建"图层 8"，填充颜色为白色，并使用"矩形选框工具"绘制选区，按下键盘上的Delete键删除部分图像。

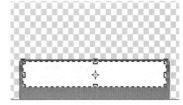

（14）继续上一步骤的操作，参照下图所示设置图层填充参数为30%。

（15）配合键盘上的【Shift】键，同时选中"图层 9"和"图层8"图层，使用快捷键【Ctrl+E】合并图层。

（16）显示所有图层，使用3次组合键【Ctrl+J】复制图层，并参照图中所示，调整图层位置，并合并"图层 9拷贝4"至"图层 9"图层。

（17）使用横排文字工具在视图中添加文字，并参照图中所示效果，为其添加阴影。

（18）最后制作新闻中心模块，并放在画面的右上角。使用圆角矩形工具在视图中绘制圆角矩形形状，并执行"编辑>自由变换"命令，旋转形状图形，最后使用横排文字工具添加并调整文字。

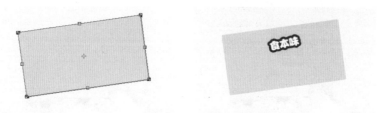

（19）新建"图层 10"，继续使用圆角矩形工具绘制白色圆角矩形图像，并使用矩形选框工具绘制选区，然后使用组合键【Ctrl+J】复制并粘贴，创建出"图层 11"。

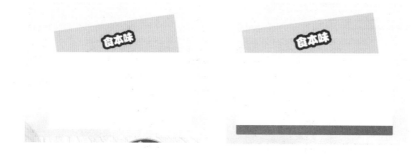

（20）双击"图层 10"图层名称的空白处，弹出"图层样式"对话框，参照图中所示，在对话框中进行设置，单击"确定"按钮，应用颜色叠加图层样式。

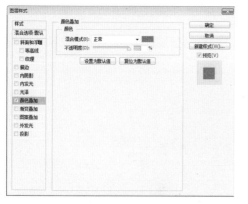

（21）参照图中所示效果，添加文字，并配合键盘上的【Shift】键选中"形状 1"至当前正在编辑的图层，使用快捷键【Ctrl+G】，将图层分组为"组 2"图层组。

(22) 打开"优惠券"文件，将其拖至正在编辑的文件中，执行"编辑>自由变换"命令，调整图像的大小位置。

(23) 至此，完成整个网页的制作，整体效果如下图所示。

01 "视频"滤镜包含哪些子选项呢?

包含"逐行"滤镜和"NTSC颜色"滤镜。其中"逐行"滤镜是通过移去视频图像中的奇数或偶数隔行线,使在视频上捕捉的运动图像变得平滑。用户可以选择通过复制或插值来替换扔掉的线条。

"NTSC 颜色"滤镜是将色域限制在电视机重现可接受的范围内,以防止过饱和颜色渗到电视扫描行中。

02 除常见滤镜外,还有哪些滤镜可以使用?

"其他"子菜单中的滤镜允许用户创建自己的滤镜、使用滤镜修改蒙版、在图像中使选区发生位移和快速调整颜色。比如,使用"自定"滤镜,根据预定义的数学运算,可以更改图像中每个像素的亮度值。根据周围的像素值为每个像素重新指定一个值。此操作与通道的加、减计算类似。可以存储创建的自定滤镜,并将它们用于其他Photoshop图像。

03 有些滤镜占用大量内存,特别是应用于高分辨率的图像时,采用何种方法可提高工作效率?

先在一小部分图像上试验滤镜和设置。如果图像很大,且有内存不足的问题时,可将效果应用于单个通道(例如应用于每个RGB通道)。在运行滤镜之前先使用"清除"命令释放内存。将更多的内存分配给Photoshop。如果需要,可将其他应用程序中退出,以便为Photoshop提供更多的可用内存。尽可能多的使用暂存盘和虚拟内存。

04 消失点滤镜的有何用途?

通过使用"消失点"滤镜,可以在编辑包含透视平面(例如,建筑物的侧面或任何矩形对象)的图像时保留正确的透视。

05 使用素描滤镜能获得哪些特效?

"素描"子菜单中的滤镜将纹理添加到图像上,通常用于获得3D效果。这些滤镜还适用于创建美术或手绘外观。许多"素描"滤镜在重绘图像时使用前景色和背景色。可以通过"滤镜库"来应用所有"素描"滤镜,如右图所示。

1. 使用"液化"滤镜对以下人物进行处理

制作流程：

（1）选择"向前变形工具"，并在右方设置画笔的属性。

（2）处理人的大概框架，用略微小点的画笔调整人的脸部与细节处。

（3）再结合其他工具，如"褶皱工具"、"膨胀工具"，调整好细部。

（4）使用"液化"滤镜前后图像效果对比。

2. 设计并制作火焰效果

制作流程：

（1）多次执行"滤镜>渲染>分层云彩"命令。

（2）调整图像的对比度与色相。

（3）复制并变换图层，然后调整色相饱和度改变颜色为橙色。

（4）复制并变换图层，然后调整色相饱和度改变颜色为黄色。

3. 利用模糊滤镜实现以下模糊效果

制作流程：

（1）执行"滤镜>模糊>高斯模糊"命令。

（2）在"高斯模糊"对话框中拖动"半径"滑块调整或输入所需要的模糊半径数值。

（3）通过预览查看模糊效果，调整到所要效果。

在设计网页时，如果只是单纯地由线条和文字组成，则整个页面会显得过于单调。为了解决这个问题，使网页看起来丰富多彩，通常会在网页中插入图像。因为适当地使用图像可以让网站充满活力和说服力，也可以加深浏览者对网站的印象。在本章节中主要是介绍网页广告的设计要素和设计技巧、切片工具的使用以及网站的设计和输出，使读者能够通过本章的学习掌握到网页图像的设计技巧。

07 chapter

网站页面的设计与输出

▌学习目标▐

- 了解网页广告的设计要素
- 网页广告的设计技巧
- 如何创建网页切片
- 如何编辑网页切片
- 了解优化及输出网页切片的方法

精彩推荐

⬥ 创建网页切片

⬥ 网站主页设计

网页中平面广告的设计

UNIT 27

网页广告的形式有很多种，包括图片广告、多媒体广告和超文本广告等，可以针对不同的企业、不同的产品以及不同的客户对象采用不同的广告形式。

网页广告概述

下面具体介绍网页广告的几种常见形式，以及每种形式的特点，使读者对网页广告的形式有一个更深入的了解。每一种网页广告形式都有其各自的特点和长处，Web广告策划中，选择合适的广告形式是吸引受众、提高浏览率的可靠保证。

- 横幅式广告：这是最常见的网络广告形式，一般尺寸较大，大多放在网页的最上面或是最下面。横幅广告又称为旗帜广告、页眉广告等。横幅广告的一般尺寸为468*60、728*90、760*90（单位为像素）等，如右图所示。

- 按钮式广告：在网页中尺寸偏小，表现手法较简单，一般表现为图标。按钮式广告通常用来宣传其商标或品牌等特定的标志，可直接链接到企业网站或企业信息的详细介绍上。最常用的按钮广告尺寸主要有4种，分别是125*125、120*90、120*60、88*31（单位为像素）。

- 邮件列表广告：利用电子邮件功能向网络用户发送广告的一种网络形式。

- 弹出窗口式广告：在访问网页时，主动弹出的窗口。

- 互动游戏式广告：在一段页面游戏开始、中间以及结束的时候，广告都可随时出现。

- 对联式广告：在页面两侧的空白位置呈现对联形式的广告，区隔广告版位，广告页面得以充分伸展，同时不干涉使用者浏览，提高网友吸引点阅，并有效传播广告相关信息。它通常使用GIF格式的图像文件，也可以使用其他的多媒体。这种广告集动画、声音、影像于一体，富有表现力、交互性和娱乐性的特点。

- 浮动广告：在页面左右两侧随滚动条而上下滚动，或在页面上自由滚动，一般尺寸为100*100或150*150（单位为像素）。

以上是最常见的几种网页广告的方式，再就是根据网站性质不同，可分为综合服务（搜索引擎）网站上的广告；商业网站上的广告；专业信息服务站点上的广告；特殊服务站点上（如免费电子邮件服务的网站）的广告等等。更大大增强网络广告的实效。

在制作网页广告之前，必须认真分析企业的营销策略、企业文化及企业的广告需求，这样才能设计出有用的网络广告。另外竞争者情况、技术难度和费用预算要求也是制约网络广告形式选择的因素。

网页广告的设计要素

网页广告包括多种设计要素，如图像、动画、文字和超文本等，这些要素可以单独使用，也可以配合使用。它们能将信息传达得更具体、真实、直接、易于理解，从而高效率高质量地表达设计理念，使网页广告充满强烈的感情色彩。

- 图像：网页中最常用的图像格式是GIF和JPEG，另外还有不常用的PNG图像格式。
- 动画：动画是一种表现力极强的网络设计手段。电脑动画分为二维动画和三维动画。典型的二维动画制作软件，如Flash是一个专门的网页动画编辑软件，利用Flash制作的动画文件字节小，调用速度快且能实现交互功能。三维动画在网络广告中的应用能增强广告画面的视觉效果和层次感。
- 文字：在网页广告设计中，标题和内容的设计、编排都要用到文字。
- 数字影（音）像：数字影（音）像也被广泛地应用在网络广告中。但是由于带宽的限制，数字影（音）像一般都经过了高倍的压缩。虽然压缩会使音频、视频文件的精度在一定程度上损失，但是采取这种方法可以大大提高载入它们的速度。

网页广告的设计技巧

网页广告是目前最为常用的网络营销表现形式，通常包括Banner广告、画中画广告、通栏广告、流媒体广告等各种形式。通过优秀的创意设计来表现要传达的广告理念，通常会将在网络媒体上发布的广告形式链接到后台做详细的广告介绍。网络广告设计时应掌握以下技巧。

- 设计统一的风格：如果网站是一个企业站点，且不同的网络广告所链接的都是企业的广告内容，那么一定要保持这些链接内容在风格上的一致性。因为统一的网页形式能体现统一的企业风格，这样更能加强广告传播的统一性和广告效应。
- 企业与品牌形象的传达：将企业标志或商标置于网页最显眼的固定位置，因为广告传播的目的就是最终树立企业或品牌在浏览者心目中的形象，从而获得浏览者的认同。
- 生动形象的网页广告：如果网页广告设计的不引人入目，就很难提高点击率，所以网络广告的设计一定要生动形象，如在设计链接按钮时多使用生动形象的图形按钮。
- 产品图片的使用和处理：在网络广告设计中，引用图片的时候尽量要控制图片数量和大小，以免影响浏览速度。

网页中促销广告的设计

在网页中，平面广告的设计是不可或缺的，它既是有力的宣传端口，又是刺激用户点击浏览的利器。可以说，平面广告设计效果的好坏直接影响着商家的经营收益。

实训项目 促销广告的设计

下面将设计一则促销广告，其中不仅要达到树立品牌形象、刺激产品销量的目的，还要把此次活动的折扣力度，以及活动时间都要直观地告诉受众群体，右图为最终整体效果。

01 执行"文件>新建"命令，新建一个图像文件960*300，并保存为"广告.psd"。

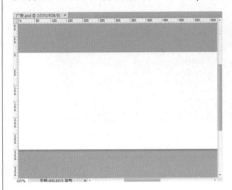

02 从素材中置入素材图片"模特1"，并调整到最佳位置。

03 置入"模特2"，放在画布的右侧。

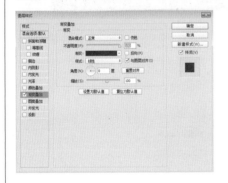

04 新建图层，命名为"红色1"。并填充背景色为#6a0f06，设置图层不透明度为20%。

05 打开"图层样式"对话框，设置如下。

06 新建图层并命名为"黑色"，填充背景色为黑色，并设置不透明度为50%。

07 新建矩形选框，宽350，填充为#490301，并使用旋转工具，顺时针旋转30度。图层的不透明度设置为50。

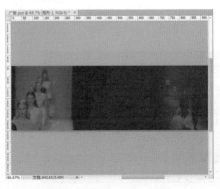

08 同样方法，新建矩形，这个稍微窄一点，宽200，颜色填充为#d11200，并使用旋转工具，顺时针旋转30度，图层不透明度变为70%。

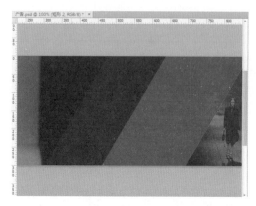

09 新建文字图层，输入文字，并设置颜色为白色。

10 新建文字图层，输入"年中大促"的字样，颜色为#f1aa00；"年中"字号设置为68点，"大促"为48点。

11 新建文字图层，输入"6/8 00:00 AM 海量新品发布"文字。

12 新建一个宽150、高70的一个矩形，颜色设置为黑色。

13 在矩形框上面输入"5折"两个字，颜色设置为白色。

14 右击"折"文本图层，在快捷菜单中选择"栅格化文字"命令，下图为效果图。

15 用矩形选框工具，选中"折"的一个笔画，并删除。

16 在删除掉的位置上输入"起"字，表明此次活动的折扣力度是5折起。保存该广告页即可。

UNIT 28 网页切片输出

　　利用 Photoshop 提供的切片功能可将源图像分成许多的功能区域。在存储图像和 HTML 文件时，每个切片都会作为独立的文件存储，并具有独立的设置和颜色跳板，且保留正确的链接、翻转以及动画效果。

创建网页切片

　　"切片工具"主要用于切割图像，选择切片工具后，其选项栏如下图所示。

实训项目 网页切片的制作

　　下面将对网页切片的制作方法进行详细介绍：

01 启动Photoshop CC应用程序，打开素材图像文件。

02 选择工具箱中的切片工具，在图像上按住鼠标左键并拖到合适的切片大小后再释放鼠标。

编辑网页切片

　　利用"切片工具"不仅可以制作切片，还可以编辑切片。编辑切片的操作很简单，单击鼠标右键，在弹出的快捷菜单中选择命令，并进行相应的设置即可。

实训项目 网页切片的编辑

　　下面将对网页切片的编辑操作进行详细的介绍：

01 打开创建好切片的图像文件并右击，在弹出的快捷菜单中选择"划分切片"命令，将弹出"划分切片"对话框。

02 勾选"垂直划分为"复选框，设置划分为4个横向切片。下图为编辑后的效果。

优化及输出网页切片

切片就是将一幅大图像分割为一些小的图像，然后在网页中通过没有间距和宽度的表格重新将这些小图像没有缝隙的拼接起来，成为一幅完成的图像。这样可以降低图像大小，减少网页载入的时间，并且能创造交互的效果，如翻转图像等，还能将图像的一些区域用html来代替。切片是网页对象，它们不是以图像的形式存在，而是最终以html代码的形式出现。

实训项目 网页切片的输出

下面将对网页切片的输出操作进行详细的介绍。

01 在图像上设置好切片后，执行"文件>存储为Web所用格式"命令，弹出"存储为Web所用格式"对话框。

02 各个切片都可作为独立文件存储，并具有各自独立的设置和颜色面板。单击"存储"按钮，弹出"将优化结果存储为"对话框。

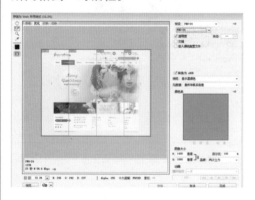

03 单击"保存"按钮，同时创建一个文件夹，用于保存各个切片生成的文件。

04 之后即可打开由切片生成的Web页面。

在"存储为Web所用格式"对话框中，可预览具有不同文件格式和不同文件属性的优化图像。当预览图像以最适合自己需要的设置组合时，可以同时查看图像的多个版本并修改优化设置，也可以设置透明度和杂边，选择用于控制仿色的选项，以及将图像大小调整到指定的像素尺寸或原始大小的百分比。

UNIT 29 设计并输出网站主页

网站主页是整个网站的面部，主页的好坏是浏览者是否进入浏览的直接因素，人们往往在看到第一页时就已经对站点有了一个整体的感觉。能否促使浏览者继续点击进入，能否吸引浏览者留在站点上，全凭主页设计效果的好坏。

下面使用Photoshop CC设计制作右图所示的网站主页。

其具体操作步骤如下：

01 执行"文件>新建"命令，新建一个文件，设置大小并保存文档。

02 执行"文件>置入"命令，在弹出的"置入"对话框中选择相应的图像置入到文件中。

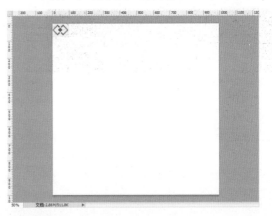

03 用同样的方法再植入右上角的图像，并使用"横排文字工具"输入相应的标题文本。

04 在背景图层上面新建一个矩形选框，背景色为#f0f1f3，使顶部的模块颜色变为灰色。

05 置入背景条图片，并且输入文字。

06 再次执行置入操作，置入图片文件，接着在"图层样式"对话框中设置描边效果。

07 在置入业务分类图像，执行"图层>图层样式>投影"命令，在"图层样式"对话框中设置投影效果。

08 在左侧再置入联系电话的图片，这样左侧的部分就完成了。

09 在中间版块，置入模块导航图片。接下来制作中间栏中的内容板块。

10 在制作过程需要对文字工具选项栏作出必要的设置，以使页面中的文字内容更加突出。

11 参照"新闻中心"板块的设置，创建页面中右栏"关于我们"的其他板块布局。

12 在底部新建一个矩形选框，填充为#363636，输入网站的联系信息和版权信息。

13 使用"横排文字工具"输入相应的文字，执行"图层>图层编组"命令，将各版块的图层分别编组，完成本实例的制作。

14 执行"文件>存储为"命令，在弹出的"存储为"对话框中设置存储格式为JPEG，命名为"连心咨询.jpg"。

15 打开"连心咨询.jpg"图像文件，选择工具箱中的"切片工具"，在图像上按住鼠标左键进行拖动，绘制切片。

16 右击切片，在弹出的快捷菜单中选择"划分切片"命令，弹出相应的对话框，从中设置各参数并确认。

17 在图像上设置好切片后，执行"文件>存储为Web所用格式"命令，打开对话框。

18 单击"存储"按钮，同时新建一个文件夹，用于保存各个切片生成的文件，单击"保存"按钮，双击"连心咨询.html"打开页面。

秒杀 应用疑惑

Q 01 网站设计规则有哪些？

（1）明确内容：首先应该考虑网站的内容，包括网站功能和用户需要什么。

（2）优化内容：网站的内容是核心，必须利用内容抓住用户。

（3）快速下载：没有什么比花很长时间下载页面更槽糕的了。

（4）网站升级：时刻注意网站的运行状况。

Q 02 网页设计的造型元素包括哪些？

在网页的视觉构成中，点、线、面既是最基本的造型元素，又是最重要的表现手段，在布局网页时，点、线、面也是需要最先考虑的因素。只有合理地安排好点、线、面的相互关系，才能设计出具有最佳视觉效果的页面，充分表达出网页的最终目的。

1. 设计网页广告

制作流程：

（1）首先置入底纹背景图片。接着置入照片、心形图形等图像文件，并设置图层投影效果。

（2）新建图层，使用"钢笔工具"绘制选区，使用"油漆桶工具"填充白色，并设置透明度。

（3）新建图层，使用"椭圆选框工具"绘制圆形选区，再使用"油漆桶工具"填充蓝色。

（4）使用矩形工具绘制按钮，最后使用"横排文字工具"，进行文本编辑，完成制作。

2. 网页切片输出

制作流程：

（1）使用"切片工具"，将图片分成多个切片。

（2）执行"划分切片"命令，将大块的切片等分成多个。

（3）执行"文件>存储为Web所用格式"命令，输出切片图像及html文件。

本章主要讲述 Flash CC的基本知识，包括Flash的发展、优点、新增功能等内容，还讲述位图和矢量图的区别，这对后期网页动画的制作起到支撑作用。此外，还将对Flash CC操作界面进行介绍，使读者对操作软件有一定了解，学会界面的使用方法，认识帧、舞台、时间轴等专业术语。

08 chapter

Flash动画 在网页中的应用

┃学习目标┃

- 了解Flash的发展历程
- 了解Flash动画的优点
- 熟悉Flash动画的应用
- 掌握Flash CC的操作界面

精彩推荐

⬢ Flash CC初始界面

⬢ Flash CC操作界面

Flash动画概述

本节将对 Flash 动画的发展、优点以及在网页中的应用进行全面介绍。

Flash动画的发展

Flash是一款二维矢量动画软件，通常用于设计和编辑Flash文档，或播放Flash文档的Flash Player。Flash凭借其文件小、动画清晰和运行流畅等特点，在各种领域中得到了广泛的应用。

（1）Flash的前世今生

Flash的前身Future Splash，是为了完善Macromedia的拳头产品Director而开发的一款用于网络发布的插件，它的出现改变了Director在网络上运行缓慢的尴尬局面。1996年原开发公司被Macromedia公司收购，其核心产品也被正式更名为Flash，然后相继推出了Flash 1.0、Flash 2.0、Flash 3.0、Flash 4.0、Flash 5.0、Flash MX、Flash MX 2004和Flash 8。

2005年Macromedia被Adobe公司购买，并相继推出了Flash CS3、Flash CS4、Flash CS5和Flash CS6，近期它又推出了最新版本Adobe Flash CC，右图为启动界面。

Adobe Flash CC是一款引燃互联网无穷创意的导火线，不仅在Web领域，在具备广阔发展前景的无线传播领域，它同样展现出无穷的魅力。Flash已经逐渐成为一个跨平台的多媒体制作工具，可以实现多种动画特效，由一帧帧的静态图片在短时间内连续播放而造成的视觉效果，是表现动态过程、阐明抽象原理的一种重要手段。

由于Flash具有文件数据量小、适于网络传输的特点，并且拥有可无限放大的高品质矢量图形、完美的声音效果以及较强的交互性能，因此受到了广大动画爱好者的一致欢迎。正是广大用户对Flash这种空前的关注与热情，才使得Flash日臻完善并且已经成为了目前交互式矢量动画标准。

（2）Flash的主要功能

为了获得交互功能，网页设计者开始在网页中加入JavaScript、VBScript等脚本程序以及Java小程序来接收用户的信息并给出具体响应。例如，当光标指向某一位置时，网页中将给出友好的动画文本提示。但是要制作这样的网页，必须掌握Java、JavaScript编程语言，这又使得许多网页动画设计者望而却步。而且，即使能够熟练使用这些语言，为了获得类似的效果，也需要耗费大量的时间和精力，使复杂网页的制作周期加长。而此时Flash的出现，大大减轻了网页设计者的工作强度，使网页的制作变得轻松且简单。

现在当你随意打开一个网页，都会发现Flash动画已经无处不在了。从LOGO到广告短片，甚至整个网站的制作，几乎都可看到Flash的身影，如右图所示。可以说Flash正在以其强大的魅力，影响着人们对于网络的认识。目前，Flash格式已经作为开放标准公布，并获得了第三方软件的支持，将有更多的浏览器支持Flash动画，而Flash动画也必将获得更加广泛的应用。

Flash是一款非常优秀的动画制作软件，它所制作的SWF格式文件已经传遍了整个网络，并且成为了网络的新兴载体。它迅速在网络以及网络以外的领域蔓延，并在商业领域得到了充分发挥，Flash片头、Flash广告、Flash导航，甚至整站Flash，已经成为目前商业网站中不可或缺的部分。Adobe公司已经把Flash与其他新品更紧密地联系到一起。目前，Flash播放器已被植入到各种主流网页浏览器中，Flash的功能可以使创建的网页适应各种网页浏览器。事实证明，目前还没有哪个网页制作软件像Flash一样，能够既简便又出色地创作出一个高效、全屏且具有交互式动画效果的网页。

Flash动画的优点

Flash以其强大的功能，易于上手的特性，得到了广大用户的认可，甚至于疯狂的热爱，很多人已投入到Flash动画的制作中。作为一款动画制作软件，Flash与其他动画制作软件有很多相似的地方，但也有很多自身的特点，正是这些特点成就了Flash在网络动画领域的王者地位。

（1）图像质量高

Flash动画的图形系统是基于矢量技术的，基于这个特点，Flash内绘制的图形达到了真正的无级放大，放大几倍、几百倍都一样清晰。而且Flash还支持大多数Photoshop数据文件，还提供一些导入选项，以便在Flash中获得图像保真度和可编辑性的最佳平衡。

（2）文件体积小

Flash以矢量图作为基础，只需少量数据就可以描述相对复杂的对象，因此存储空间很小，非常适合在网络上使用。此外，Flash动画采用"流式"播放技术，不必等到动画文件全部下载到本地后才能观看，而是可以边观看边下载，从而减少了等待的时间。

（3）可重复利用

对于经常使用的图形和动画片断，可以在Flash中定义为元件，并且多次使用，也不会导致动画文件的体积增大。同时，还可以使用"复制和粘贴动画"功能复制补间动画，并将帧、补间和元件信息应用到其他对象上。

（4）交互功能强

Flash动画与其他动画的区别就是其具有交互性，它是通过鼠标、键盘等输入工具，实现在作品中的跳转，影响动画的播放。通过交互可以制作视觉特效和鼠标特效，这些特效都是通过Flash中的Action Script来进行制作的。Flash还支持表单交互，使得包含Flash动画表单的网页可应用于流行的电子商务领域。

（5）界面简单易学

Flash不但功能强大，且布局合理，使初学者可以在很短的时间内熟悉它的工作界面。同时软件附带了详细的帮助文件和教程，并有示例文件供用户研究学习，非常实用。而且Flash将矢量图形与位图、声音以及脚本控制巧妙结合，能创作出效果绚丽多彩的动画作品。

（6）具有可扩展性

通过第三方开发的Flash插件程序，可以方便地实现一些以往需要非常繁琐的操作才能实现的动态效果，大大提高了Flash影片制作的工作效率。若要实现可扩展性，可以使用C语言定义一些函数，将这些函数捆绑在一个动态链接库（DLL）或共享库中，并将该库保存到适当的目录下，然后使用时可利用Adobe Flash JavaScript API从JavaScript中调用这些函数。

（7）可跨平台播放

制作完成的Flash作品放在网页上后，不论使用哪种操作系统或平台，任何访问者看到的内容和效果都是一样的，不会因为平台的不同而有所变化。

Flash动画的应用

使用Flash制作的动画可以用于很多场合，下面介绍其在互联网中的典型应用，其具体介绍如下：

1．网络广告

最初的网络广告就是网页本身，但随着市场经济和竞争力的猛速发展，动态广告占据了更多市场，吸引了更多人的眼球。动态广告通过不同的画面，可以传递给浏览者更多的信息，也可以通过动画的运用加深浏览者的印象，它们的点击率比静态的高很多。下图为宝马中国网站的汽车销售广告。

2．动画短片

用Flash制作的动画短片是最常见的，其题材涉及范围非常广泛，各种情景类型都有，可谓是包罗万象。动画短片具有引人注目的形式、简化的故事结构、深刻的主题、独特的韵味和情感等特点。由于其篇幅短、创意空间大、可自由发挥，因此，备受青睐。下图为动画短片中的两个镜头，画面简单生动，让人浮想联翩。

3．趣味游戏

作为"人见人爱"的娱乐性应用程序，游戏正逐步占领因特网和无线网这两大阵地，许多计算机用户早已对其情有独钟，这是一种具有普遍意义的共性需求。使用Flash中的影片剪辑元件、按钮元件、图形元件制作动画，再结合运用动作脚本就能制作出精彩的Flash游戏。下图为利用Flash制作的游戏。

4．电子贺卡

使用Flash制作的电子贺卡可以同时具有动画、音乐、情节等其他类型的贺卡所不具备的元素，因此Flash贺卡的流行也就成为必然趋势。目前，许多大型网站中都有专门的贺卡专栏，许多专业从事贺卡制作与销售的网站也在大量制作此类贺卡。Flash贺卡题材多样、内容广泛，在技术上并不复杂，因此也有许多爱好者自己制作。下图为利用Flash制作的圣诞节贺卡。

5．音乐MV

音乐MV可以帮助人们感知和探寻音乐作品中的美，并很好地传达音乐作品的题材、内容、风格及情绪，帮助人们深入地认识音乐作品的内容美、形式美、情绪美以及表现美。MV动画不仅能生动鲜明地表达歌曲的情意，而且唯美的画面更带给人视觉的享受，让人轻松愉悦地融入其中。下图为歌曲的MV动画。

6．动态网站

精美的Flash动画具有很强的视觉和听觉冲击力。为吸引客户的注意力，公司网站往往会借助Flash的精彩效果利用Flash软件进行制作，从而达到比静态页面更好的宣传效果。利用Flash还可以制作各种类型的动态网页。下图为利用Flash制作的动态网站。

UNIT 31 矢量图和位图的区别

　　Flash 是一个动画制作及图像处理的软件，在使用 Flash 之前，需要了解一些图像处理方面的知识，如矢量图与位图。

（1）矢量图

　　矢量图像也称为面向对象的图像或绘图图像，在数学上定义为一系列由线连接的点。矢量文件中的图形元素称为对象。每个对象都是一个自成一体的实体，它具有颜色、形状、轮廓、大小和屏幕位置等属性。因此可以在维持它原有清晰度和弯曲度的同时，多次移动和改变它的属性，而不会影响图例中的其他对象。这些特征使基于矢量的程序特别适用于图例和三维建模，因为它们通常要求能创建和操作单个对象。基于矢量的绘图同分辨率无关，这就意味着它们可以按最高分辨率显示到输出设备上。矢量图形使用函数来记录图形中的颜色，尺寸等属性。物体的放大和缩小都不会使图像失真和降低品质，也不会影响文件的大小。右图为对绿植放大后的对比效果图，从中可见没有降低图像的品质。

（2）位图

　　位图图像亦称为点阵图像或绘图图像，是由称作像素的单个点组成的。这些点可以进行不同的排列和染色以构成图样。当放大位图时，可以看见构成整个图像的无数单个方块。扩大位图尺寸的效果是增加单个像素，会使线条和形状显得参差不齐，右图为葡萄放大后的效果。如果从稍远的位置观看它，位图图像的颜色和形状又显得是连续的。由于位图图像的每一个像素都是单独染色的，因此可以通过以每次一个像素的频率操作选择区域而产生近似相片的逼真效果，如加深阴影和加重颜色。缩小位图尺寸也会使原图变形，因为此举是通过减少像素来使整个图像变小的。

　　处理位图时，输出图像的质量取决于处理过程开始时设置的分辨率。分辨率是一个笼统的术语，它指一个图像文件中包含的细节和信息的大小，以及输入、输出，或显示设备能够产生的细节程度。操作位图时，分辨率既会影响最后输出的质量也会影响文件的大小。处理位图需要仔细考虑，因为给图像选择的分辨率通常在整个过程中都将伴随着文件。无论是在何种设备上印刷位图文件，文件总是以创建图像时所设的分辨率大小印刷，除非打印机的分辨率低于图像的分辨率。如果希望最终输出的效果看起来和屏幕上显示的一样，那么在开始工作前，就需要了解图像的分辨率和不同设备分辨率之间的关系。显然矢量图就不必考虑这么多。位图图像是由很多的彩色网格拼成一幅图像的，每个网格称为一个像素，像素都有其特定的位置和颜色值。如果将位图图像放大，会发现马赛克一样的一个个像素。

Flash CC的操作界面

要想正确、高效地运用 Flash CC 软件来制作动画,必须先了解它的工作界面及各部分功能。Flash CC 的工作界面继承了以前版本的风格,只是更加美观、使用也更加方便快捷。下面将对 Flash CC 工作界面进行介绍。

Flash CC的工作界面由菜单栏、工具箱、时间轴、舞台和面板组等组成,如下图所示。

1．标题栏

标题栏位于窗口的顶部,主要包括软件名称、基本功能、"搜索"文本框和窗口控制按钮等。

2．菜单栏

菜单栏位于标题栏的下方,其中包括"文件"、"编辑"、"视图"、"插入"、"修改"、"文本"、"命令"、"控制"、"调试"、"窗口"和"帮助"等菜单命令。

3．工具箱

使用工具箱中的工具可以进行绘图、上色、选择和修改操作,还可以更改舞台的视图。工具箱分为4部分,如右图所示。

（1）工具区域包含绘图、上色和选择等工具。

（2）查看区域包含在应用程序窗口内进行缩放和平移的工具。

（3）颜色区域包含用于笔触颜色和填充颜色的功能键。

（4）选项区域包含用于当前所选工具的功能键,影响工具的上色或编辑操作。

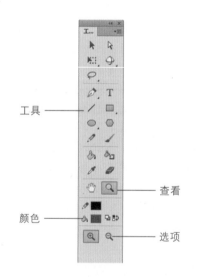

4．时间轴

时间轴用于组织和控制一定时间内图层和帧中的文档内容。时间轴是一个以时间为基础的线性进度安排表,使用者能够很容易得以时间的进度为基础,一步步安排每一个动作。Flash将时间轴分割成许多同样的小块,每一小块代表一帧。帧由左到右就形成了动画电影。时间轴是安排并控制帧的排列及将复杂动作组合起来的窗口。时间轴的主要组件是图层、帧和播放头。

5．面板组

面板的内容取决于当前选定的内容,可以显示当前文档、文本、元件、形状、位图、视频、帧或工具的信息和设置。使用"属性"面板可以轻松浏览舞台或时间轴上当前选中内容的最常用属性，用户可以在属性面板中更改对象或文档的属性，而不用浏览也可用于控制这些属性的菜单或面板。

6．舞台

舞台是编辑电影的窗口，也就是所谓的文件窗口，用户可以在其中作图或编辑图像，也可以测试电影的播放，有着实时预览的功能。舞台也是Flash CC中重要的组成部分，是完成影片制作的重要工具。舞台是在创建Flash文档时放置图形内容的矩形区域。创作环境中的舞台相当于 Flash Player或Web浏览器窗口中，在回放期间显示文档的矩形空间。要在工作时更改舞台的视图大小，请使用放大和缩小功能。若要在舞台上定位项目，可以使用网格、辅助线和标尺。

场景的顺序和动画播放的顺序有关。在播放动画时，场景与场景之间可以通过交互响应进行切换。如果没有交互切换，将按照他们在"场景"面板中的排列顺序依次播放。

网页横幅广告的制作

下面将以最常见的横幅广告的制作为例，对Flash CC软件进行介绍，其具体操作过程如下。

01 打开Flash CC，执行"文件>打开"命令，打开"动画在网站中的应用"文件，设置文档基本属性，文档尺寸为1000×350PX，背景为白色。

02 选择矩形工具在舞台上绘制一个1000×50PX的矩形，填充紫色，放置在舞台最顶端。

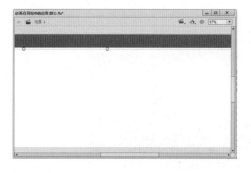

03 使用文本工具，在紫色的矩形处输入文字，并将所有文字横向对齐排列。选择所有文字和矩形，按【Ctrl+G】组合键将其打组。

04 新建图层，使用椭圆工具绘制一个圆形并填充为紫色。选择圆形并按【F8】键，在弹出的对话框中选择"按钮"类型，将其转化为按钮元件。

05 选择舞台上的圆形，按住【Alt】键拖曳，拖曳出4个圆形，放置在舞台左下角。新建图层，使用文本工具，分别输入数字。

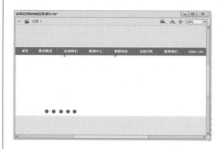

06 执行"插入>新建元件"命令。新建一个图形元件，命名为"图1"。进入元件内部，编辑元件，将库中的"图片1"元件拖入到舞台。

07 新建图层，将库中的元件"遮罩1"拖至舞台。放在图片最左侧，使其靠近舞台边缘，但并不遮盖住舞台。

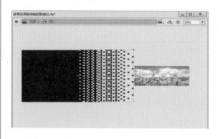

08 在第20帧处插入关键帧，将"遮罩1"拖至舞台右侧。使其能覆盖整个舞台。在第1~20帧之间创建传统补间动画。

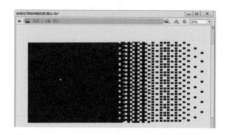

09 选择"遮罩1"图层并右击，将该图层转化为遮罩层。在图层上方，新建"图层3"，在第20帧处插入空白关键帧，使用文本工具输入文字。

10 在"属性"面板中添加滤镜选项，单击加号按钮，添加投影滤镜，设置模糊值为5像素，"颜色"为橙色，"角度"为45°，"强度"为100%，"距离"为5像素。

11 选择"图层3"第20帧处的所有文字，按【F8】键将其转化为图形元件，在第35帧处插入关键帧，将第20帧上的元件的Alpha值调整为0。在第20~35帧之间创建传统补间动画，并在每个图层的第45帧处插入帧。

12 返回场景一，在所有图层的最下方，新建图层，并将该图层命名为"内容"。将库中的"图1"元件拖至舞台合适位置，在属性面板中，设置"图1"循环选项为"播放一次。"

13 在内容图层的第56帧处，插入空白关键帧，执行"插入>新建元件"命令。新建一个图形元件，命名为"图2"。

14 进入"图2"元件的编辑区，将库中的"图片2"元件拖至舞台合适位置，并在图层上方新建一个图层。

15 选择新建的图层，将库中的影片剪辑元件sprite3拖至舞台合适位置，使其覆盖整个舞台。

16 右击该图层，选择"遮罩层"命令，将其转化为遮罩层。

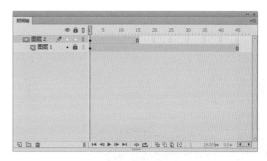

17 在所有图层上方新建图层，在第15帧处插入空白关键帧，使用文本工具输入文字。

18 选择文字，在"属性"面板中，添加滤镜，模糊值为5像素，"颜色"为蓝色。

19 选择文字，按下【F8】键将其转化为图形元件，在第30帧处插入关键帧，选择第15帧处的文字，使用任意变形工具将其放大一些。

20 在第15~30帧之间创建传统补间动画。并且在每个图层的第45帧之间插入帧，返回场景一。

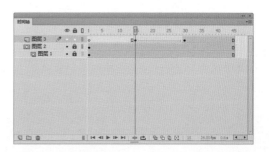

21 在"内容"图层上，选择第56帧处的空白关键帧，将库中的"图2"元件拖至舞台的合适位置，并在"属性"面板中，设置"图2"循环选项为"播放一次"。

23 进入元件的编辑区后，将库中的元件"图片3"拖至舞台合适位置。并在第20帧处插入关键帧，选择第1帧处的元件，将其Alpha值调整为0，在第1~20帧之间创建传统补间动画。

25 选择第20帧处的文字，在"属性"面板中，将其"亮度"值调整到100%。在第20~35帧之间创建传统补间动画。

27 在"属性"面板中，设置"图3"循环选项为"播放一次"，在第166帧处插入空白关键帧。

22 选择"内容"图层，在第111帧处插入空白关键帧，执行"插入>新建元件"命令。新建一个图形元件，命名为"图3"。

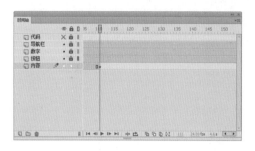

24 在该图层上方新建图层，在第20帧处插入空白关键帧，使用文本工具输入文字，并在"属性"面板中添加滤镜，设置模糊值为2，"颜色"为灰色。选择文字将其转化为元件，在第35帧处插入关键帧。

26 在所有图层的第45帧处插入帧，返回场景一，选择"内容"图层，在第111帧处，将库中的元件"图3"拖至舞台合适位置。

28 执行"插入>新建元件"命令。新建一个图形元件，命名为"图4"。进入元件的编辑区，将库中的"图片4"拖至舞台合适位置。

30 在第20帧处插入关键帧，将"遮罩4"元件移动至舞台中，位置恰好遮盖住舞台。

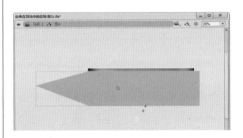

32 在"图层2"上方新建图层，在第20帧处插入空白关键帧，输入文字，在"属性"面板添加滤镜，并进行下图的相关选项设置。

34 在第20~35帧之间创建传统补间动画，在每个图层的第40帧处插入帧。返回场景一，在第166帧处，将库中的"图4"元件拖至舞台位置。

29 在图层1上方新建图层，将库中的"遮罩4"元件拖至舞台，放置在舞台的右侧。

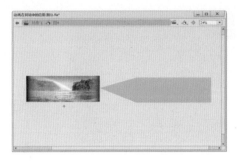

31 在第1~20帧之间创建传统补间动画，选择"图层2"并右击，选择"遮罩层"命令，将其转化为遮罩层。

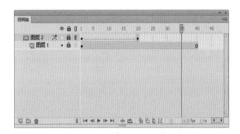

33 选择文字，按下【F8】键将其转化为元件，在第35帧处插入关键帧，选择第20帧处的元件，在"属性"面板调整其亮度，"亮度"值为-100%。

35 选择"图4"元件，在"属性"面板中，设置"图4"循环选项为"播放一次"，在第221帧处插入空白关键帧。

36 执行"插入>新建元件"命令。新建一个图形元件，命名为"图5"。进入元件的编辑区。将库中的"图片5"拖至舞台合适位置。

37 在"图层1"的上方新建图层，将库中的"遮罩5"拖至舞台，放置在舞台的右侧。

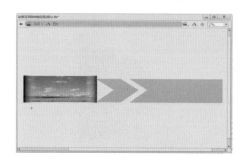

38 在第20帧处插入关键帧，将"遮罩5"元件移动至舞台中，位置恰好遮盖住舞台。

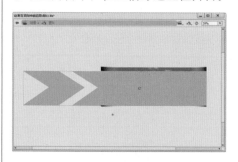

39 在第1~20帧之间创建传统补间动画，选择"图层2"并右击，选择"遮罩层"命令，将其转化为遮罩层。

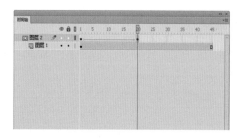

40 在"图层2"上方新建图层，在第20帧处插入空白关键帧，使用文本工具，输入文字，在"属性"面板为其添加滤镜，并进行相应设置。

41 选择文字，按下【F8】键将其转化为元件，在第35帧处插入关键帧，选择第20帧处的元件，在"属性"面板调整其Alpha值，Alpha值为0。

42 在第20~35帧之间创建传统补间动画，在每个图层的第45帧处插入帧。返回场景一，在第221帧处，将库中的"图5"元件拖至舞台。

43 选择"图5"元件，在"属性"面板中，设置"图5"循环选项为"播放一次"。

44 选择场景一中的所有图层，在第275帧处插入普通帧。

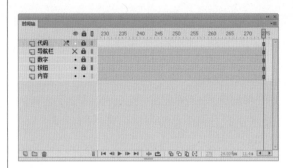

45 选择"按钮"图层上的按钮元件，选择第一个元件在"属性"面板中，为元件命名为button1。

46 在"属性"面板中，设置"图4"循环选项为"播放一次"，在第221帧处插入空白关键帧。

47 选择第二个元件，在"属性"面板中，为元件命名为button2。

48 选择代码图层，右击选择"动作"命令，打开"动作"面板，为动画添加必要的代码，实现动画的互动功能，单击按钮画面能够跳转到当前帧。

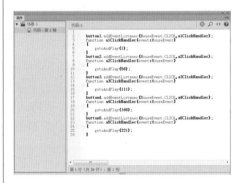

49 至此，动画在网页中的应用案例已经制作完成，按【Ctrl+Enter】组合键，导出并预览动画。

50 导出的动画可以实现互动，单击任意按钮，都会跳转至按钮对应的动画画面，从该处继续播放。

01 在Flash中可以处理哪些类型的文件?

在Flash中,您可以处理各种文件类型,主要包括:

(1) FLA文件是在Flash中使用的主要文件,其中包含Flash文档的基本媒体、时间轴和脚本信息。

(2) SWF文件(FLA文件的编译版本)是在网页上显示的文件。

(3) AS文件是ActionScript文件,可以使用这些文件将部分或全部ActionScript代码放置在FLA文件之外,这对于代码组织和有多人参与开发Flash内容的不同部分的项目很有帮助。

(4) SWC文件包含可重用的Flash组件。 每个SWC文件都包含一个已编译的影片剪辑、ActionScript 代码以及组件所要求的任何其他资源。

(5) JSFL文件即JavaScript文件,可用来向Flash创作工具添加新功能。

02 Flash动画可以输出为哪些格式?

Flash是一款优秀的图形动画文件的格式转换工具,它可以将动画以SWF、GIF、AI、BMP、JPG、PNG、AVI、MOV、MAV、EMF、WMF、EPS和AutoCAD DXF等格式输出。同时,Flash CC还支持多文件格式的导入,如图像文件BMP、EPS、PNG、JPG、AI;声音文件MP3、WMA、MIDI;视频文件AVI、MOV;动画文件GIF等。

03 FLA文件是以哪种图像格式为基础的?

Flash以矢量图作为基础,只需少量数据就可以描述相对复杂的对象,因此存储空间很小,非常适合在网络上使用。Flash还提供了强大的绘制图形的工具,它可以和多个软件结合使用,创造出更具特色的图像。

04 动画是怎样形成的?

动画是由一连串有连贯性的画面快速播放产生的。拍电影时就是把一个个画面录制到胶片上,它们也是静态的,等到快速播放电影时画面就会连续运动了。

05 Flash的特点有哪些? 它因何流行?

Flash的特点包含:

(1) Flash是互联网的产物,在以往互联网带宽不是很大的情况下,文字和图像的表现力不够丰富,如果采用传统的视频或文字动画等效果,由于文件很大,传输速度会跟不上;而Flash采用矢量动画格式,大大缩减了文件大小,使得漂亮的动画在网络上也能流畅运行。正是由于满足了大众互联网浏览者的需要,Flash格式才得以广泛流行。

(2) Flash软件本身具有强大的功能和人性化的创作方式,它填补了二维动画创作软件的空白。利用时间轴和图层的概念,使动画在创作上非常容易理解和制作。强化关键帧动画,设置元素的起点和结束的状态,中间动画就可以在Flash中自动实现。

1. 自定义工作面板

制作流程：

（1）执行"文件>新建"命令，新建文档。

（2）执行"文件>导入"命令，在弹出的对话框中选择相应的图像导入到舞台。

（3）在菜单栏中选中"窗口"菜单，执行"工作区>动画"命令，更改面板的设置。

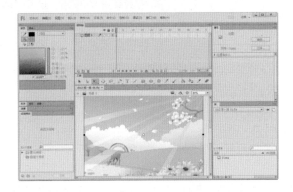

2. 制作简单雪景

制作流程：

（1）执行"文件>新建"命令。

（2）执行"文件>导入"命令，在弹出的对话框中选择相应的图像导入到舞台。

（3）选中工具箱中的"Deco工具"，在属性面板>绘图效果中选择"粒子系统"选项。

（4）直接在舞台中绘制。最后预览动画效果。

3. 在网页中查看各种类型的动画，常见的网页动画包括横幅广告、按钮广告、对联广告、网页片头等，如下图所示。

本章主要讲述的是图形绘制与编辑、图形的调整、对象的选择和操作、颜色配置和图像填充等内容。通过这些内容的学习，可以在舞台区域中设计和创作各种基本图形。掌握各种绘图工具的用法，对后期制作动画起到了至关重要的作用。

09 chapter 图形的绘制与编辑

▌学习目标▐

- 了解各种绘图工具的应用
- 了解各种对象的选择操作
- 熟悉对象的操作和图像调整的方法
- 掌握各种绘图工具的使用方法

精彩推荐

△ 猫咪的绘制

△ 场景的绘制

UNIT 34 简单图形的绘制

在 Flash CC 中绘图工具有了一些改进，虽然没有重大功能的改变，但是在细节处理上增添了许多方便绘制线条或图形的功能。创建和编辑矢量图形主要是通过工具箱中的绘图工具来实现，在本节中，就来详细了解这些功能的用法。

线条工具

线条工具的使用很简单，它可以绘制不同形式的直线。在工具箱中选择线条工具，并在"属性"面板中设置其样式、线宽及颜色，然后在场景中单击并拖动鼠标即可绘制直线，如右图所示。

- "笔触颜色"按钮：单击该按钮，在打开的色块面板中进行选择。
- "笔触"滑块：在数值框内直接输入数值或者拖动滑块进行调节。
- "样式"选项：在选定了线条样式之后，单击"编辑笔触样式"按钮，可以对线条进行更细致的设定。
- "端点"选项：包括圆角和方形两种样式。对端点做了"方形"设定的线段比对端点作"无"设定的线段的两端略长，"方形"线段两端增加的长度分别相当于线段笔触高度数值的一半，也就是说，如果线段的笔触高度为40pt，则当指定线段两端为"方形"时，线段两端各增加10pt的长度。
- "接合"选项：用于定义两个路径段的接合方式，其中包括"尖角"、"圆角"、"斜角"三种方式。

实训项目 线条工具的应用

下面将通过具体的实例操作对线条的绘制操作进行介绍。

01 打开文档，在工具箱中选择线条工具，打开"属性"面板并设置线条属性。

02 将光标定位在线条起始处，并将其拖动到线条结束处。

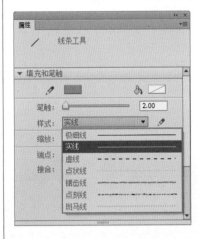

03 在"属性"面板中改变笔触的颜色和线条的样式，按住鼠标左键拖动，在舞台中绘制另一直线。

04 按照同样的方法，继续在舞台中绘制多条直线，如下图所示。

TIP 线条工具的使用

使用"线条工具"绘制直线的过程中，如果在按下【Shift】键的同时拖动鼠标，可以绘制出垂直、水平的直线或者45°斜线，这给绘制特殊直线提供了方便。按下【Ctrl】键可以暂时切换到"选择工具"，对工作区中的对象进行选取，当释放【Ctrl】键时，又会自动换回到"线条工具"。【Shift】键和【Ctrl】键在绘图工具中经常被用到，通常作为许多工具的辅助键。

铅笔工具

铅笔工具是用来绘制线条和形状的。利用铅笔工具可以更加自由地绘制直线与曲线，它的使用方法和真实铅笔的使用方法大致相同。右图中英文字母就是用铅笔完成的。

选中铅笔工具后，单击工具箱中的"铅笔模式"图标，将弹出铅笔模式设置列表，其中包括"伸直"、"平滑"和"墨水"三个选项。

伸直模式是铅笔工具中功能最强的一种模式，它具有很强的线条形状识别能力，可以对所绘线条进行自动修正，将绘制的近似直线取直。它还可以绘制直线，并将接近三角形、椭圆、矩形和正方形的形状转换为这些常见的几何形状，如下左图所示。

平滑模式可以自动平滑曲线，以减少抖动造成的误差，从而明显地减少线条中的"碎片"，达到一种平滑线条的效果，如下中图所示。

墨水模式下绘制的线条就是绘制过程中鼠标所经过的实际轨迹，此模式可以在最大程度上保持实际绘出的线条形状，而只做轻微的平滑处理，如下右图所示。

椭圆工具

椭圆工具用于绘制椭圆和圆形。在绘制图形时，可以在"属性"面板中任意选择外形线的颜色、线宽和线形，还可以任意选择填充色，绘制不同的椭圆。另外通过椭圆工具还可以绘制出表面具有光泽的图形。

实训项目 椭圆工具的应用

使用椭圆工具创建椭圆时，与使用对象绘制模式创建的形状不同，Flash会将形状绘制为独立的对象。使用"椭圆工具"的具体操作步骤如下。

01 打开文档，选择工具箱中的椭圆工具，在"属性"面板中设置相应的参数。

02 按住鼠标左键拖动，在舞台中绘制一个椭圆，如下图所示。

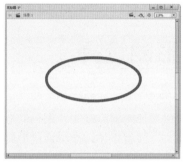

03 在"属性"面板中更改相应的参数，如下图所示。

04 继续按住鼠标左键拖动在舞台中绘制大小不同的多个椭圆。

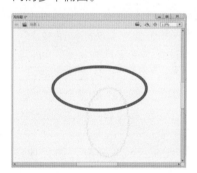

画笔工具

使用画笔工具绘画，可以采用各种类型的笔触，生成多种特殊效果，在工具箱中选择相应的笔触效果，如右图所示。

画笔工具是在影片中进行大面积上色时使用的。虽然利用颜料桶工具也可以给图形设置填充色，但是它只能给封闭的图形上色，而使用画笔工具则可以给任意区域和图形进行颜色的填充，使用起来非常灵活。

画笔工具有以下几种绘画模式，如下图所示：

- 标准绘画：直接在线条和填充区域上涂抹。
- 颜料填充：只涂抹选择工具和套索工具选取的区域，而描边不受影响。
- 后面绘画：只涂抹填充区域与边线以外的空白区域，而描边和填充区域不受影响。
- 颜料选择：只涂抹填充区域，而边框则不受影响。
- 内部绘画：只涂抹最先被刷子工具选中的内部区域，而描边不受影响。

| 标准绘画 | 颜料填充 | 后面绘画 | 颜料选择 | 内部绘画 |

UNIT 35 图形的选择

对象的选择是使用 Flash 制作动画的基本工作，只有熟练掌握了选择对象的方法和技巧，才能在后面的动画制作中得心应手。图形的选择工具主要包括钢笔工具、选择工具、部分选取工具和套索工具，下面就来详细介绍这些工具的使用方法。

钢笔工具

利用钢笔工具可以绘制精确路径、直线或者平滑、流畅的曲线；不仅可以生成直线或曲线，还可以调节直线的角度和长度、曲线的倾斜度。

钢笔工具不但具有铅笔工具的特点，可以绘制曲线，而且可以绘制闭合的曲线。同时，钢笔工具又可以像线条工具一样绘制出所需要的直线，甚至还可以对绘制好的直线进行曲率调整，使之变为相应的曲线。但钢笔工具并不能完全取代线条工具和铅笔工具，毕竟它在绘制直线和各种曲线的时候没有线条工具和铅笔工具方便。

在绘制一些要求很高的曲线时，最好使用钢笔工具。钢笔工具还可对路径的锚点进行调整，通过添加锚点、删除锚点、转换锚点工具对路径进行选择和修改，如右图所示。

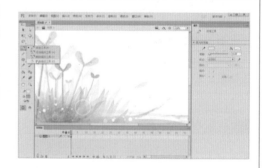

选择工具

一般需要先选择将要处理的对象，然后才能对这些对象进行处理，要选择对象，通常使用选择工具。选择工具是工具箱中最常用的工具之一，利用选择工具可以方便地选取图形对象。当选择某一图形对象后，图像的边框由实变虚，表示图形被选中。

　　工具箱中"贴紧至对象"按钮用于自动将两个元素定位，其中一个元素是定位的基准，另一个元素是被定位元素。当我们移动工作区中的一个对象时，会看到在该元素的下面有一个黑色的小圆圈。当这个点被另一个点精确定位后，这个圆圈就会加黑显示，如右图所示。

　　工具箱中"伸直"按钮可以对线条和图形的轮廓进行整形。伸直是指对绘制的线条和曲线产生一定的拉直调整。

　　工具箱中"平滑"按钮能够柔化曲线并减少曲线整体方向上的凸凹或不规则变化。

　　利用选择工具在不选中对象的情况下，移动鼠标，将鼠标指针放在线条上，拖曳线条，可以将线条扭曲，从而使对象变形，如下左图所示。将鼠标放置在线条的边角处，可以拖曳边角的位置，将对象变形，如下右图所示。

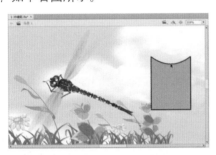 

"选择工具"的主要用法

TIP
如果选择某一个对象，如线段、图形、对象组或文字，则只需要使用"选择工具"指向该对象并单击鼠标左键即可。如果要选取多个对象，则可以按住【Shift】键分别点选不同的对象。如果要选取整个对象，只需将箭头指向该对象的任何部位并双击即可。如果要选取某一区域内的对象，将箭头移到该区域，按住鼠标左键并拖动，这时将出现一个矩形框，释放左键，这个矩形框内的所有对象都将被选中。如果被选区域包括互相连接的实体的一部分，则被选中的实体将与原实体断开连接而成为独立的对象。

部分选取工具

　　若要修改一个对象，须先选择它。使用选择工具、部分选取工具和套索工具均可选择对象。用户可以将若干个单个对象组成一组，然后作为一个对象来处理。修改线条和形状会改变同一图层中的其他线条和形状。选择对象或笔触时，Flash会用选取框来加亮显示它们。

　　部分选取工具与选择工具相似，用于选取并移动对象，此外还可以对图形进行变形等处理。当某一对象被部分选取工具选中后，它的图像轮廓线上将出现很多控制点，表示该对象已被选中。当被选中的图形对象周围显示出由一些控制手柄围成的边框时，可以选择其中一个控制手柄，此时光标右下角会出现一个空白的正方形手柄，拖动该控制手柄，轮廓会随之改变。

实训项目 部分选取工具的应用

　　下面将对部分选取工具的具体操作方法进行详细的介绍。

01 选择部分选取工具，在空白处按住鼠标左键不放，选择相应的区域，此时图像轮廓线上将出现很多控制手柄。

02 移动光标至控制手柄上，此时光标右下角将出现空白正方形手柄，拖动该控制手柄，轮廓会随之改变。

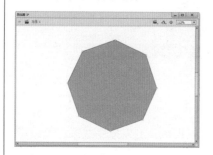
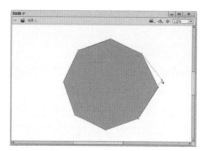

套索工具

利用套索工具可以选取任何形状范围内的对象，而另外两种选择工具只能选择矩形框内的对象，相对于此套索工具在这方面的功能更强一些。

单击工具箱中的套索工具按钮，选中该工具，光标将变成一个套索的形状。使用套索工具前可以对它的属性进行设置。

- "魔术棒"按钮：用于对位图进行操作，可以根据颜色的差异选择不规则区域。
- "魔术棒设置"按钮：用于对魔术棒参数进行设置，单击该按钮则弹出"魔术棒设置"对话框。
- "多边形模式"按钮：可以通过配合鼠标的多次单击勾画出直线多边形选择区域。

打开文档，选择工具箱中的套索工具后，会在工具箱中出现"魔术棒"、"魔术棒设置"和"多边形模式"三个按钮。

在工具箱中单击多边形模式按钮，按需要选择相应的选区，双击即可自动封闭图形。

UNIT 36 图形的编辑

图形的编辑是Flash动画制作中最为主要的工作，熟练掌握编辑图形的方法和技巧，才能得心应手地制作动画。图形的编辑工具主要包括颜料桶工具、橡皮擦工具、墨水瓶工具、滴管工具和变形工具等，下面就来详细介绍这些工具的使用方法。

颜料桶工具

利用颜料桶工具可以填充封闭区域，它既能填充一个空白区域，又能改变已着色区域的颜色，主要使用纯色、渐变和位图填充，用户甚至可以用颜料桶工具对一个未完全封闭的区域进行填充。

当使用颜料桶工具时，还可以指定Flash在形状轮廓线上封闭接口。选择工具箱中的颜料桶工具后，光标在舞台中将变成一个小颜料桶，表示颜料桶工具已经被激活，如右图所示。如果进行适当的设置，颜料桶工具还可以给一些没有完全封闭但接近于封闭的图形区域填充颜色。

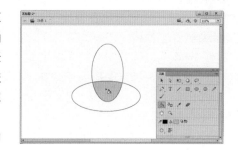

在工具箱中有一些针对颜料桶工具的附加功能选项。单击"空隙大小"按钮将弹出一个下拉列表，可以在此选择颜料桶工具判断近似封闭的空隙宽度。"空隙大小"下拉列表主要包括"不封闭空隙"、"封闭小空隙"、"封闭中等空隙"、"封闭大空隙"单选按钮，如右图所示。

单击"锁定填充"按钮，可锁定填充区域，其作用和画笔工具附加功能中的填充锁定功能相同。

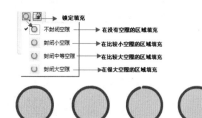

实训项目　颜料桶工具的应用

下面将对颜料桶工具的使用方法进行介绍。

01 打开文档，选择工具箱中的椭圆工具，按住鼠标左键在舞台中拖动绘制椭圆。

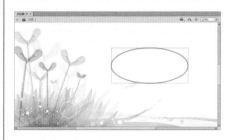

02 选择颜料桶工具，设置填充颜色为"#97D462"，在椭圆中单击即可填充。

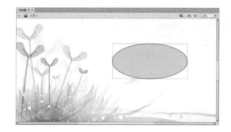

橡皮擦工具

利用橡皮擦工具可以擦除图形的外轮廓和内部颜色。橡皮擦工具有多种擦除模式，例如可以设置为只擦除图形的外轮廓和内部颜色，也可以定义为只擦除图形对象的某一部分的内容，用户可以在实际操作时根据具体情况设置不同的擦除模式。

橡皮擦工具是擦除图像的工具，通过设置不同的选项，可以实现不同效果的清除操作。在使用橡皮擦工具前，还应该对橡皮擦工具进行属性设置。选择橡皮擦工具，从"属性"面板中可以看出，橡皮擦工具没有相应的属性选项，但在工具箱中却有一些相应的附加选项。

Flash提供了五种不同的擦除方式可供选择，单击"橡皮擦模式"按钮，将弹出如右图所示的模式选择列表。

- "标准擦除"选项：将擦除橡皮擦经过的所有区域，可以擦除同一图层上的笔触和填充。此模式是Flash的默认工作模式。
- "擦除填色"选项：只擦除图形的内部填充颜色，而对图形的外轮廓线不起作用。
- "擦除线条"选项：只擦除图形的外轮廓线，而对图形的内部填充颜色不起作用。
- "擦除所选填充"选项：只擦除图形中事先被选中的内部区域，其他没有被选中的区域将不会被擦除，且不影响笔触。
- "内部擦除"选项：只有从填充色内部作为擦除的起点时才有效，如果起点是图形外部，则不会起任何作用。

实训项目 橡皮擦工具的应用

下面将对橡皮擦工具的具体使用方法进行介绍。

01 打开文档，选择橡皮擦工具，在工具箱中出现"橡皮擦模式"、"水龙头"和"橡皮擦形状"3个按钮。

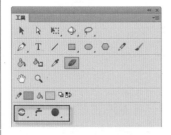

02 在舞台中可以根据自己的需要，按住鼠标左键拖动擦除相应的区域，在此擦除标题文字。

墨水瓶工具

墨水瓶工具用来在绘图中更改线条和轮廓线的颜色与样式。它不仅能够在选定图形的轮廓线上加上规定的线条，还能改变一条线段的粗细、颜色、线型等属性，甚至可以给打散后的文字和图形加上轮廓线。选择工具箱中的墨水瓶工具后，光标在舞台中将变成一个小墨水瓶的形状，表明此时已经激活了墨水瓶工具，可以对线条进行修改或者给无轮廓图形添加轮廓了。

实训项目 墨水瓶工具的应用

下面将对墨水瓶工具的具体使用方法进行介绍。

01 打开文档，选择工具箱中的墨水瓶工具，如下图所示。

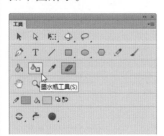

02 将墨水瓶笔触颜色设置为"#037B38"，在舞台中单击图形轮廓线，即可改变其颜色。

滴管工具

滴管工具是吸取某种对象颜色的管状工具。选择工具箱中的滴管工具，光标会变成一个滴管状，表明此时已经激活了滴管工具，可以拾取某种颜色了。

当使用滴管工具时，将滴管状光标先移动到需要采集色彩特征的区域上，然后在需要某种色彩的区域上单击，即可将滴管所在点的颜色采集出来，接着移动到目标对象上，再单击，这样所采集的颜色就被填充到目标区域了。

实训项目 滴管工具的应用

下面将利用滴管工具来采集目标对象中的颜色。

01 打开文档，选择工具箱中的滴管工具。在舞台中的色彩区域上单击，即可采集颜色。

02 将光标移到目标对象上并单击，所采集的颜色即可添加到目标区域。

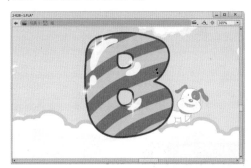

任意变形工具

任意变形工具是对图像进行编辑的工具，用于更改图像的大小，旋转角度以及利用"封套"来设置曲度。单击工具箱中的任意变形工具，在"选项"区域中会出现四个选项，分别是"旋转与倾斜"、"缩放"、"扭曲"和"封套"，如下图所示。

- "旋转与倾斜"按钮：对选中的对象进行角度的旋转以及设置边的倾斜程度。

- "缩放"按钮：对所选中的对象进行放大或缩小的编辑。按下【Shift】键等比例缩放所选对象，【Alt+Shift】键中心点缩放所选对象。
- "扭曲"按钮：对所选对象的锚点进行编辑，修改对象的样式。
- "封套"按钮：在所选对象上形成多个锚点，对锚点进行修改从而达到对图形的编辑。

实训项目 任意变形工具的应用

下面将对任意变形工具的使用方法进行详细介绍。

01 打开文档，选择工具箱中的任意变形工具。单击工具箱中的"旋转与倾斜"按钮，当光标出现上下箭头时，可对所选对象进行倾斜设定。

02 选中所选对象，单击工具箱中的"封套"按钮，可对所选对象进行图像的编辑，调节画面中出现的锚点即可。

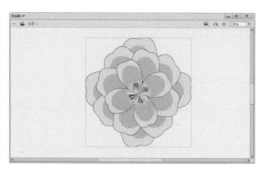
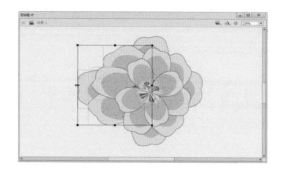

UNIT 37 图形的色彩

图形的色彩也是 Flash 动画制作中最为重要的一个环节，色彩的运用决定了网页动画的整体观感。熟练掌握"颜色"面板和"样式"面板的使用，才能使动画更加完美。

"颜色"面板

在制作 Flash 动画时，"颜色"面板能够满足我们填充颜色的需要，用户可以在"颜色"面板中选择自己所需的颜色。"颜色"面板在浮动窗口中可以找到，它可以为描边和填色进行颜色的添加，如下图所示。

（1）"笔触颜色"、"填充颜色"按钮

"笔触颜色"用于边线的颜色调整，"填充颜色"用于矢量色块填充的调整，"笔触颜色"和"填充颜色"除了可以选择纯色外，还可以选择线性渐变色和放射状渐变色的填充。同时，笔触颜色和填充颜色可相互进行交换，只需单击"交换颜色"按钮即可。

（2）"颜色类型"下拉列表

在类型中可以选择"无"、"纯色"、"线性渐变"、"径向渐变"和"位图填充"选项进行填充。

选择"无"选项，即不选择任何颜色。

选择"纯色"选项，则以一种单一的颜色进行填充。

选择"线性渐变"选项，是进行一种颜色到另一种颜色的线性颜色的填充，它是一种渐变色。

选择"径向渐变"选项，是从中心点向四外进行放射状填充，也可以理解为放射状的环形渐变填充。

选择"位图填充"选项，表示选择电脑中的位图进行填充。

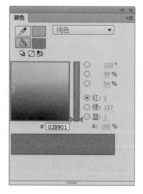

（3）Alpha

用来调整颜色的透明值，不仅纯色的透明值可以通过Alpha来调整，线性与径向渐变也可以通过Alpha来调整。

颜色选择区域分为RGB和HSB两种模式。当选择了RGB模式后，在右面的调整区可设置"红"、"绿"、"蓝"的数值；当选择了HSB模式后，在右面的调整区可以调整"色相"、"饱和度"和"亮度"的值。左边部位的方框区域内可以任意选择颜色，中间的竖条状调整区可以对颜色的明度进行调整。

（4）颜色调整区域

纯色时这里只显示目前选择的颜色，"线性渐变"和"径向渐变"，则显示可以调整的颜色控制柄和调整后的颜色。

"样本"面板

"样本"面板中提供了部分的颜色样式，用户可以直接选择颜色进行填充。如果遇到复杂的颜色须在"颜色面板"中先进行调节，然后再进行填色。"样本"面板中提供了纯色样本和渐变色样本两种，如右图所示。

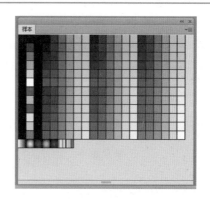

UNIT 38 绘制可爱的卡通动物

通过前面基础知识的学习，读者应该已经掌握了绘图工具的使用方法。在本例中将帮助用户熟练掌握矢量图的绘制技巧及绘图工具的综合应用。

01 执行"文件>新建"命令，新建一个文档，并将其保存为"绘制一只猫咪"。选择"库"，将库中的背景拖至舞台合适位置。

02 选择矩形工具，设置填充色为无，线条为极细，绘制几个矩形。摆放顺序如下图所示。

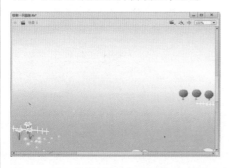

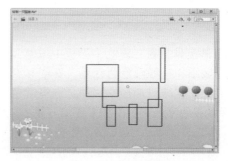

03 按住【Alt】键拖曳矩形边线，使其形状更加接近一只猫咪。

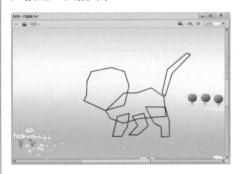

04 选择矩形工具，再绘制两个矩形，并且调整矩形，使矩形更加像猫咪的耳朵。

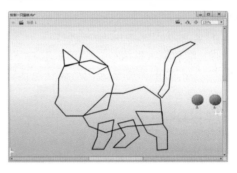

05 调整矩形边线的弧度后，使用选择工具，靠近线条时，光标下面出现一个圆弧时，说明可以拖动鼠标调整线条弧度。调整矩形线条弧度使其更加接近一只猫咪。

06 使用颜料桶工具，为猫咪添加大体的颜色。选择绘制的单个对象，按【Ctrl】+上或下组合键，排列对象的顺序。

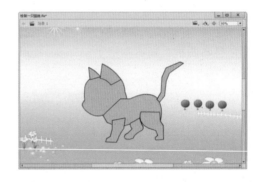

07 使用橡皮擦工具擦掉多余的线条。使用同样的方法，绘制猫咪的五官，并且继续微调形状。

08 选择铅笔工具，绘制出猫咪的细节部分，并填充颜色，使猫咪的细节更加丰富。

09 选择铅笔工具，在"属性"面板中设置属性，样式为极细，笔触颜色为红色。在猫咪身上绘制细节，使猫咪更加形象生动。选择红色的线条，目的是为了最终删除线条更加方便。

10 选择颜料桶工具，在"属性"面板中，设置填充颜色为"#9D7348"，为绘制好的猫咪脚部填充颜色，再设置填充颜色为"#ECEB9B"，为绘制好的猫咪腹部、鼻子、耳朵填充颜色。

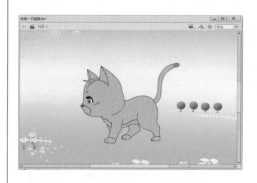 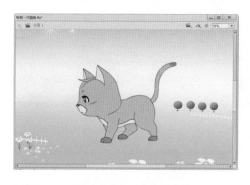

11 绘制一个椭圆放置在猫咪的下方，作为阴影。使用选择工具，选中红色线条并删除，完成猫咪的绘制。

12 猫咪绘制完毕，按下【Ctrl+Enter】组合键，预览绘制好的猫咪效果。

UNIT 39 绘制金字塔动漫场景

下面将对一动漫场景的绘制操作进行详细介绍，在此主要应用到了矩形工具、颜料桶工具、铅笔工具等。

01 执行"文件>新建"命令，新建一个文档，并将其保存为"绘制动漫场景"。

02 选择矩形工具绘制风景主体，并调整矩形的形状。

 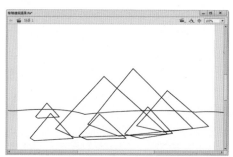

03 选择颜料桶工具为画面填充颜色。在这个过程中，使用线条工具绘画出一些细节，使风景更加得优美逼真。

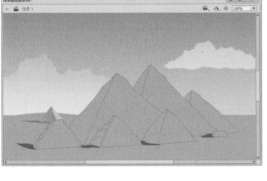

04 选择铅笔工具，绘制天空中的云，并且填充颜色。绘制地面上的沙石，增加一些细节。使用铅笔工具绘制出地面的阴影和金字塔的阴影。

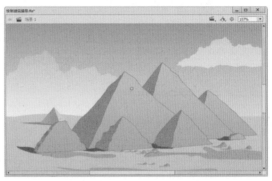

05 此时，风景已经基本完成，但是风景的主体不够突出，继续绘制主体上的细节。

06 风景绘制完毕，按下【Ctrl+Enter】组合键，预览绘制好建筑风景。

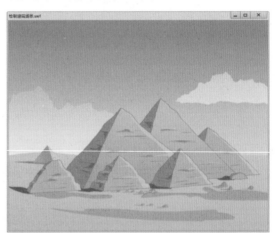

01 如何使用简便的方法绘制圆角矩形的弧度？

选中矩形工具，按住鼠标左键在舞台上拖曳出一个矩形，在不放开鼠标左键的情况下，按下键盘上的↑、↓方向键，可以调整矩形的边角半径，从而简便地调整圆角的弧度。

02 在Flash中，粘贴的快捷键【Ctrl+V】和【Ctrl+Shift+V】有什么区别？

应用粘贴的快捷键【Ctrl+V】一般所粘贴图形的位置是不固定的；而快捷键【Ctrl+Shift+V】则是将复制的内容粘贴到原先的位置，也就是说保持与复制内容的位置相重合。

03 如果在编辑和绘制图像时，无法使用封套如何解决？

对象编辑模式和对象绘制可直接使用封套工具，而元件、位图、文本则不能直接使用封套。
解决方法：
（1）对于元件，可以双击进入，针对元件内部对象使用封套。
（2）对于位图，可进行分离，再使用封套。
（3）对于文本，也需要分离后才可以使用封套。

04 "属性"面板有哪几种使用方法？

"属性"面板有以下几种使用方法：
（1）"属性"面板能显示舞台上被选定内容的相关属性。
（2）"属性"面板能显示文本的相关属性，可直接在"属性"面板中对文本属性进行修改。
（3）"属性"面板可设定文档的基本属性，如：改变背景颜色、更换文档尺寸。

05 色彩搭配要注意哪些要素？

（1）首先是色调，美术上画一幅作品，一般要先铺一种颜色，为整幅画奠定基调。动画也一样，把握基本色调，再为动画配色。

（2）冷暖是另一个重要因素，即色彩的冷暖问题，色彩的冷暖变化是人们的一种心理感觉，又是一种色彩变化规律。冷暖关系直接关系到画面的色彩效果，如右图所示。

（3）明暗，如果画面色彩没有明暗对比，没有深浅变化，整个画面不是一团黑，就是一片白。如果我们不注重明暗效果，那么在这种画面中所看到的，只是一些缺乏关系、缺乏条理、混乱不堪、互不相干的颜色。

此外，还要注意光源对主要物体颜色的影响，一般动画中的有形物体都会在与光源相背处留下阴影，要用深浅不同的颜色加以区分。

1. 绘制卡通动物

制作流程:

（1）选择钢笔工具绘制动物外形并设置其填充颜色。

（2）在舞台上绘制椭圆，填充颜色；

（3）选择线条工具绘制线条；

（4）调整线条的方向；

（5）用钢笔工具绘制耳朵。

2. 绘制动画场景

制作流程:

（1）选择矩形工具绘制场景中蓝色的远景，选中钢笔工具绘制楼体的剪影；

（2）选择矩形工具和选择工具绘制中景楼房，并填充颜色；

（3）选中钢笔工具绘制前面的草地；

（4）选择铅笔工具绘制地面的草。

3. 绘制企业标识

制作流程:

（1）设置背景效果；

（2）使用钢笔工具绘制花朵轮廓线，并利用颜料桶工具填充颜色；

（3）使用文本工具输入文本内容。

本章主要讲述的是文本的创建和编辑，如创建静态文本，动态文本以及输入文本。其中重点介绍了文本属性的设置以及文本变形的用法。文字是Flash动画制作中不可缺少的部分，因此熟练掌握文本的编辑知识，对文字动画起到了很重要的作用。

10 chapter 文本的创建与编辑

学习目标

- 了解嵌入字体和设备字体的特点
- 了解3种文本的创建方法
- 熟悉文本的变形操作
- 掌握文本属性设置的方法

精彩推荐

△ 文本特效的制作

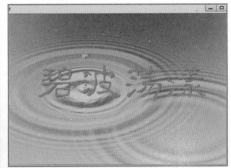
△ 波浪文字的制作

动画中使用的两种字体

在 Flash 中输入文本时，Flash 会将字体的相关信息存储到 Flash 的 SWF 文件中，以保证在用户浏览 Flash 影片时字体能够保持正常显示。在 Flash CC 中创建文本既可以使用嵌入字体，也可以使用设备字体。

使用嵌入字体

当计算机通过Internet播放用户发布的SWF文件时，不能保证使用的字体在计算机上可用，要确保文本保持所需外观，就可以嵌入全部字体或某种字体的特定字符子集。通过在发布的SWF文件中嵌入字符，可以使该字体在SWF文件中可用，而无需考虑播放该文件的计算机。嵌入字体后，即可在发布的SWF文件中的任何位置使用。

从Flash Professional CS5开始，对于包含文本的任何文本对象使用的所有字符，Flash 均会自动嵌入。如果用户自己创建嵌入字体元件，就可以使文本对象使用其他字符，例如，在运行时接受用户输入时或使用ActionScript编辑文本时。对于"消除锯齿"属性设置为"使用设备字体"的文本对象，没有必要嵌入字体。指定要在FLA文件中嵌入的字体后，Flash会在发布SWF文件时嵌入指定的字体。

通常在下列三种情况中，需要通过在SWF文件中嵌入字体来确保正确的文本外观：

第一，在要求文本外观一致的设计过程中，需要在FLA文件中创建文本对象时。

第二，在FLA文件中使用ActionScript动态生成文本时。

第三，当使用ActionScript创建动态文本时，必须在ActionScript中指定要使用的字体。

当SWF文件包含文本对象，并且该文件可能由尚未嵌入所需字体的其他SWF文件加载时，在"字体嵌入"对话框中，可以进行如下设置。

- 在一个位置管理所有嵌入的字体。
- 为每个嵌入的字体创建字体元件。
- 为字体选择自定义范围嵌入字符以及预定义范围嵌入字符。

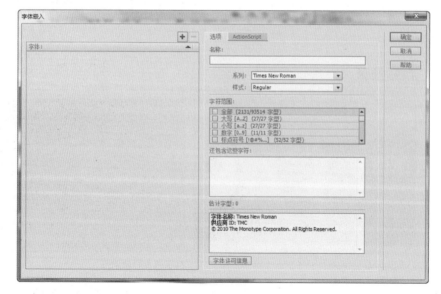

实训项目 嵌入字体

　　如果要打开版本较早的文件，在Flash CC中可以使用"字体嵌入"对话框来编辑这些较早的嵌入文字，具体的操作方法如下：

01 在"库"面板中选择字体元件，然后从面板选项菜单中选择编辑属性。在"库"面板中双击字体元件的图标。

02 选择"文本>字体嵌入"命令，然后选择要在该对话框左侧的树形视图中编辑的字体元件。在"字体嵌入"对话框中进行更改，然后单击"确定"按钮即可。

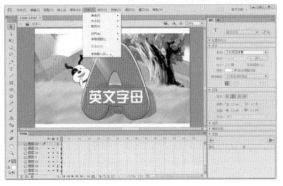

　　在"字体嵌入"对话框的树形视图中，显示了当前FLA文件中的所有字体元件，并且这些字体元件根据字体系列进行了组织。打开此对话框后，用户可以编辑其中的所有字体，然后单击"确定"按钮提交更改。

使用设备字体

　　在Flash中，可以使用称作设备字体的特殊字体作为导出字体轮廓信息的一种替代方式，但这仅适用于静态文本。设备字体并不嵌入Flash SWF文件中。相反，Flash Player会使用本地计算机上与设备字体最相近的字体。因为并未嵌入设备字体信息，所以使用设备字体生成的SWF文件在大小上要小一些。此外，设备字体在小磅值（小于10磅）时比导出的字体轮廓更清晰也更易读。但是，因为设备字体并未嵌入到文件中，所以如果用户的系统中未安装与该设备字体对应的字体，文本看起来可能会与预料中的不同。

　　Flash包括三种设备字体：named _sans（类似于Helvetica或Arial 字体）、_serif（类似于Times Roman字体）和_typewriter（类似于Courier字体）。如要将字体指定为设备字体，可以在属性检查器中选择其中一种Flash设备字体。在影片回放期间，Flash会选择用户系统上的第一种设备字体。可以指定要选择的设备字体中的文本设置，以便用户可以复制和粘贴出现在影片中的文本。

　　设备字体可以用于静态文本（在创作影片时创建的文本，这类文本在播放影片时不会改变）或动态文本（通过文件服务器的输入定期更新的文本，如体育得分或天气数据）使用。

实训项目 设备字体的应用

　　在处理静态文本时，观看影片的用户可以选择用设备字体设置文本。指定使用设备字体来显示文本的具体操作如下：

01 在舞台中选择用户想将其显示为设备字体的文本块。

02 选择"窗口>属性"命令，打开"属性"面板。

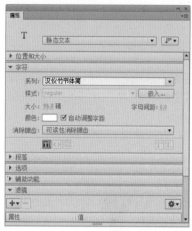

03 在属性检查器下拉列表中，选择文本方式为"静态文本"。

04 在字符区域中的系列下拉列表中选择设备字体即可。

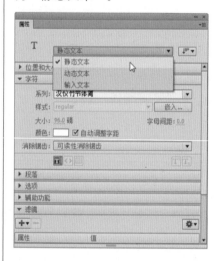

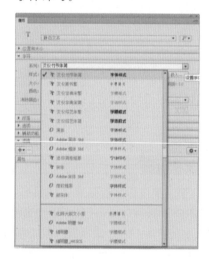

UNIT 41 文本工具

文字是 Flash 中不可获缺的重要组成部分。文本工具是在 Flash 中输入文字的工具，Flash 中有三种文本类型，分别为"静态文本"、"动态文本"和"输入文本"。

创建静态文本

若要创建宽度可变的静态文本，在"属性"面板中设置好文本类型后，直接在场景中单击鼠标左键，然后输入文本即可。若要创建宽度固定的静态文本块，则可在"属性"面板中设置好文本类型后，在场景中单击并拖动鼠标，设置文本块的尺寸，然后输入文本即可。

要创建文本，首先应选择工具箱中的文本工具，然后在"属性"面板中设置希望创建的文本类型、字体、颜色和字型等相关属性，如右图所示。

创建动态文本

如果要创建动态文本，首先要在舞台上绘制一个固定大小的文本框，或者在舞台上单击进行文本的输入，接着从"属性"面板的"文本类型"下拉列表中选择"动态文本"选项。绘制好的动态文本框在文本的外围会自动生成一个边界，如右图所示。

在动态文本的"属性"面板中，各主要选项的含义如下：

- "实例名称"选项：在Flash中，文本框也是一个对象，也就是为当前文本指定一个对象名称。
- "行为"选项：当文本包含的文本内容多于一行时，使用"段落"栏中的"行为"下拉列表框，可以使用单行、多行（自动回行）和多行进行显示。
- 在"文本周围显示边框"按钮：在"字符"栏中单击该按钮，可以显示文本框的边框和背景。
- "变量"文本框：在该文本框中，可输入动态文本的变量名称。

创建输入文本

输入文本主要应用于交互式操作的实现，目的是让浏览者填写一些信息以达到某种信息交换或收集的目的，如常见的会员注册表、搜索引擎或个人简历表等。

在输入文本类型中，对文本各种属性的设置主要是为浏览者的输入服务的。例如，当浏览者输入文字时，会按照在"属性"面板中对文字颜色、字体和字号等参数的设置来显示输入的文字。

如果要创建输入文本，首先选择输入文本类型，使用文本工具可以在工作区中绘制表单。输入文本的"属性"面板如右图所示。

> **TIP** 在创建动态文本或输入文本时，可以将文本放在单独的一行中，也可以创建定宽和定高的文本框，并将文本放在其中。

创建滚动文本

在Flash CC中创建滚动文本有以下几种方式:

- 使用ActionScript 3.0包含Flash CC的TextArea组件。如果设置TextArea的编辑,那么只要有足够多的线路输入,UIScrollBar组件会自动显示在TextArea的右侧。
- 使用菜单命令或文本字段手柄滚动的动态或输入文本字段。
- 添加一个ScrollBar组件到文本字段,使其滚动。

实训项目 滚动文本的制作

下面将以滚动文本字段的创建为例进行介绍,其具体操作方法如下:

01 使用文字工具,在舞台上输入文本字段创建一个实例。

02 在"属性"面板中,文本类型设置为"动态文本",实例名称设置为"滚动",行为类型设置为"多行"。

03 打开"组件"面板。在User interface下拉列表中选择UIScrollBar组件。

04 将UIScrollBar组件拖至文本框的右侧。

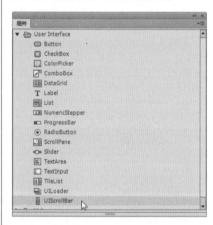

TIP 添加UIScrollBar组件后,在"属性"选项卡中的scrollTargetName文本框自动捕捉文本字段的名称。查看在Flash Player中的滚动条如何控制文本字段。

05 选择 "控制 > 测试影片 > 在Flash Profe-ssional中" 命令。输入足够多的文本，使文本字段和滚动条为启用状态。

UNIT 42 设置文本属性

在 Flash CC 中，通过 "属性" 面板可以设置文本的基本属性，如字体的系列、样式、大小、字母间距等。

设置文本的基本属性

选择文本工具后，在舞台上输入一段文字，在 "属性" 面板中可以设置文本的基本属性，如下左图所示。

（1）在 "字符" 选项区域中可设置字体的系列、样式、大小及颜色。下右图为设置后的效果。

- "系列" 列表用于字体的选择，如宋体、黑体等。
- "样式" 列表用于设置字体的粗细、倾斜等样式。
- "大小" 文本框用于设置字体在舞台中的面积。
- "颜色" 选项面板通过颜色拾取器对字体的颜色进行修改。

（2）可以设置 "字母间距" 数值框，输入数值或者拖动滑杆调整文字间距，数值为正数时字母的间距较为稀松，反之，数值为负数时字母之间的间距较为紧凑。下面两幅图的间距分别为1.0和-5.0。

（3）可通过"切换上标"和"切换下标"按钮来更改文字字符的位置，通常表示字符位于标准基线位置。

- 文本方向水平时，单击"切换上标"按钮则字符处于基线之上，单击"切换下标"按钮，则字符处于基线之下。
- 文本方向垂直时，单击"切换上标"按钮则字符处于基线右边，单击"切换下标"按钮，则字符处于基线左边。

（4）文本属性中可以设置"消除锯齿"选项。如右图所示。

- "使用设备字体"选项：使用本地计算机上安装的字体。
- "位图文本（未消除锯齿）"选项：选择该选项会关闭消除锯齿功能，不对文本进行平滑处理。
- "动画消除锯齿"选项：可以选择该选项来创建较为平滑的动画。由于Flash会忽略对齐方式和字距微调信息，因此该选项并不适合所有文本。
- "可读性消除锯齿"选项：可创建高清晰的字体，改进较小字体的可读性，但是不适合于动画文本。
- "自定义消除锯齿"选项：可以自定义字体属性。

设置文本方向

选择文本工具，在"属性"面板中可对文本方向进行设置。文本的方向有三种方式："水平"、"垂直"、"垂直（从左向右）"，如右图所示。

（1）选择"水平"选项，绘制出的文字在舞台上是以横向显示的，与画面横向平行。

（2）选择"垂直"选项，绘制出的文字在舞台上是以纵向显示的，与画面垂直。垂直的文字是以从右向左的形式显示的，如下左图所示。

（3）选择"垂直（从左向右）"选项，文字与画面垂直，只是显示方式是从左向右，如下右图所示。

设置段落文本属性

在"属性"面板中，"段落"属性是针对整段文字进行设置的。它可以设置一段文字的"格式"、"间距"、"边距"和"行为"，如右图所示。

- "格式"选项区是设置段落文本的对齐方式，其中包含"左对齐"、"右对齐"、"居中对齐"、"两端对齐"四种方式。
- "间距"文本框用于设置段落与段落之间的距离。
- "边距"文本框用于设置段落距文本框之间的距离。
- "行为"下拉列表是针对动态文本和输入文本而言的，可以设置其段落的行为。

Unit 43 文本特效的设计

创建文本后，用户可以为其添加许多特效，使文本的表现力更加强大，从而产生有趣的效果。对整体文本添加特效的具体操作方法介绍如下。

01 打开文件"文本特效.fla"。在"库"面板中，选择"文本特效背景"元件，将其拖至舞台合适位置。

02 选择文本工具，在"属性"面板中选择"静态文本"选项，在舞台上输入文字，如下图所示。

03 首先选中"咖啡吧"这三个字。在"滤镜"选项区域中单击"添加滤镜"按钮，在列表中选择"斜角"选项。

04 添加好滤镜后，调整属性值，设置模糊值为13，强度为160，阴影选为"橘红色"，角度为53度。

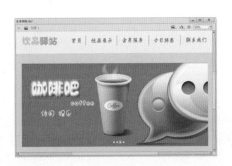

05 选中coffee文本，在"滤镜"选项区域中单击"添加滤镜"按钮，选择"发光"选项。

06 添加好滤镜后，调整属性值，模糊值为28，强度为120，颜色为白色，品质设为"高"。

07 选中"休闲 娱乐"文本，在"滤镜"选项区域中单击"添加滤镜"按钮，选择"投影"选项。

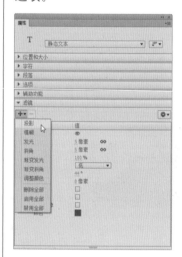

08 添加好滤镜后，调整属性值，设置模糊值为5，角度为44，距离为8，颜色选择为橘红色，至此文本特效制作完成。

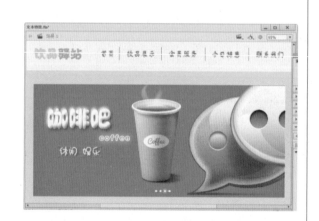

UNIT 44 波浪文字的制作

通过前面基础知识的学习，读者应该已经掌握了文本的使用方法，在本例中将帮助用户熟练掌握文本的应用。

01 打开"波浪字素材.fla"的文档，将其另存为"波浪字.fla"。将"库"中的"背景元件"拖至舞台合适位置。

02 新建一个图层，使用文本工具，在舞台上输入文字"碧波荡漾"，将文字调整至舞台中间。

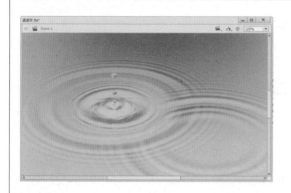

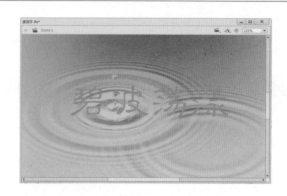

03 按【Ctrl+Shift+V】组合键，原位置粘贴复制好的字体，并将字体颜色设为深蓝色，排列至原文字下方。

04 选择舞台上的文字，按【F8】键将文字转化为图形元件，元件命名为"字体"。

05 双击元件，进入元件编辑区。在"图层1"下方，新建两个图层，分别命名为"遮罩"和"条纹"。

06 在"图层1"上，选择文字下方的深蓝色文字，右击选择"剪切"命令。选择"遮罩"图层，按【Ctrl+Shift+V】组合键，原位置粘贴字体。

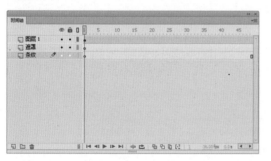

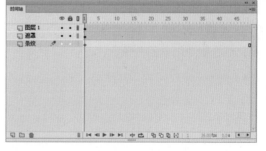

07 在"条纹"图层上绘制一个矩形，使用"任意变形工具"将矩形倾斜。按住【Alt】键拖曳并复制多个矩形，使其排列成一排。

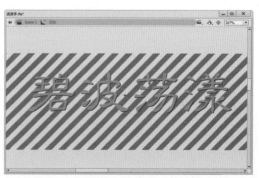

08 将条纹转化为元件，并将其放置在文字的右端。

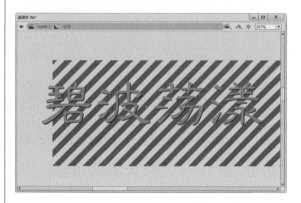

09 选择条纹图层，在第200帧处，插入关键帧，将条纹拖至文字左侧。在第1~200帧之间，创建传统补间动画。

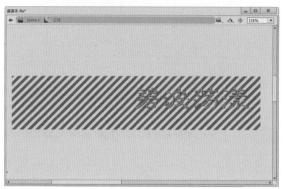

10 选择"遮罩"图层，右击选择"遮罩层"命令，将"遮罩"图层转化为遮罩层。

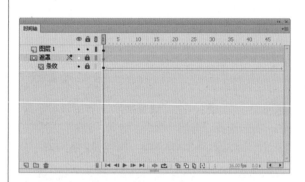

11 浏览动画时，可以看到文字像波浪一样抖动。如果发现文字没有抖动，那么选择"遮罩"图层中的文字，按【Ctrl+B】组合键将其打散。

12 动画制作完成，返回场景一，按【Ctrl+Enter】组合键导出动画并预览。

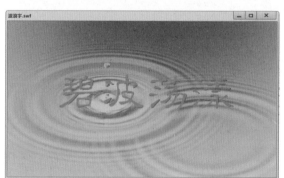

01 如何使用Flash中的三种文本类型?

在Flash中，文本类型分为静态文本、动态文本、输入文本。

（1）静态文本：该类型主要用于显示静止不变的文字，如文档中的标题、标签或其他文本内容。该类型灵活性很大，可以创建各种文字特效，可以任意的旋转、缩放、扭曲等。

（2）动态文本：该类型主要用来保存运行时计算或者调入的内容，常见的有外部数据源以及需动态更新的文字和数值等。

（3）输入文本：该类型主要用于在运行时由用户来输入文本。一般用来验证用户真实性、获取用户数据之用。

02 何为嵌入式字体?

当计算机通过 Internet 播放用户发布的SWF文件时，并不能保证使用的字体在计算机上可用。要确保文本保持所需外观，就可以嵌入全部字体或某种字体的特定字符子集。通过在发布的SWF文件中嵌入字符，可以使该字体在SWF文件中可用，而无需考虑播放该文件的计算机。嵌入字体后，即可在发布的SWF文件中的任何位置使用。

03 何为使用设备字体?

在Flash中，用户可以使用称作设备字体的特殊字体，作为导出字体轮廓信息的一种替代方式，但这仅适用于静态水平文本。设备字体并不嵌入Flash SWF文件中。

04 如何将文本转换为可编辑的图像?

选中所需转换的文本，执行两次分离（【Ctrl+B】）将文本打散。这时该文本已转换为图形，不再具备文本属性。

05 关于静态文本与动态文本属性的设置有哪些区别?

静态文本的字体轮廓将导出到发布的SWF文件中。对于水平静态文本，可以使用设备字体，而不必导出字体轮廓。

对于动态文本或输入文本，Flash存储字体的名称，Flash Player在用户系统上查找相同或相似的字体。也可以将字体轮廓嵌入到动态或输入文本字段中。嵌入的字体轮廓可能会增加文件大小，但可确保用户获得正确的字体信息。

06 为什么不能对舞台中输入的图形填充颜色?

这是因为通常输入的文本不是矢量对象，因此，不能对其进行填色、变形等操作。要执行这些操作，就需要先将其转换为矢量对象，即执行"修改>分离"命令，或者按【Ctrl+B】组合键将文本分离为单个文字，再次执行分离操作即可将其转换成矢量对象。

1. 创建发光文字

制作流程：

（1）导入背景，在新的图层上创建一个文本，将文本的颜色设置为黄色。

（2）选中文本，在"滤镜"面板中设置发光效果的相关参数。

（3）调整文字的位置。

2. 设计渐变字

制作流程：

（1）导入背景图片，新建一个图层。

（2）在新的图层上创建一个文本，设置文本属性，并输入文本内容。

（3）将文本分离为可编辑的形状。

（4）选择颜料桶工具填充其内部颜色，选择墨水瓶工具填充其描边颜色。

3. 设计阴影文字

制作流程：

（1）导入背景图片，新建一个图层。

（2）在新的图层上创建一个文本，设置文本属性，并输入文本内容。

（3）为文本添加滤镜效果。

本章将主要介绍元件的概念以及它与实例之间的关系。元件是存放在库中可以重复使用的图形、按钮或动画。使用元件可以使动画编辑变得更简单，创建交互动画变得更容易。掌握元件的各种操作，体会使用元件的意义，熟悉三种元件类型各自的特性，使它们的特性可以得到充分的发挥。合理地利用元件、库和实例，可以提高制作影片的效率。

11 chapter

元件、实例和库资源

学习目标

- 了解元件、库和实例
- 了解元件的创建和管理，认识"库"面板
- 熟悉管理和使用"库"面板
- 掌握实例的创建与编辑

精彩推荐

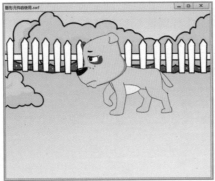

⚠ 图形元件的使用

⚠ 影片剪辑元件的使用

元件和库的概述

> Flash的"库"面板用于存储在Flash创作环境中创建或在文档中导入的媒体资源。在Flash中可以直接创建矢量插图或文本；导入矢量插图、位图、视频和声音或创建元件等。

在制作Flash动画时，经常需要将所绘制的文件整合到一起。这时候就需要一个管理者，在Flash中把这个管理者叫做"库"，"库"面板就是管理和存放Flash的。我们把存放在"库"中的对象称为元件。

元件是指创建一次即可多次重复使用的图形、按钮、影片剪辑或文本。使用库管理这些资源可以省去很多重复操作和其他一些不必要的麻烦。另外，使用库最大程度上减小动画文件的体积也具有决定性的意义，充分利用库中包含的元素可以有效地控制文件的大小，便于文件的传输和下载。Flash中的库包括两种：当前编辑文件的专用库和Flash自带的库，这两种库有着相似的使用方法和特点，但也有很多的不同点。

在操作过程中，库是使用频率最高的面板之一，用来存放各种元件，并对元件进行查看、新建、删除、编辑和归类等操作。"库"面板可以随意移动，放置在想要的位置，还可以设置大小模式。灵活使用库与合理管理库对制作动画是极其重要的。下面对"库"面板进行介绍。

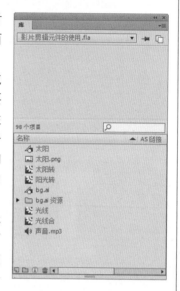

1. 标题栏

标题栏中显示当前库的标题，从中可以看出是通用库还是专用库。另外，在标题栏的最右端有一个下拉菜单按钮，单击后，可以在下拉菜单中选择并执行相应的命令。用户可以通过单击标题栏上的"折叠为图标"按钮将窗口收起或者放下。

2. 预览窗口

单击选定列表栏中的某一个文件，在列表栏上面的预览窗口中即可对其进行预览，如果选定的是一个多帧动画文件，还可以通过预览窗口右上角的播放和停止按钮观看它的播放效果。

3. 列表栏

在列表栏中，列出了库中包含的所有元素的各种属性，包括名称、文件类型、使用次数、链接情况和修改日期5项。列表中的内容既可以是单个的文件，也可以是文件夹，用于存放同类的或者有相互联系的文件。

4. "新建元件"按钮

该功能相当于"插入新元件"命令。单击该按钮后，会弹出"创建新元件"对话框，可以为新元件命名并选择其类型。

5. "新建文件夹"按钮

为了方便对包含文件较多的库进行管理，可以将类似或相互关联的文件存放在一个文件夹中，单击该按钮可在库列表中新建一个等待命名的文件夹。

6."属性"按钮

单击该按钮可查看和修改库中文件的属性。

7."删除"按钮

单击该按钮可以删除库文件列表中的文件或文件夹。选定库中的某个文件或文件夹后，单击该按钮即可将其删除。

8."名称"区域

单击"名称"区域右侧下三角按钮，会将列表栏中当前的排列顺序颠倒排列。

9."新建库面板"按钮

单击该按钮，即可新建一个"库"面板。

UNIT 46 元件的创建

用户可以通过舞台上选定的对象来创建元件；也可以创建一个空元件，然后在元件编辑模式下制作或导入内容；还可以在 Flash 中创建字体元件。元件拥有 Flash 能够创建的所有功能，包括动画，通过使用包含动画的元件，可以创建包含大量动作的 Flash 应用程序，同时最大程度地减小文件大小。

创建元件的方法有两种，一种是直接在舞台上按【Crtl+F8】组合键（创建新元件），另一种是在舞台上绘制一个形状，然后按【F8】键（转化为元件）。元件的类型分为三种，分别为图形元件、按钮元件和影片剪辑元件。

创建图形元件

图形元件可用于静态图像，并可用来创建链接到主时间轴的可重用动画片段。图形元件与主时间轴同步运行。由于没有时间轴，图形元件在FLA文件中的尺寸小于按钮或影片剪辑。

实训项目 图形元件的创建

创建图形元件的具体操作步骤如下：

01 执行"文件>新建"命令，新建一个文件并将其保存。执行"文件>导入>导入到舞台"命令，导入相应的图像。

02 执行"插入>新建元件"命令，弹出"创建新元件"对话框。在"类型"下拉列表中选择"图形"选项。

03 单击"确定"按钮，进入元件编辑模式，选择工具箱中的钢笔工具，绘制一条路径。

04 将路径的笔触颜色设置为"#66CCFF"，笔触大小设置为20，"样式"设置为"点刻线"。

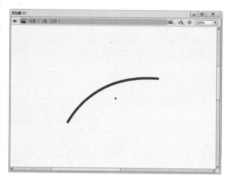 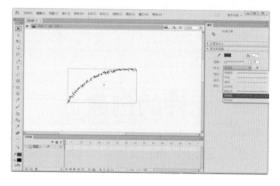

05 选择工具箱中的文本工具，在刚刚绘制的对象上输入文本。

06 在"属性"面板中调整文本的属性，调整其字体、大小、颜色等。

07 选择文本，将文本打散为形状，使用任意变形工具中的扭曲工具，为文字调整形状。

08 返回场景一，将制作好的元件拖至舞台的合适位置。

创建影片剪辑元件

影片剪辑是用来制作可以重复使用的，独立于影片时间轴的动画片段。影片剪辑可以包括交互式控制、声音、甚至其它影片剪辑实例，也可以把影片剪辑实例放在按钮元件的时间轴中，以创建动画。

实训项目 影片剪辑元件的创建

创建影片剪辑元件的具体操作步骤如下：

01 执行"文件>新建"命令，新建一个文件。执行"文件>导入>导入到舞台"命令，导入相应的图像。

02 新建一个图层，执行 "插入>新建元件"命令，弹出"创建新元件"对话框，选择"影片剪辑"选项，设置元件名称为"走动的鸭子"，单击"确定"按钮，进入影片剪辑编辑区。

03 将"鸭子走路逐帧动画"文档在Flash中打开。选中图层中的所有帧，按下【Ctrl+C】组合键，进行复制操作。

04 选择"影片剪辑元件"文档，在新建图层的帧上右击并选择"粘贴帧"命令。将复制好的帧粘贴到此影片剪辑之内。

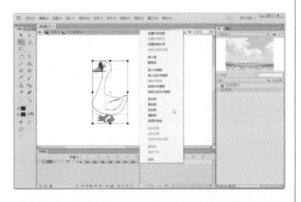

05 单击"场景1"回到场景，在"库"面板中将"走路的鸭子"元件拖拽到舞台上。

06 选择任意变形工具，调整"走路的鸭子"的大小，将其摆放到舞台的中间，最后按【Ctrl+Enter】组合键预览影片。

创建按钮元件

按钮元件实质上是一个4帧的交互影片剪辑。可以根据按钮出现的每一种状态，显示不同的图像、响应鼠标动作和执行指定的行为。可以通过在四帧时间轴上创建关键帧，指定不同的按钮状态。

以下介绍四种不同的按钮状态：

"弹起"表示光标不在按钮上时的状态。

"指针经过"表示光标放置在按钮上面时的状态。

"按下"表示单击按钮时的状态。

"点击"表示设定对单击动作做出反应的区域。

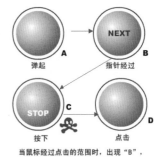

当鼠标经过点击的范围时，出现"B"，
当鼠标按下的时候，出现"C"，
当鼠标不动时，则保持"A"

实训项目 按钮元件的创建

创建按钮元件的具体操作步骤如下：

01 打开Flash软件，设置文档属性，设置其舞台大小、帧频、颜色等。

02 执行"插入>新建元件"命令，在弹出的对话框中输入元件名称。

03 选择元件类型为"按钮"，单击"确定"按钮，进入按钮元件的编辑模式。

04 每一帧的名称都对应着每一帧的动作，来控制按钮的弹起、按下等状态。

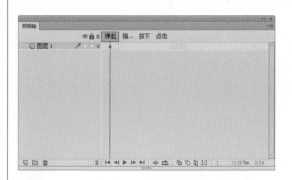

UNIT 47 元件的编辑

　　Flash 提供了 3 种方式编辑元件，即在当前位置编辑元件、在新窗口中编辑元件和在元件编辑模式下编辑。编辑元件时，Flash 将更新文档中该元件的所有实例，以反映编辑结果，可以使用任意绘图工具、导入介质或创建其他元件的实例。

在当前位置编辑元件

　　使用"在当前位置编辑"命令，可以在该元件和其他对象放在一起的舞台上编辑它，其他对象以灰色方式出现，从而将它们和正在编辑的元件区分开来。

实训项目 快速编辑元件

　　当前位置编辑元件的具体操作步骤如下：

01 在舞台上双击该元件的一个实例，或者在舞台中选择该元件的一个实例。

02 执行"编辑>在当前位置编辑"命令，进入元件编辑模式。

03 根据需要编辑元件，在"属性"面板中调整元件的属性，包括位置坐标、大小等。

04 在"属性"面板调整元件的其他属性，颜色样式有4种不同的颜色样式可选。

05 在"属性"面板也可以调整元件的播放模式。

06 执行"编辑>编辑文档"命令，进入主场景中。

在新窗口中编辑元件

　　使用"在新窗口中编辑"命令，可以在一个单独的窗口中编辑元件。在单独的窗口中编辑元件时，可以同时看到该元件和主时间轴，正在编辑的元件名称会显示在舞台上方的编辑栏中。

实训项目 新窗口中编辑元件实例操作

　　在新窗口中编辑元件的具体操作步骤如下：

01 在舞台上选择该元件的一个实例，并单击鼠标右键，从弹出的快捷菜单中选择"在新窗口中编辑"命令。

02 打开一个新窗口，根据需要编辑元件。编辑完毕后单击标题栏上的"关闭"按钮，关闭新窗口，返回到主场景中。

在编辑模式下编辑元件

除了前面介绍的元件编辑方式外，用户还可以采用在编辑模式下编辑元件。

实训项目 启用元件编辑模式

下面将介绍如何在编辑模式下编辑元件。

01 使用元件编辑模式，可以将窗口从舞台视图 更改为只显示该元件的单独视图来编辑它。正在编辑的元件名称会显示在舞台上方的编辑栏中，位于当前场景名称的右侧。

02 在舞台上双击该元件的一个实例，或在舞台中选择该元件的一个实例，执行"编辑>编辑元件"命令，进入元件编辑模式，根据需要在舞台上编辑该元件。

UNIT 48 创建与编辑实例

创建元件之后，可以在文件中任何需要的地方创建该元件的实例。当修改元件时，Flash 会更新该元件的所有实例。在创建了元件的实例后，可以使用"属性"面板来指定颜色效果、指定动作、设置图形显示模式或更改实例的行为。所做的任何更改都只影响实例，并不影响元件。当创建影片剪辑和按钮实例时，Flash 将为它们指定默认的实例名称，也可以在"属性"面板中将自定义的名称应用于实例。

创建实例

在Flash中可以创建的元件有图形元件、按钮元件和影片剪辑元件。每个元件都有自己的时间轴，场景和完整的图层。将"库"面板的元件拖拽到舞台上，元件就转变成实例了。实例是元件在舞台上的具体应用，利用同一个元件可以创建若干个不同颜色、大小和功能的实例。

一般来说，将一个元件应用到场景中时，在场景时间轴上只需一个关键帧就可以将元件的所有内容都包括进来，如按钮元件实例、动画片段实例及静态图片等。但要想完全引入动态图片元件的内容，就必须将元件中的帧全部添加到场景时间轴上，当然也可以选取一部分内容添加到场景的时间轴上。

创建实例的具体操作步骤如下：

01 打开"图形元件的使用"Flash文件，将库面板中的背景元件拖至舞台合适位置。

02 执行"插入>新建元件"命令，新建一个图形元件，命名为1，绘制一只行走状态的小狗。

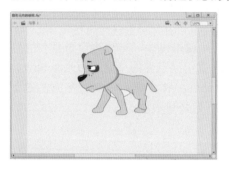

03 之后每隔两帧插入一个关键帧。在舞台上逐帧绘制小狗的行走。小狗的行走有一定的动画规律，只要绘制到第24帧即可。

04 返回场景一，新建图层将库中的图形元件1拖至舞台合适位置。选择背景按下【F8】，将其转化为图形元件。

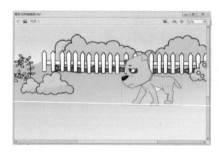

05 选择背景所在的图层，在第85处插入关键帧，并将背景向右移动。在第1~85帧之间创建传统补间动画。

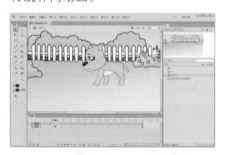

06 至此图形元件的动画制作完成，按【Ctrl+Enter】键浏览动画效果。

设置实例的颜色样式

每个元件实例都可以有自己的色彩效果，在"属性"面板中可以设置实例的颜色和透明度。当在特定帧中改变一个实例的颜色和透明度时，Flash会在显示该帧时立即进行更改。要进行渐变颜色的更改需应用补间动画，当补间颜色时，在实例的开始关键帧和结束关键帧中输入不同的效果设置，然后补间这些设置，以让实例的颜色随着时间逐渐变化。

实训项目 实例的设置

设置实例的颜色样式具体操作步骤:

01 打开Flash文件,在舞台中选择任意一个实例,在"属性"面板中设置参数。

02 在"属性"面板的"样式"下拉列表中有四个选项可供选择,分别是亮度、色调、Alpha以及高级。

03 在"属性"面板中设置实例的透明度,将Alpha值更改为70%,元件就会变透明。

04 按下【Ctrl+Enter】组合键,查看影片并测试其效果。

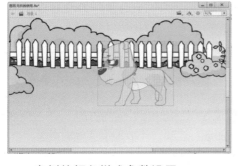

实例的颜色样式参数设置:

(1) 亮度

调节图像的相对亮度或暗度,度量范围是从黑(-100%)到白(100%)。若要调整亮度,请单击此并拖动滑块,或者在数值框中输入指定值。

(2) 色调

用相同的色相为实例着色,可在"属性"面板中单击并拖动色调滑块,或者在数值框中输入指定值。若要选择颜色,在相应数值框中输入红、绿和蓝色的值;或单击"着色"控件,然后从"颜色选择器"中选择一种颜色。

（3）Alpha

调节实例的透明度，调节范围为透明（0%）到完全饱和（100%）。若要调整Alpha值，请单击并拖动滑块，或者在数值框中输入指定值。

（4）高级

分别调节实例的红色、绿色、蓝色和透明度值。对于在位图对象上创建和制作具有微妙色彩效果的动画，此选项非常有用。左侧的控件可以按指定的百分比降低颜色或透明度的值，右侧的控件可以按照数值增大颜色或透明度的值。

改变实例的类型

当在舞台上创建实例后，该实例最初的属性都继承了其链接的元件类型。通过改变实例的类型可以重新定义它在Flash应用程序中的行为。

实训项目 实例类型的改变

下面将介绍如何改变Flash动画中实例的类型。

01 打开"图形元件的使用"Flash文件，在舞台中选择图形元件1。

02 从"属性"面板中的"实例行为"下拉列表中选择"图形"选项，可以改变实例的类型。

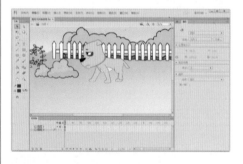 

交换元件

当在舞台上创建实例后，也可以为实例指定另外的元件，令舞台上出现一个完全不同的实例，而原来的实例属性不会改变。

实训项目 交换元件

为实例指定不同元件的操作步骤如下：

01 选取舞台上的实例，打开该实例的"属性"面板，然后单击"交换"按钮，则弹出"交换元件"对话框。

02 从元件列表中选择想替换的元件，在左侧的预览中可以显示出该元件的缩览图，单击"确定"按钮即可。

复制元件

　　若想复制元件，直接单击交换元件缩览图底部的"直接复制元件"按钮，即可复制元件。交换元件后，原有属性仍然保留，并对新元件实例起相同的作用。

　　实例的属性是和实例保存在一起的，如果对实例进行了编辑或者将实例重新链接到其他的元件，任何已修改过的实例属性将依然作用于实例本身。

UNIT 49 "库"面板的常用操作

　　"库"面板是 Flash 影片中所有可以重复使用的储存仓库，各种元件都放在"库"面板中，在使用时从该面板中直接调用即可。用户可以在"库"面板中预览动画，而无须打开此动画。此外，用户还可以使用来自其他动画的元件。

库项目与库文件夹

　　当库项目繁多时可以利用库文件夹对其进行分类整理，"库"面板中可以同时包含多个文件夹，但不允许文件夹使用相同的名字，下面介绍文件夹与库项目之间的关系和文件的操作方法。

1. 将库项目置于库文件夹中

01 在"库"面板中单击面板下方的"新建文件夹"按钮，建立一个新的文件夹，并且将命名文件夹的名称。

02 选中库中的项目将其拖动至所属文件夹上，释放鼠标，完成将此项目置于文件夹中。

2. 将库项目移出库文件夹

　　将文件夹展开，选择要移出的项目，直接将元素拖出文件夹即可，如下左图所示。

3. 重命名文件夹

　　在"库"面板中选择文件夹并右击，在弹出的快捷菜单中选择"重命名"命令，即可更换文件夹的名称，如下中图所示。

4. 删除文件夹

　　在"库"面板中去掉不需要的文件夹时，可以直接右击该文件夹，在弹出的快捷菜单中选择"删除"命令即可，如下右图所示。

　　在"库"面板中文件夹可以包含文件夹，被包含在文件夹内的文件夹称为"子文件夹"，用户也可以对子文件夹内的元件进行整理。

库元素的应用

　　在Flash中不仅可以使用本文档库中的元件元素，还可以调用其他库中的元素，这样可以方便动画的制作。

实训项目　库资源的应用

　　下面将详细介绍如何使用Flash中的库资源。

01 打开一个Flash文档，按下【F11】键将其"库"面板打开。同时，选中另外一个Flash文档也在Flash中打开，这时就可以调用库中的元素了。

02 在"库"面板中选择另外一个文档的库，选择其中的库元素，直接将其拖到舞台上，即可完成元素的调用。

UNIT 50 应用并共享库资源

在创建或运行Flash文档时，可以使用共享库资源向文档添加元件。通过这些共享库资源，可以在多个目标文档中使用该资源。库中的文件夹和文件包含了当前编辑环境下所有的元件、声音、导入的位图和其他对象、声音、视频等。用户可以使用两种方法来共享库资源。

对于运行时的共享资源，源文档的资源是以外部的形式链接到目标文档中的。运行时资源在文档回放期间加载到目标文档中。在制作目标文档时，包含共享资源的源文档并不需要在本地网络上以供使用。但是为了让共享资源在运行时可供目标文档使用，源文档必须发布到URL上。

对于创建期间的共享资源，可以用本地网络上任何其他可用元件来更新和替换正在创建的文档中的任何元件，也可以在创作文档时更新目标文档中元件。目标文档中的元件保留了原始名称和属性，但其内容会被更新或替换为所选择元件的内容。

例如，为了在多个目标影片中使用源影片的资源，可以采用以下两种方式共享库资源。

1. 运行时共享

源影片的资源被链接为外部文件，资源在电影播放的时候加载到目标影片中。为了使共享资源在运行时可供目标影片使用，源影片必须发布到URL地址上。

2. 编辑时共享

用户可以使用本地网络上的任何其他元件，来更新或替换正在编辑的影片中的任何元件。目标影片中的元件将被用户选择的元件替换掉。

实训项目 库资源的共享

若要定义源文档中资源的共享属性，并使该资源能够链接到目标文档以供浏览，需在"元件属性"对话框或"链接属性"对话框中进行设置，具体操作步骤如下。

01 打开源文档，执行"窗口>库"命令，打开"库"面板，并选择其中的元件。

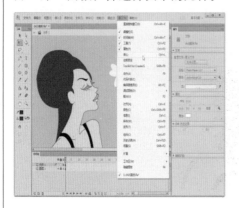

02 单击"库"面板中的"属性"按钮，弹出"元件属性"对话框，单击"高级"下三角按钮。

03 在对话框中勾选"为运行时共享导出"复选框，URL文本框中输入包含共享库资源文件的地址。设置完毕后单击"确定"按钮，即可定义共享库资源。

网页中浏览按钮的制作

通过对库、元件以及实例的学习，用户掌握了元件的创建、编辑以及库面板的管理。通过下面的案例，可进一步加深用户对元件的认识和理解，掌握元件的使用。下面将对按钮的制作过程进行详细介绍：

01 打开"按钮元件"Flash文档。将库中的"图片1"拖至舞台合适位置，并将该图片转换为图形元件，命名为"图1"。

02 在第56帧处插入空白关键帧。将库中的"图片2"拖至舞台合适位置，并将该图片转换为图形元件，命名为"图2"。

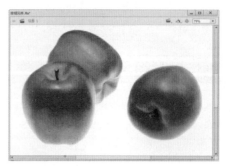

03 在第111帧处插入空白关键帧。将库中的"图片3"拖至舞台合适位置，并将该图片转换为图形元件，命名为"图3"。

04 在第166帧处插入空白关键帧。将库中的"图片4"拖至舞台合适位置，并将该图片转换为图形元件，命名为"图4"。

05 在第221帧处插入空白关键帧。将库中的"图片5"拖至舞台合适位置，并将该图片转换为图形元件，命名为"图5"。并在第275帧处插入普通帧。

06 在"图层1"上方新建"图层2"。使用椭圆工具绘制一个紫红色的小圆形，并将圆形转化为按钮元件，按住【Alt】键拖拽，复制4个按钮元件。

07 选择最左侧的按钮，在"属性"面板中，输入实例名称button1。

08 从左往右依次选择按钮命名，依次名为button2、button3、button4、button5。

09 在"图层2"上方新建"图层3"。使用文本工具依次为按钮元件编号，输入数字。

10 在时间轴上，选择"图层2"、"图层3"的第275帧处插入普通帧。

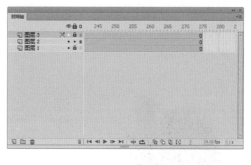

11 在"图层3"上方新建"图层4"。在第一帧处右击，选择"动作"命令，在弹出的对话框中输入代码。

12 在"图层4"上方新建"图层5"。将库中的音乐元件拖至舞台，为该案例添加背景音乐。

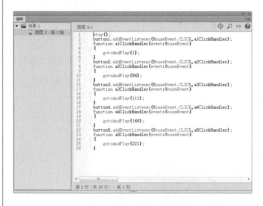

13 该案例制作完成，按【Ctrl+Enter】组合键导出动画。

14 动画播放时，按下面的5个按钮会立刻跳转到按钮对应的图片。

UNIT 52 网页中动画特效的制作

下面将以网页中细小的动画特效制作为例，来介绍影片剪辑元件的制作过程。

01 打开素材文件"影片剪辑元件的使用"，将库中的背景拖至舞台合适位置。

02 新建图层"阳光"。在该图层上绘制一个矩形，调整矩形的形状，设置填充颜色为黄色到透明的渐变。

03 选择绘制好的矩形，将其转化为元件。按住【Alt】键拖拽，复制几个矩形，使其围绕一点圆形排列。

04 选择所有的太阳光线，将其转化为元件，命名为"光线合"。

05 选择"光线合"元件，按下【F8】键将其转化为影片剪辑元件，命名为"阳光转"。

06 双击进入元件编辑区，在第250帧处插入关键帧，并创建传统补间动画。

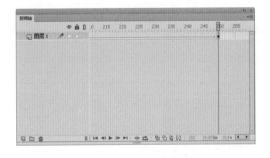

07 单击在第1~250帧中的任意一帧，在"属性"面板的"补间"选项区域中，设置旋转为逆时针旋转，旋转次数设置为1。

08 返回场景一，在"阳光"图层上新建图层"太阳"，将库中的"太阳"图片拖至舞台合适位置。

09 选择舞台上的"太阳",将其转化为图形元件,元件名为"太阳"。

10 选择"太阳"元件,按下【F8】键将其转化为影片剪辑元件,命名为"太阳转"。

11 双击进入元件编辑区,在第200帧处插入关键帧,并创建传统补间动画。

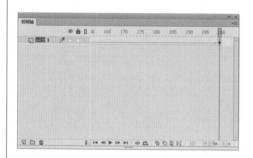

12 单击在第1~200帧中的任意一帧。在"属性"面板的"补间"选项区域中,设置旋转为顺时针旋转,旋转次数设置为1。

13 返回场景一,选择"太阳转"元件,在"属性"面板的"滤镜"选项区域中,进行相关设置。

14 使用同样的方法,为"阳光转"元件添加滤镜。

15 在所有图层上方新建图层"声音",将库中的声音元件拖至舞台。为动画添加背景音乐。

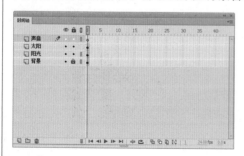

16 动画制作完成,按下【Ctrl+Enter】组合键,导出动画并预览。

秒杀 应用疑惑

01 如何将舞台对象转换为新元件？

将舞台对象转换为新元件的操作如下：

（1）选取舞台对象，执行"修改 > 转换为元件"命令，弹出"转换为元件"对话框，进行操作设置。

（2）在"名称"文本框中输入元件的名称，在"类型"下拉列表中选择转换为元件的类型。

（3）在"对齐"设置区中确定元件对齐点的位置，作为元件缩放或旋转的中心。

（4）单击"确定"按钮，所选对象即被转换为元件，并被增加到"库"面板中。

02 在当前位置编辑元件与在新窗口中编辑元件有什么区别？

在原工作区中编辑元件，舞台上其他对象都变为灰色，不可以被编辑。在元件编辑状态中，编辑内容所在的位置与元件在工作区中所在的位置是一样的。在舞台上进行元件编辑和进行实例编辑，界面非常相似，不同的是进行元件编辑时其他对象是灰色的，进行实例编辑时其他对象不发生变化。所以在舞台上进行编辑时，一定要注意是对元件进行编辑，还是对实例进行编辑，以防进行错误操作。

03 在使用外部库中的元件时，为什么总会弹出一个解决冲突的对话框？

在导入另外一个文件库时，这个外部库中的对象和当前文件有重名现象，把这个对象拖到舞台上时，系统就会提示，是不是要覆盖原有元件，一般情况下，选择覆盖。也可对原有库对象的名称重新命名，在重新把这个外部库的对象拖到舞台上。

04 如何查看实例信息？

在影片源文件中，区别舞台上众多元件实例的个性特征是比较困难的，为此可以使用"属性"面板、"信息"面板或"影片浏览器"等对实例进行鉴别。

当选择了舞台上的一个实例时，它们的特征信息将反映在"属性"面板和"信息"面板中，

如实例的名称、实例的类型（图形、按钮或影片剪辑），如右图所示。

在"属性"面板中可以看到实例的类型、颜色、位置、大小和实例对应的元件等。

对于图形元件的实例，面板中还有循环模式和包含该图形的帧序列的起始帧号。对于按钮元件和影片剪辑元件的实例，则可利用面板中的实例名称文本框为实例命名。

1. 制作网页中导航按钮

制作流程：

（1）导入背景，绘制导航图标。

（2）执行"修改>转换为元件"命令。

（3）在弹出的对话框中选择"按钮"选项。

（4）进入元件编辑区，编辑和设定按钮元件。

（5）依次将导航按钮制作完成。

2. 设计节日贺卡

制作流程：

（1）导入背景图片。

（2）选择文本工具后，输入文本。

（3）复制元件并对其大小进行设置。

（4）在"属性"面板中选择样式，改变元件的透明度。

3. 设计广告动画

制作流程：

（1）导入背景。

（2）选择文本工具并输入文本。

（3）制作文本动画。

（4）在"属性"面板中选择样式，改变元件的透明度。

本章将介绍声音的基础知识，在Flash中导入和编辑声音，优化和输出声音以及导入视频等内容。通过本章学习，使用户理解声音和视频也是动画制作中不可缺少的元素，掌握音频与视频的导入，熟悉音频与视频的格式以及用法，使它们能在制作动画时充分发挥作用。

12 chapter 为动画添加声音和视频特效

|学习目标|

- 了解声音基础知识
- 了解声音的类型
- 熟悉Flash中声音的应用和对声音的优化
- 掌握Flash中视频的应用

精彩推荐

△ 导入声音文件

△ 嵌入视频文件

UПIT 53 声音在Flash中的应用

在 Flash 动画作品中，仅有动感元素是远远不够的，音视频的支持同样是不可缺少的。声音是构成动画的重要组成部分，因此处理声音尤为重要。计算机中处理声音，最基本的操作是采样。声音是以赫兹（Hz）为单位的，在采样中，每秒钟的采样数量（即采样率）和采样的波形值（采样尺寸）就决定了声音的质量。

由于Flash设计的初衷是提供网络应用的多媒体集成元素，所以它对声音和视频的支持是非常好的，不但可以将声音做大幅度的压缩，而且改进了视频导入工具。它能创建、编辑和部署流和渐进式下载的Flash Video。

Flash提供了许多使用声音的方式，可以使声音独立于时间轴连续播放，或使动画与一个声音同步播放，还可以向按钮添加声音，使按钮具有更强的感染力。另外，通过设置淡入淡出等效果可以使声音更加优美，通过自带的压缩功能，可以更好地提高作品质量。由此可见，Flash对声音的支持已经达到了新的高度。

了解声音的两种类型

Flash中声音的使用类型有两种：流式声音和事件声音。"事件声音"必须在播放之前完全下载，它可以持续播放，直到有明确的指令时才停止播放。事件声音常常附着在按钮上，使按钮更具交互性。"流式声音"只需要下载开始的帧就可以播放，并且能和Web上播放的时间轴同步，通常流式声音被用来做背景音乐。

导入声音

只有将外部的声音文件导入到Flash后，才能在Flash作品中加入声音效果。能直接导入Flash的声音文件类型，主要有WAV和MP3两种格式。另外，如果系统上安装了QuickTime 4或更高的版本，就可以导入AIFF格式和只有声音而无画面的QuickTime影片格式。

实训项目 声音的导入

下面通过操作来介绍将声音导入Flash动画中的方法。

01 选择"文件>导入>导入到库"命令，弹出"导入到库"对话框，从中选择要导入的声音文件，单击"打开"按钮将声音导入。

02 等待一段时间后，导入的声音就可以在
"库"面板中看到，声音文件就可以像其他元件
一样使用了。

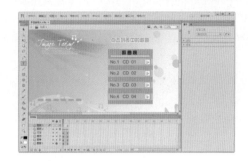

引用声音

无论是采用导入舞台还是导入到库的方法，将声音从外部导入Flash中后，时间轴并没有发生任何变化。必须引用声音文件，声音对象才能出现在时间轴上，才能进一步应用声音。

实训项目 声音的引用

下面将详细介绍如何引用库中的音频文件。

01 打开一个Flash影片文档，新建一个图层，将其重新命名为"声音"，选择第1帧，然后将"库"面板中的声音对象拖放到场景中。

02 这时会发现"声音"图层第1帧出现一条短线，这其实就是声音对象的波形起始点，任意选择后面的某一帧，按下【F5】键，就可以看到声音对象的波形。

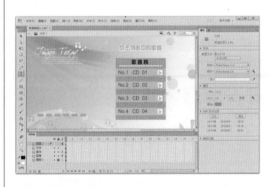

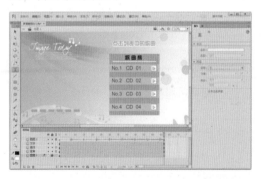

通过上述操作，即可将声音引用到"声音"图层，按下键盘上的回车键，即可听到声音，如果想听到效果更为完整的声音，可以按下【Ctrl+Enter】组合键。

TIP 添加声音时必须为声音创建一个单独的图层，然后通过"属性"面板设置声音选项。如果希望声音从某帧开始播放时，必须将此帧设为当前帧。将声音拖拽到舞台，声音自动显示在图层上。

在Flash中编辑声音

选择刚导入的"声音"图层，打开"属性"面板，可以设置和编辑声音对象的各种参数。下面对"属性"面板中"声音"选项区域进行介绍：

- "名称"选项：所选声音的名称。

- "效果"选项：从中可以选择一些内置的声音效果，比如声音的淡入、淡出等效果。
- "编辑"按钮：单击该按钮可以进入到声音的编辑对话框中，对声音进行进一步的编辑。
- "同步"选项：选择声音和动画同步的类型，默认的类型是"事件"类型。另外，还可以设置声音重复播放的次数。

运用到时间轴上的声音，往往还需要在声音的"属性"面板中对它进行适当的设置，才能更好地发挥声音的效果。下面详细介绍有关声音属性设置以及对声音进一步编辑的方法。

1."效果"选项

在时间轴上，选择包含声音文件的第一个帧，在声音的"属性"面板中，打开"效果"列表，可以用该列表设置声音的效果，如右图所示。

- "无"选项：不对声音文件应用效果，选择此选项将删除以前应用过的效果。
- "左声道"/"右声道"选项：只在左或右声道中播放声音。
- "向左淡出"/"向右淡出"：会将声音从一个声道切换到另一个声道。
- "淡入"选项：会在声音的持续时间内逐渐增加其幅度。
  "淡出"选项：会在声音的持续时间内逐渐减小其幅度。
- "自定义"选项：可以使用"编辑封套"创建声音的淡入和淡出点。

2."同步"属性

在"同步"列表中可以设置"事件"、"开始"、"停止"和"数据流"四个同步选项，如右图所示。

- "事件"选项：会将声音和一个事件的发生过程同步起来。事件与声音在它的起始关键帧开始显示时播放，并独立于时间轴播放完整的声音，即使SWF文件停止执行，声音也会继续播放。当播放发布的SWF文件时，事件与声音混合在一起。
- "开始"选项：与"事件"选项的功能相近，但如果声音正在播放，使用"开始"选项则不会播放新的声音实例。
- "停止"选项：将使指定的声音静音。
- "数据流"选项：将强制动画和音频流同步。与事件声音不同，音频流随着SWF文件的停止而停止。而且，音频流的播放时间绝对不会比帧的播放时间长。当发布SWF文件时，与音频流混合在一起。

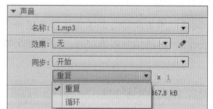

此外，可以设置"同步"选项中的"重复"和"循环"属性。为"重复"选项输入一个值，以指定声音应循环的次数，或者选择"循环"选项以连续重复播放声音，如右图所示。

3."编辑声音封套"按钮

单击该按钮可以利用Flash中的声音编辑控件编辑声音。虽然Flash处理声音的能力有限，无法与专业的声音处理软件相比，但是在Flash内部还是可以对声音做一些简单的编辑，实现一些常见的功能，比如控制声音的播放音量、改变声音开始播放和停止播放的位置等。

单击该按钮，将弹出"编辑封套"对话框，如右图所示。"编辑封套"对话框分为上下两部分，上面的是左声道编辑窗口，下面的是右声道编辑窗口。在其中若要改变声音的起始和终止位置，可拖动"编辑封套"中的"声音起点控制轴"和"声音终点控制轴"调整声音的起始位置。

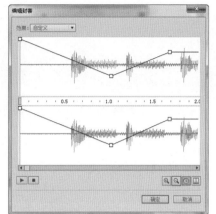

其中，白色的小方框称为节点，用鼠标上下拖动它们，改变音量指示线垂直位置，这样，可以调整音量的大小，音量指示线位置越高，声音越大，用鼠标单击编辑区，在单击处会增加节点，用鼠标拖动节点到编辑区的外边。

单击"放大"或"缩小"按钮，可以改变窗口中显示声音的范围。若要在秒和帧之间切换时间单位，则可以单击"秒"和"帧"按钮。当单击"播放"按钮，便可以试听编辑后的声音。

UNIT 54 Flash中声音的优化与输出

为了减小动画文件，要对声音文件进行优化与压缩，然后再设置导出声音。采样比例和压缩程度会影响到导出的 SWF 格式文件中声音的品质和大小，所以应当通过对声音优化来调节声音品质和文件大小，以达到最佳平衡。

优化声音

当声音较长时，生成的动画文件就会很大，需要在导出动画时压缩声音，获得较小的动画文件，便于在网上发布。当输出动画时，Flash会采用很好的方法对输出文件进行压缩，包括对文件中声音的压缩。如果对压缩比例要求得很高，就可以直接在"库"面板中对导入的声音进行压缩。

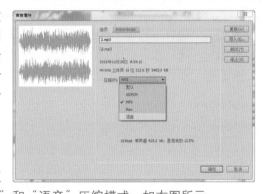

在"库"面板中直接将声音压缩的操作很简单。首先双击"库"面板中的声音图标，打开"声音属性"对话框，用户便可以对声音进行"压缩"了，在"压缩"下拉列表中有"默认"、ADPCM、MP3、"原始"和"语音"压缩模式，如右图所示。

这里重点介绍MP3压缩选项，因为这个选项最为常用而且对其他的设置也极具代表性。通过学习可以达到举一反三效果，并能掌握其他压缩选项的设置。

1. 进行MP3压缩设置

如果要导出一个以 MP3 格式导入的文件，可以使用与导入时相同的设置来导出文件，在"声音属性"对话框中，从"压缩"列表中选择MP3选项，勾选"使用导入的MP3品质"复选框。

这是一个默认的设置，如果不在"库"里对声音进行处理的话，声音将以这个设置导出。如果不想使用与导入时相同的设置来导出文件，那么可以在"压缩"下拉列表中选择MP3后，只要取消勾选"使用导入的MP3品质"复选框，就可以重新设置MP3压缩设置了。

2. 设置比特率

"比特率"选项用于确定导出的声音文件中每秒播放的位数。Flash支持8 Kbps到160 Kbps（恒定比特率）的比特率。

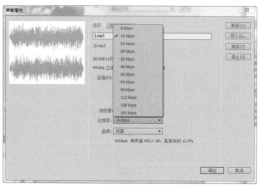

在"声音属性"对话框中设置的比特率越低，声音压缩的比例就越大，但比特率的设置值不应该低于16 Kbps。如果这里将声音的比特率设置过低，将会严重影响声音文件的播放效果。因此应该注意根据需要选择一个合适值，在保证良好播放效果的同时尽量减小文件的大小。

3. 设置"预处理"选项

勾选"将立体声转换为单声道"复选框，表示将混合立体声转换为单声（非立体声）。这里需要注意的是，"预处理"选项只有在选择的比特率为20 Kbps 或更高时才可用。

4. 设置"品质"选项

选择一个"品质"选项，以确定压缩速度和声音品质：
- 选择"快速"选项：压缩速度较快，但声音品质较低。
- 选择"中"选项：压缩速度较慢，但声音品质较高。
- 选择"最佳"选项：压缩速度最慢，但声音品质最高。

5. 进行压缩测试

在"声音属性"对话框里，单击"测试"按钮，播放声音一次。如果要在结束播放之前停止测试，请单击"停止"按钮。如果感觉已经获得了理想的声音品质，可以单击"确定"按钮。

除了采样比特率和压缩外，还可以使用下面几种方法在文档中有效地使用声音并减小文件的大小：

第一、设置切入和切出点，避免静音区域保存在Flash文件中，从而减小声音文件的大小。

第二、通过在不同的关键帧上应用不同的声音效果（例如音量封套，循环播放和切入/切出点），从同一声音中获得更多的变化，只使用一个声音文件就可以得到许多声音效果。

输出声音

音频的采样率、压缩率对输出动画的声音质量和文件大小起决定性作用。要得到更好的声音质量，必须对动画声音进行多次编辑。压缩率越大，采样率越低，文件的体积就会越小，但是质量也更差，用户可以根据实际需要对其进行更改。

实训项目 声音的输出

输出声音的具体操作步骤如下：

01 选择"窗口>库"命令，打开"库"面板。

02 在"库"面板中选择音频文件，在喇叭图标上双击，打开"声音属性"对话框。

03 在"压缩"下拉列表中选择文件的格式，如MP3，并设置声音的"比特率"和"品质"。

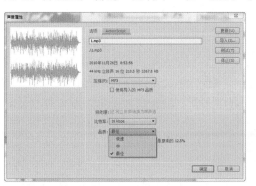

04 单击"测试"按钮，测试音频效果。最后单击"确定"按钮，完成声音的输出设置。

unit 55 在Flash中导入视频

在Flash中，可以导入QuickTime或Windows播放器支持的标准媒体文件。用户不仅可以对导入的视频对象进行缩放、旋转、扭曲和遮罩处理，也可以通过编写脚本来创建视频对象的动画。

Flash播放器加入的Sorenson Spark解码器，可以直接支持视频播放。Flash还支持运行期动态载入JPEG和MP3文件，支持MP3、ADPCM和新的语音音频压缩技术。依据视频文件的格式和导入方法，在Flash中导入的视频可以发布成包含视频的Flash MX动画（.swf）或QuickTime电影（.mov）。

可导入的视频格式

Flash支持导入的视频格式包括：MPEG（运动图像专家组）、DV(数字视频)、MOV （QuickTime电影）和AVI等。如果用户的系统安装了QuickTime 4或更高版本，在Windows和Macintosh平台就可以导入这些格式的视频。如果你的Windows系统只安装了DirectX 7（或更高版本），没有安装QuickTime，则只能导入MPEG、AVI和Windows媒体文件（.wmv和.asf文件）。

导入视频文件

　　Flash包含嵌入视频文件和链接视频文件两种视频文件。嵌入视频文件后视频成为动画的一部分，就像导入的位图一样，然后发布Flash动画（.swf）。而以链接的方式导入的视频不能成为Flash的一部分，而是在保存一个指向的电影链接。

实训项目　链接视频文件

　　下面以具体的实例介绍链接视频文件导入的具体操作方法。

01 新建一个文档，执行"文件>导入>导入视频"命令，选择要导入的视频文件。

02 单击"打开"按钮，导入该视频，在打开的"导入视频"的对话框中，选择"使用播放组件加载外部视频"单选按钮，单击"下一步"按钮。

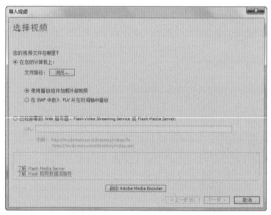

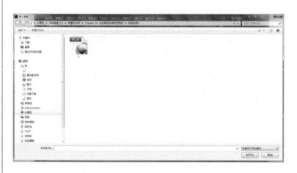

03 设定播放视频的外观样式，在"外观"下拉列表中选择合适的外观，然后单击"下一步"按钮。

04 单击"完成"按钮，完成视频导入，视频就直接被导入到库中。

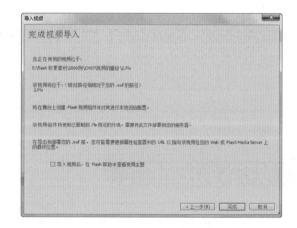

实训项目 嵌入视频文件

下面通过具体的实例，介绍嵌入视频文件导入的操作方法：

01 新建一个文档，执行"文件>导入>导入视频"命令。

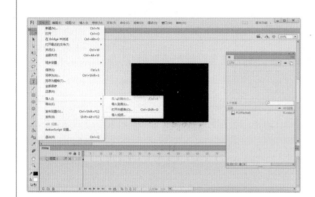

02 打开"导入视频"对话框，选择"在SWF中嵌入FLV并在时间轴中播放"单选按钮，单击"下一步"按钮，进入嵌入面板。

03 设定外观，外观的颜色，单击"下一步"按钮，点击"完成"按钮，完成视频导入。

04 该视频文件会镶嵌在Flash中，在时间轴上将显示该影片。用户可以调整影片的大小或旋转影片，最后预览影片。

01 如何利用键盘控制声音?

Flash中可以利用按钮进行检测来实现响应键盘,在按钮的on事件处理函数中不但可以对鼠标事件作出响应,而且可以对键盘事件作出响应,例如对A键响应检测就可以用on(keyPress "A")。

02 声道控制的原理是什么?

Flash中对声道的控制可以利用soundTransform函数,它的包含了两个内部属性lefttoright和righttoleft分别控制声音的左右声道。

03 声音实现开关的属性设置是什么?

Flash中声音开与关的实现可以通过对声音对象的setVolume属性的改变来实现,该属性用于改变声音的大小音量,所以静音时设置其为setVolume(0),正常时设为setVolume(100)。

04 如何导入音频文件?

在打开Flash文件时,执行"文件>导入>导入到库"命令,弹出"导入到库"对话框,在该对话框中选择相应的音频文件即可。

05 什么是行为?

行为是预先编写的ActionScript脚本,它可以将ActionScript编码的强大功能、控制能力和灵活性添加到文档中,而不必自己创建ActionScript代码。使用行为时,代码将直接置于元件实例(按钮、影片剪辑)上,而不会置于时间轴上。

06 在Flash CC中,如何控制视频的播放?

用户利用FLVPlayback组件可以控制视频播放,或是编写用于在时间轴中控制嵌入视频的视频播放代码。

(1)FLVPlayback组件

可以向Flash文档快速添加全功能的FLV播放控制,并提供对渐进式下载和流式加载FLV或F4V文件的支持。

(2)ActionScript控制外部视频

运行时使用NetConnection和NetStream ActionScript对象,在Flash文档中播放外部FLV或F4V文件。

07 在Flash CC中,能否对声音文件实施裁剪?

导入声音文件并添加到时间轴后,单击该帧,在"属性"面板中单击"编辑声音封套"按钮,打开"编辑封套"对话框。在标尺处拖动滑条,即可改变声音开始播放和停止播放的位置。

1. 添加背景音乐

制作流程：

（1）新建一个Flash文档。

（2）执行"文件>导入>导入到库"命令，在弹出的对话框中选择音乐文件。

（3）新建一个图层，在"库"面板中将声音文件拖拽到舞台中，并同时延长两个图层。

2. 为按钮添加音乐

制作流程：

（1）新建一个文档，并且在舞台中制作几个按钮。

（2）执行"文件>导入>导入到库"命令，在弹出的对话框中选择音乐文件。

（3）双击进入按钮编辑区，新建一个图层。

（4）选择新建图层的第一帧。

（5）在"库"面板中将声音文件拖拽到舞台中，为按钮添加声音即可。

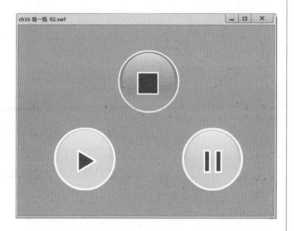

3. 导入视频

制作流程：

（1）新建一个文档。

（2）执行"文件>导入>导入视频"命令，在弹出的对话框中选择视频文件。

Flash是一种交互式动画设计工具，用它可以将音乐、声效、动画以及富有新意的界面融合在一起，制作出高品质的网页动态效果。Flash动画设计的三大基本功能是整个Flash动画设计知识体系中最重要、也是最基础的，包括绘制与编辑图形、补间动画和遮罩动画。这是三个紧密相连的逻辑功能，并且这三个功能自Flash诞生以来就存在。想要制作出精美的网页动画就必须熟练掌握其操作原理，本章将进行详细地介绍。

13
chapter
创建网页动画

▌学习目标▐

- 了解图层的基本知识以及图层的管理
- 了解Flash的基本动画知识
- 熟悉逐帧动画、补间动画的创建和编辑
- 掌握路径动画、遮罩动画的创建方法及应用

精彩推荐

⚐ 引导动画的制作

⚐ 网页片头的制作

UNIT 56 图层基本操作和图层管理

使用图层有许多好处，例如图层可以使影片中的图形对象互相层叠，使整个动画看起 来更有层次感。所以在影片制作过程中，用户可以根据图形和动画的需要，在动画中加入并组织多个图层。在影片中增加层不会改变最终输出的动画文件的大小，但是如果图层过多，会使影片结构零乱，所以使用图层时，应控制好图层的数量。

图层的概念

图层就像透明的胶片，可以帮助组织文件中的插图，也可以记录在图层上绘制和编辑的对象，而不影响其他图层上的对象。如果一个图层上没有内容，就可以透过它看到下面图层中的内容。

Flash是以图层为基本单位来组织影片，在同一图层中不能同时控制多个对象的变化，动画制作者通过增加图层，可以在一图层中编辑运动渐变动画，在另一图层中使用形状渐变动画而互不影响，也正因为如此，才制作出那么多复杂经典的效果。

如果要绘制、上色或者对图层和图层文件夹进行编辑操作，需要先选择该图层或图层文件夹以激活它，同时也激活了此图层包含的所有对象。图层或图层文件夹名称旁边的铅笔图标表示该图层或图层文件夹处于活动状态，一个影片同一时刻只能有一个图层处于活动状态，并且只能对此图层中的内容进行修改，但是可以同时选择多个图层，并移动其中的对象。

创建图层

1．创建新图层

一个复杂的动画不可能只有一个图层，所以必须通过一些操作来增加当前动画的图层。新建图层有以下几种方法。

- 最简单的操作方法是单击"新建图层"按钮，进行创建。
- 选中现有图层的某一层，执行"插入>时间轴>图层"命令，进行创建。
- 选中现有图层的某一层右击，在弹出的快捷菜单中选择"插入图层"命令，进行创建。

新建图层后，系统会给图层添加一个默认的名称，这个名称通常是由"图层+数字"构成的。

当创建一个Flash文件时，系统会自动新建一个图层，这个原始图层的默认名称就是"图层1"，以后每创建一个新图层，数字就会加1。但是当图层数量过多时，要查找某个图层的元件就会很麻烦，可以给每个图层都起一个容易辨认的名称，这样在动画制作中将省去大量的查找时间，极大地提高工作效率。例如用来存放背景的图层就命名为"背景"或者background，如右图所示。

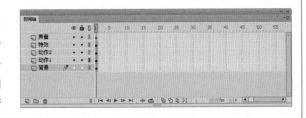

2．创建和编辑图层文件夹

当一个动画中的图层太多时，可以新建图层文件夹，将其进行分类管理。若要创建图层文件夹，可以执行以下操作。

- 在时间轴中选择任意一个图层或文件夹，然后执行"插入>时间轴>图层文件夹"命令，便会在当前选中图层或文件夹上面新建一个文件夹。
- 在任意图层或者图层文件夹上右击，在弹出的快捷菜单中选择"插入文件夹"命令，新建文件夹。
- 更便捷的方法是单击时间轴窗口下面的"新建文件夹"按钮，快速创建一个图层文件夹。

当文件夹过多时，用户还可以创建新文件夹对其他文件夹进行管理，就像计算机中的目录结构一样，文件夹的层数没有限制，如下图所示。

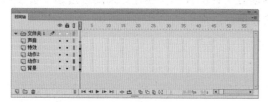 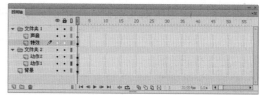

对时间轴中图层的控制将会影响文件夹中的所有图层。例如，锁定一个图层文件夹，就将锁定该文件夹中的所有子文件夹及图层，而隐藏一个图层文件夹，也将隐藏其包含的图层中的内容，如右图所示。

如果需要展开或折叠文件夹，单击文件夹名称左侧的三角形按钮即可。如果要展开或折叠当前时间轴中的所有文件夹，只需要在任意图层或图层文件夹上单击鼠标右键，在弹出的快捷菜单中选择"展开所有文件夹"或"折叠所有文件夹"命令即可。另外用户还可以对图层文件夹进行重命名、拷贝和删除等操作。

要选择图层文件夹，只需在时间轴中单击要选择的图层文件夹的一个帧或者图层文件夹的标题栏即可。要选择两个或多个图层或文件夹，可以执行以下操作。

（1）要选择连续的图层或文件夹，可按住【Shift】键的同时依次单击第一层和最后一层，如下左图所示。

（2）要选择几个不连续的图层或文件夹，可以在按住【Ctrl】键的同时，依次单击所需选中的图层或文件夹即可，如下右图所示。

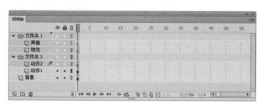 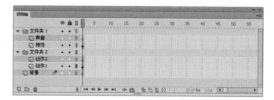

引导图层

使用引导层能够使Flash影片的布局更加合理。为了在动画制作过程中更好地组织舞台上的对象，可以创建引导层，然后将其他图层上的对象与在引导层上创建的对象对齐。

在Flash中建立直线运动是件很容易的操作，但建立曲线运动或沿一条特定路径运动的动画却不是能够直接完成的，而需要运动引导层的帮助。在运动引导层的名称前面有一个图标，表示当前图层是运动引导层。运动引导层总是与至少一个图层相关联（如果需要，它可以与任意多个图层相关联），这些被关联的图层称为被引导层。将层与运动引导层关联起来可以使被引导图层上的任意对象沿着运动引导层上的路径运动。

创建运动引导层时，已被选择的层都会自动与该运动引导层建立关联。用户也可以在创建运动引导层之后，将其他任意标准层与运动层相关联或者取消它们之间的关联。任何被引导层的名称栏都将被嵌在运动引导层的名称栏下面，表明一种层次关系。

默认情况下，任何一个新生成的运动引导层都会自动放置在用来创建该运动引导层的普通层上面。用户可以像操作标准图层一样重新安排它的位置，不过所有同它连接的层都将随之移动，以保持它们之间引导与被引导的关系。

TIP

普通引导层和运动引导层的区别

引导层是指起到引导作用的图层，分为普通引导层和运动引导层两种，普通引导层在绘制图形时起辅助作用，用于帮助对象定位；运动引导层中绘制的图形均被视为路径，使其他图层中的对象可以按照路径运动。

遮罩图层

遮罩动画也是Flash中常用的一种技巧，遮罩动画就好比在一个板上打了各种形状的孔，透过这些孔，可以看到下面的层。遮罩项目可以是填充的形状、文字对象、图形元件的实例或影片剪辑。用户可以将多个图层组织在一个遮罩层之下来创建复杂的效果。还可以利用动作和行为，让遮罩层动起来，这样便可以创建各种各样动态效果的动画。

对于用作遮罩的填充形状，可以使用补间形状功能。对于文字对象、图形实例或影片剪辑，可以使用补间动画。当使用影片剪辑实例作为遮罩时，还可以让遮罩沿着路径运动。

遮罩层用于控制被遮罩层内容的显示，从而制作一些复杂的动画效果，如聚光灯效果等，如右图所示。

TIP

关于遮罩图层

- 遮罩无处不在，比如放大镜效果，阴影效果，文字的淡入淡出效果等等。
- 遮罩效果的实现至少需要两个图层，一是遮罩层，一是被遮罩层。
- 遮罩层总是在被遮罩层的上面，遮罩与被遮罩是在一起的。
- 遮罩只显示被遮罩层的元素，其余的全部被遮住不显示。

时间轴的使用

时间轴又称时间线，用来贯穿和组织每个影片内容，而使之成为一个完整流畅的动画。与电影中的胶片一样，Flash影片的基本单位叫做帧。影片中的图层就像层叠在一起的电影胶片一样，每个图层都包含一个或多个在舞台中显示的不同图像，而一部复杂的Flash影片可以包含各种功能不同的图层。时间轴的具体工作就是将这些层和层中的帧进行有机组合，进而控制影片的正常播放。右图为时间轴面板。

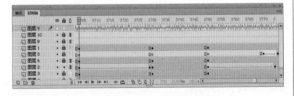

文档中的图层位于时间轴左侧的列中，每个图层中包含的帧显示在该图层右侧的一行中。时间轴顶部的时间轴标题指示帧编号。播放头指示当前在舞台中显示的帧，播放Flash文档时，播放头从左向右通过时间轴。

Flash动画的基本操作

制作动画是 Flash 最主要的功能，Flash 时间轴基础动画的制作主要包括逐帧动画、形状补间动画、补间动画和传统补间动画，通过综合运用这些功能，制作出精彩的动画效果。

逐帧动画的制作

逐帧动画在每一帧中都会更改舞台中的内容，它最适合用于图像在每一帧中都在变化而不仅是在舞台上移动的复杂动画。逐帧动画增加文件大小的速度比补间动画快得多。在逐帧动画中，Flash会存储每个完整帧的值。

1. 帧的类型和编辑

在时间轴中使用帧来组织和控制文档的内容。时间轴中帧的放置顺序将决定帧内对象在最终内容中的显示顺序。帧是一个广义的概念，包含三种类型，分别是空白关键帧、关键帧和延长帧，如右图所示。

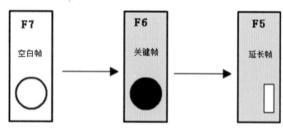

（1）空白关键帧

以空心圆表示，是特殊的关键帧，它没有任何对象存在，可以在其上绘制图形。如果在空白关键帧中添加对象，它会自动转化为关键帧。一般新建图层的第1帧都为空白关键帧，一旦在其中绘制图形后，就变为关键帧。

（2）关键帧

只有图形的位置、形状或属性不断变化时才能显示出动画效果，关键帧就是定义这些变化的帧，也包括含有动作脚本的帧。关键帧在时间轴上以实心的圆点表示，所有参与动画的对象都必须而且只能插入在关键帧中，关键帧的内容可以编辑。在补间动画中，可以在动画的重要位置定义关键帧，Flash CC会自动创建关键帧之间的内容，关键帧使创建影片更为容易。

（3）延长帧

延长帧的作用只是简单地延续前一关键帧中的内容，并且前一关键帧和此帧之间所有的帧共享相同的对象，如果改变帧列上的任意一帧中的对象，则帧列上其他所有帧上的对象都会随之改变，直到再插入下一个关键帧为止。

2. 创建逐帧动画

逐帧动画由位于同一图层的许多单个的关键帧组合而成，在每个帧上都有关键性的变化，适合制作相邻关键帧中对象变化不大的动画。在播放动画时，Flash就会一帧一帧的显示每一帧的内容。

实训项目 逐帧动画的制作

创建逐帧动画的具体操作步骤如下。

01 打开"逐帧动画"Flash文件，在"库"面板中，选择背景图片，将其拖至舞台合适位置。

02 新建一个图层，使用文本工具，在舞台的合适位置输入文字，输入文字后按两次【Ctrl+B】组合键，将文字打散。

03 新建一个图层，选择第3帧，利用画笔工具在舞台上绘制一笔图形，使绘制的图形恰好遮住文字的一小部分。

04 之后每隔一帧插入一个关键帧，使用画笔工具绘制图形，使图形一点点地完全遮盖住下面的文字。

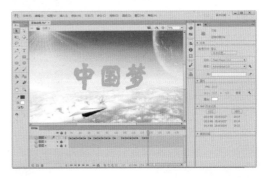

05 选择最上面的图层，在遮罩层上单击鼠标右键，将该图层转化为遮罩层，使其播放起来像是写字的效果。

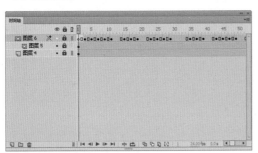

06 最后按下【Ctrl+Enter】组合键，预览动画，观看效果。

补间动画的制作

　　创建逐帧动画需要详细制作每一帧的内容，这样既费时又费力。在逐帧动画中，Flash需要保存每一帧的数据，而在补间动画中，Flash只需保存帧之间不同的数据，且使用补间动画还能尽量减小文件的大小。因此在制作动画时，应用最多的还是补间动画，它是一种比较有效地产生动画效果的方式。补间动画实际上就是给一个对象的两个关键帧分别定义不同的属性，如颜色、大小、位置和角度等，并在两个关键帧之间建立一种变化关系，即补间动画关系。

1．补间动画

补间是通过为一个帧中的对象属性指定一个值，并为另一个帧中的相同属性指定另一个值创建的动画。Flash计算这两个帧之间属性的值，术语"补间"即来源于词"中间"。例如，可以在时间轴第1帧的舞台左侧放置一个影片剪辑，然后将该影片剪辑移到第20帧的舞台右侧。在创建补间时，Flash将计算舞台上指定的右侧和左侧这两个位置之间的影片剪辑的所有位置。最后得到的动画为影片剪辑从第1帧到第20帧，在舞台上从左侧移到右侧，在中间的每个帧中，Flash将影片剪辑在舞台上移动二十分之一的距离。

可补间的对象类型包括影片剪辑、图形和按钮元件以及文本字段，其对象属性包括：

- 2D X和Y位置；
- 3D Z位置（仅限影片剪辑）；
- 2D 旋转（绕Z轴）；
- 3D X、Y和Z旋转（仅限影片剪辑）；
- 3D 动画要求FLA文件在发布设置中面向ActionScript 3.0和Flash Player 10 倾斜X和Y。

缩放X和Y 颜色效果包括Alpha（透明度）、亮度、色调和高级颜色设置。用户只能在元件上补间颜色效果。若要在文本上补间颜色效果，需将文本转换为元件。

补间范围是时间轴中的一组帧，其舞台上对象的一个或多个属性可以随着时间而改变。补间范围在时间轴中显示为具有蓝色背景的单个图层中的一组帧。可将这些补间范围作为单个对象进行选择，并从时间轴中的一个位置拖到另一个位置，包括拖到另一个图层。在每个补间范围中，只能对舞台上的一个对象进行动画处理，此对象称为补间范围的目标对象。

属性关键帧是在补间范围中为补间目标对象显示定义一个或多个属性值的帧。用户定义的每个属性都有它自己的属性关键帧。如果在单个帧中设置了多个属性，则其中每个属性的属性关键帧会驻留在该帧中。可以在动画编辑器中查看补间范围的每个属性及其属性关键帧，还可以从补间范围中选择可在时间轴中显示的属性关键帧类型。

2．形状补间动画

补间形状表现为在时间轴中的一个特定帧上绘制一个矢量形状然后在另一个特定帧上绘制另一个形状，然后Flash将在两个帧之间插入两个形状的中间形状，创建一个形状变形为另一个形状的动画。

补间形状适用于简单形状，应避免使用有一部分被挖空的形状。若想试验要使用的形状以确定相应的结果，可以使用形状提示来告诉Flash起始形状上的哪些点应与结束形状上的特定点对 应，也可以对补间形状内的形状的位置和颜色进行补间。

若要对组、实例或位图图像应用形状补间，请先分离这些元素；若要对文本应用形状补间，则需先将文本分离两次，将文本转换为对象。

3．传统补间动画

Flash中的传统补间动画与补间动画类似，但在某种程度上，其创建过程更为复杂，也不那么灵活。不过，传统补间所具有的某些类型的动画控制功能，是补间动画所不具备的。

Flash支持两种不同类型的补间以创建动画。补间动画是在Flash CS4 Professional中引入的，功能强大且易于创建。通过补间动画可对补间的动画进行最大程度的控制。传统补间的创建过程更为复杂。补间动画提供了更多的补间控制，而传统补间提供了用户可能希望使用的某些特定功能。

补间动画与传统补间之间的差异

TIP

（1）传统补间使用关键帧。关键帧是其中显示对象新实例的帧。补间动画只能具有一个与之关联的对象实例，且使用属性关键帧而不是关键帧。补间动画在整个补间范围上由一个目标对象组成。补间动画和传统补间都只允许对特定类型的对象进行补间。若应用补间动画，则在创建补间时会将所有不允许的对象类型转换为影片剪辑。而应用传统补间会将这些对象类型转换为图形元件。补间动画会将文本视为可补间的类型，而不会将文本对象转换为影片剪辑。传统补间则会将文本对象转换为图形元件。

（2）在补间动画范围上不允许帧脚本。传统补间允许帧脚本。补间目标上的任何对象脚本都无法在补间动画范围的过程中更改。可以在时间轴中对补间动画范围进行调整，并将它们视为单个对象。传统补间包括时间轴中可分别选择的帧的组。

（3）若要在补间动画范围中选择单个帧，必须按住【Ctrl】（Windows）或Command（Macintosh）单击帧。对于传统补间，缓动可应用于补间内关键帧之间的帧组。对于补间动画，缓动可应用于补间动画范围的整个长度。若要仅对补间动画的特定帧应用缓动，则需要创建自定义缓动曲线。

4．创建缩放动画

利用运动补间动画可以实现的动画类型包括位置和大小的变化、旋转的变化、颜色和透明度的变化。

实训项目 补间动画的制作

下面介绍创建补间动画的具体操作步骤。

01 新建一个Flash文件，执行"文件>导入>导入到舞台"命令，在弹出的"导入"对话框中选择素材图像文件作为背景图像。

02 新建"图层2"，使用铅笔工具绘制一个三叶草，并用油漆桶工具为绘制好的三叶草填充颜色。

03 选中绘制好的三叶草，执行"修改>转换为元件"命令，弹出"转换为元件"对话框，在该对话框中的"类型"下拉列表中选择 "图形"选项。

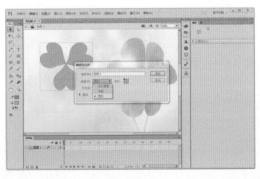

04 单击"确定"按钮，转换图像为元件。选中第35帧，按【F6】键插入关键帧。选择图层1的第35帧按【F5】键插入延长帧。

05 选择"图层2"的第35帧，选择工具箱中的任意变形工具，缩小"三叶草"元件。

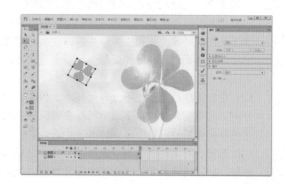

06 选择第1～30帧间的任意帧并右击，在弹出的快捷菜单中选择"创建传统补间"命令。至此，完成本实例的操作。

5．制作中心点旋转动画

中心点旋转动画就是以对象的中心点进行旋转的动画，这种动画的制作必须结合传统补间动画来完成。在创建起始帧和结束帧后，设定补间动画属性，完成制作。

实训项目 旋转动画的制作

下面将通过实例介绍中心点旋转动画的创建过程。

01 新建一个Flash文件，执行"文件>导入>导入到舞台"命令，在弹出的"导入"对话框中选择原始图像文件作为背景图像。

02 新建"图层2"，使用铅笔工具绘制一个太阳。并用油漆桶工具为绘制好的太阳添加颜色。

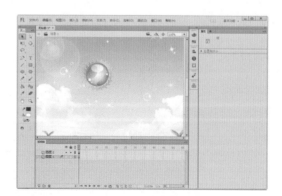

03 选中绘制好的图形，执行"修改>转换为元件"命令，弹出"转换为元件"对话框，在"类型"下拉列表中选择"图形"选项。单击"确定"按钮，将其转换为元件。

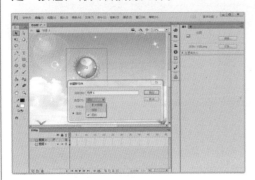

04 选择"图层1"的第35帧按【F5】键插入延长帧。选中图层2的第35帧，按【F6】键插入关键帧。在第1~35帧间任意一帧上单击鼠标右键，在弹出的快捷菜单中选择"创建传统补间"命令。

05 在"属性"面板中，选择"补间"选项中旋转方式为顺时针旋转2次。

06 保存文档，按【Ctrl+Enter】组合键，查看影片测试效果。

6. 创建形状补间动画

　　形状补间动画是将对象变形的动画，形状补间动画只能用于属性为形状的对象，也就是说形状补间动画是针对形状变化的动画。需要注意的是，形状补间动画中关键帧上的对象不能是元件或组，如果用元件在场景中创建变形动画，一定要先将元件打散。

实训项目 形状补间动画的制作

　　下面将通过一个实例的操作来详细讲解形状补间动画的制作。

01 新建一个Flash文件，执行"文件>导入>导入到舞台"命令，在弹出的"导入"对话框中选择原始图像文件作为背景图像。

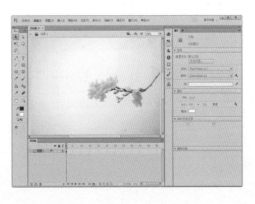

02 选中第35帧，按【F5】键插入关键帧。单击"插入图层"按钮，在"图层1"的上方新建"图层2"。

03 选中"图层2"的第1帧，选择椭圆工具，将填充颜色设为"#FF6699"，笔触颜色设为无，然后在图像中绘制一个椭圆。

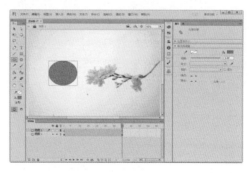

04 选择工具箱中的选择工具，并调整椭圆的形状。选择工具箱中的铅笔工具，在椭圆上绘制一些线条。

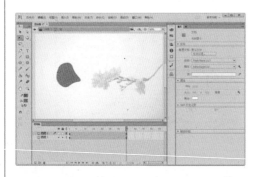

05 选中"图层2"的第35帧，按【F7】键插入空白关键帧。选择椭圆工具，将填充颜色设为"#FF99CC"，然后绘制一个椭圆。

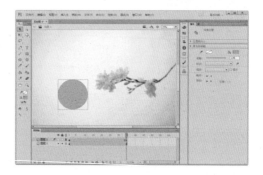

06 选择工具箱中的选择工具，调整其形状。选择工具箱中的铅笔工具，绘制一些线条。

07 在第1~35帧之间任意一帧上单击鼠标右键，在弹出的快捷菜单中选择"创建补间形状"命令。

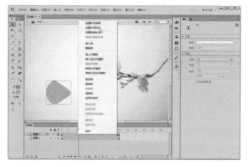

08 保存文档，按【Ctrl+Enter】组合键查看影片测试效果。

UNIT 58 利用图层制作动画

图层是组织复杂场景和制作神奇效果的有力工具，在 Flash 中起着重要的作用。使用图层有许多好处，例如，图层使影片中的图形对象能够互相层叠，这样整个动画看起来更有层次感。在影片制作过程中，用户可以根据图形和动画的需要在动画中加入并组织多个图层。在 Flash 中图层的使用也使得动画的制作过程更加简单，不同的图形和动画分别制作在不同的图层上，既能使条理清晰又便于编辑。

图层的应用

图层可以帮助组织文档中的插图。用户可以在图层上绘制和编辑对象，而不会影响其他图层上的对象。在图层上没有内容的舞台区域中，可以透过该图层看到下面的图层。

要绘制、涂色或者对图层或文件夹进行修改，需在时间轴中选择该图层以激活它。时间轴中图层或文件夹名称后出现的铅笔图标表示该图层或文件夹处于活动状态，且一次只能有一个图层处于活动状态。创建Flash文件时，其中仅包含一个图层，要在文档中组织插图、动画和其他元素，需添加更多的图层。图层可以隐藏、锁定或重新排列，可以创建的图层数只受计算机内存的限制，而且图层不会增加发布的SWF文件的文件大小。

要组织和管理图层，先创建图层文件夹，然后将图层放入其中。单击"时间轴"面板底部的"新建图层文件夹"按钮，可以将相关的图层拖动到一个图层文件夹中，便于查找和管理。可以在时间轴中展开或折叠图层文件夹，而不会影响在舞台中看到的内容。对声音文件、ActionScript、帧标签和帧注释分别使用不同的图层或文件夹，将有助于快速找到这些项目以进行编辑。

在Flash中可以使用五种类型的图层，如下图所示。

第一、常规层包含FLA文件中的大部分插图。

第二、利用遮罩层可以将与其相链接图层中的图像遮盖起来。可以将多个图层组合起来放在一个遮罩层下，以创建出多种效果。

第三、被遮罩层是位于遮罩层下方并与之关联的图层。被遮罩层中只有未被遮罩覆盖的部分才是可见的。

第四、引导层包含一些笔触，可用于引导其他图层上的对象或其他图层上的传统补间动画的运动。

第五、被引导层是与引导层关联的图层。

创建路径动画

运动引导层使用户可以创建特定路径的补间动画效果，实例、组成或文本块均可沿着这些路径运动。完整的引导路径动画至少需要两个图层，即引导层和被引导层。

1. 创建简单路径动画

路径动画主要是通过引导层创建的动画，它是一种特殊图层，在这个图层中有一条路径，可以让某个对象沿着这条线运动，从而制作出沿曲线运动的动画。

下面将通过一个案例的制作，介绍路径动画的实现过程。

01 打开"引导动画"Flash文件，将库中的"背景"图片拖至舞台合适位置。

02 新建一个图层，命名为"蜻蜓"。将库中的元件"蜻蜓飞行"拖至舞台。

03 选择"蜻蜓"图层并右击，选择"添加传统运动引导层"命令。此时，在"蜻蜓"图层的上方会新建一个引导层，使用铅笔工具，绘制一条曲线，作为蜻蜓的运动路线。

04 在舞台上，选择蜻蜓调整其位置和大小。将蜻蜓拖至路径的一个端点。使蜻蜓的中心位置恰好处于曲线路径的端点。选择"蜻蜓"图层，在第200帧处插入关键帧，将舞台上的"蜻蜓"拖至路径另一端。

05 选择"蜻蜓"图层，在第1~200帧之间创建传统补间动画。

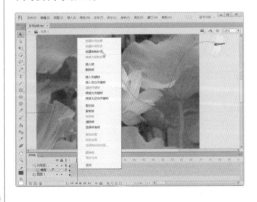

06 预览动画，如果蜻蜓按照直线运动，说明蜻蜓和路径的两端点没有对整齐。

07 新建声音图层，将库中的音乐文件拖至舞台，为动画添加背景音乐。

08 引导动画制作完成，按【Ctrl+Enter】组合键导出动画并预览。

2. 运用遮罩层创建动画

遮罩动画是Flash设计中对元件控制的一个重要部分，首先要分清楚哪些元件需要运用遮罩，在什么时候运用遮罩。制作遮罩动画至少需要2个图层，即遮罩层和被遮罩层。合理地运用遮罩效果会使动画看起来更流畅，元件与元件之间的衔接时间很准确，具有丰富的层次感和立体感。

实训项目 卷轴动画的制作

下面将介绍如何利用遮罩层创建更为复杂的卷轴动画效果。

01 打开"遮罩动画"Flash文件，执行"插入>新建元件"命令，新建一个图形元件，命名为"卷轴左"，如下图所示。

02 进入"卷轴左"的元件编辑区，使用铅笔工具绘制一个卷轴图形，填充颜色为深黄到浅黄再到深黄色的线性渐变。

03 新建"图层2"，选择图层1中绘制好的卷轴并复制。在"图层2"中按【Ctrl+Alt+V】组合键，原位置粘贴该卷轴图形。

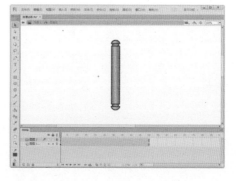

04 在"图层2"的下方新建"图层3"。将库中的"遮罩"元件拖至舞台，放置在绘制好的卷轴右侧。

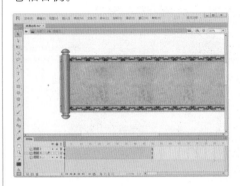

05 在"图层3"的第50帧处插入关键帧，将"遮罩"元件向左侧移动，并在第1~50帧之间创建传统补间动画。

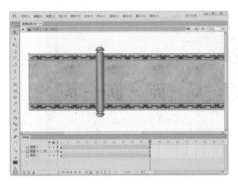

06 选择"图层2"并右击，在快捷菜单中选择"遮罩层"命令，此时"图层3"自动作为"图层2"的子图层，新建"图层4"。

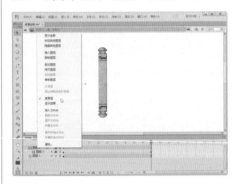

07 复制"图层1"中的卷轴图形，将其在"图层4"中原位置粘贴，粘贴后删除卷轴上下的半圆形手柄，只留下矩形。

08 打开"颜色"面板，调整该矩形的线性渐变颜色的透明度。将深黄色的透明度降低至50%，浅黄色的透明度降低至10%。

09 完成"卷轴左"的图形元件，使用同样的方法制作"卷轴右"的图形元件。

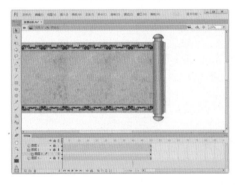

10 新建一个图形元件，命名为"滚动卷轴"，进入元件编辑区，将库中名为"纸"的图形元件拖至舞台。

11 新建图层，使用文本工具输入文字，调整文字字体和大小以及位置，如下图所示。

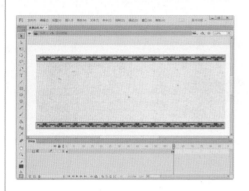

12 新建图层，使用矩形工具绘制一个矩形，在第60帧处插入关键帧。

13 在第60帧处，使用任意变性工具，将矩形横向放大，使其正好完全盖住下面的图形。在第1~60帧之间创建形状补间。

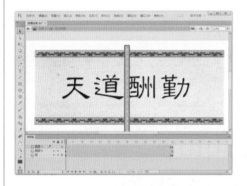

14 在该图层上右击，选择"遮罩层"命令，将该图层转化为遮罩层，将下面的两个图层都拖至该图层的下方。

15 新建两个图层分别命名为"卷轴左"、"卷轴右"，将"卷轴左"、"卷轴右"图形分别拖至相应的图层中，使两个卷轴在图形中间。

16 分别在这两个图层的第60帧处插入关键帧，将两个卷轴分别移至两侧。在第1~60帧之间创建传统补间动画。

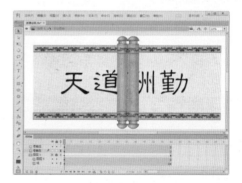

17 返回场景一，将"图层1"命名为"卷轴"。将库中的"滚动卷轴"元件拖至舞台合适位置。并在200帧处插入帧。

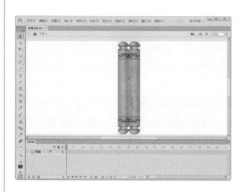

18 选择舞台上的"滚动卷轴"，调整属性面板上的循环设置，选择为"播放一次"，第一帧选择为1。

19 新建图层，命名为AS，在第200帧插入空白关键帧并右击，选择"动作"命令，打开"动作"面板，填写代码stop()。

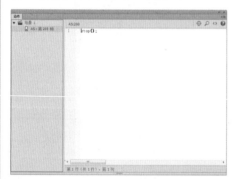

20 新建图层，命名为"音乐"，将库中的"声音.mp3"元件拖至舞台，为动画添加背景音乐。

21 选择"音乐"图层任意一帧，在"属性"面板中设置音乐属性。

22 制作完成，按【Ctrl+Enter】组合键导出动画并预览。

旅游网页片头的制作

为了更好的掌握前面所学的知识，在此将介绍一个网页片头动画效果的制作过程。在制作该网页片头的过程中，综合利用了图层、补间动画、关键帧等知识。该网页片头的制作过程详细介绍如下。

01 打开"网页片头"Flash文件，将库中的背景图片拖至舞台合适位置。

02 执行"插入＞新建元件"命令，新建一个影片剪辑元件，命名为"网页片头"。

03 进入影片剪辑的编辑区，在第一帧处绘制一个黑色墨水水滴，在第24帧处插入空白关键帧。

04 在第23帧处插入关键帧，将黑色墨水向下移动一段距离，并将墨水缩小，变形为圆形。

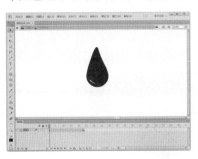

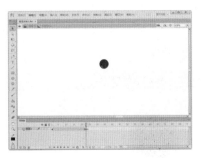

05 在第1~23帧之间创建补间形状。新建图层，命名为"遮罩"，在第26帧处插入空白关键帧，将库中的"水墨2"元件拖至舞台。

06 分别在第360帧和第390帧处插入关键帧，选择第390帧，将元件向右移动一小段距离，并在"属性"面板中，将Alpha值调为0。

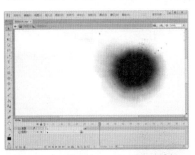

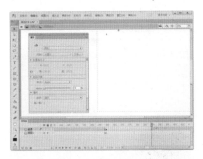

07 新建图层，命名为"遮罩层"，在第26帧处，图片的上方，绘制一个毛边的圆形，在第78帧处插入关键帧，将第26帧处的图形缩至最小。

08 创建补间形状，选择"遮罩层"图层右击，在快捷菜单中选择"遮罩层"命令。新建图层，在第48帧处插入关键帧，将元件拖至舞台。

09 新建"图层3",插入关键帧,将库中的元件9拖至舞台,位置为X:-372,Y:126。

10 插入关键帧,将第390帧处的元件的Alpha值调为0,创建传统补间动画。

11 新建"图层4",将库中的元件10拖至舞台,位置为X:-116,Y:344。新建"图层5",在第48帧处插入关键帧,使用文本工具,输入文字并转化为图形元件。

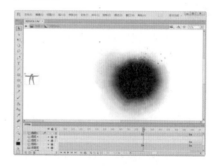

12 在第78帧处插入关键帧,将第48帧处的元件Alpha值调为0。在第303帧处插入关键帧,将元件向左移动一段距离。在第360、390帧插入关键帧。

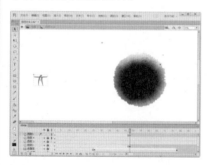

13 选择第390帧处的元件,将其移动至坐标为X:-199,Y:122。在第48~303帧之间,第360~390帧之间创建传统补间动画。

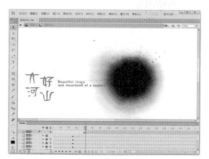

14 新建图层,使用同样的方法,制作剩余三个字的动画。新建"图层9",在第86帧处插入关键帧,使用文本工具输入文字,并转化为元件。

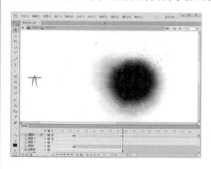

15 在第137帧处插入关键帧，将86帧处的元件Alpha值调为0。在第303帧处插入关键帧，将元件向左移动一段距离。

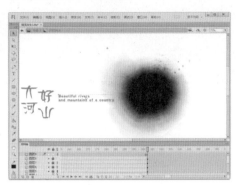

16 在第360、378帧处插入关键帧，将378帧处的元件向左上角移动，并且将元件Alpha值调为0，在379帧处插入空白关键帧。

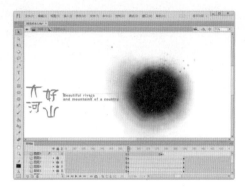

17 在第390帧处插入空白关键帧，使用文本工具输入文字并转化为元件，调整位置为X：-262，Y：216。在第421帧处插入关键帧，将第390帧处的元件Alpha值调为0，在第390~421帧之间创建传统补间动画。

18 在第85~303帧、第360~378帧之间创建传统补间动画。新建"图层10"，"图层11"，使用同样的方法制作另外两组字幕的动画。

19 新建"图层12"，在第63帧处插入关键帧，将库中的"石头"元件拖至舞台，坐标为X：356，Y：440。在第100帧处插入关键帧，将元件向左上方移动一点距离，将第63帧处的元件Alpha值调为0。

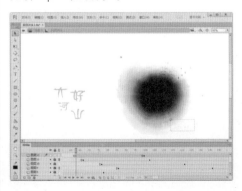

20 分别在第350、390帧处插入关键帧，将第390帧处的元件Alpha值调为0。在第63~100帧、第350~390帧之间创建传统补间动画。

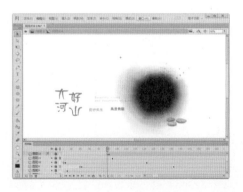

21 新建"图层13"，在第50帧处插入关键帧，将库中的sprite 56元件拖至舞台，坐标为X：18，Y：61。在第88帧处插入关键帧，将第50帧处的元件Alpha值调为0。分别在第140、180帧插入关键帧，将第180帧处的元件Alpha值调为0。在第50~88帧、第140~180帧之间创建传统补间动画。

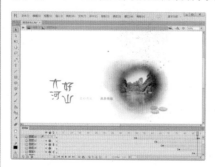

22 新建"图层14"，在第160帧插入关键帧，将库中的"风景2"元件拖至舞台，放置在"图层13"中的图形的上方，在第202、249、280帧插入关键帧，将第160、280帧处的元件Alpha值调为0。在第160~202帧、第249~280帧之间创建传统补间动画。

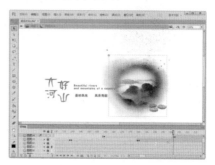

23 新建"图层15"，在第265帧处插入关键帧，将库中的"风景1"拖至舞台，放置在图层14中的图形的上方，在第302、334、366帧插入关键帧，将第265、366帧处的元件Alpha值调为0。在第265~302帧、第334~366帧之间创建传统补间动画。

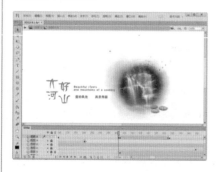

24 新建"图层16"，在第101帧处插入关键帧，将库中的"老鹰"元件拖至舞台，坐标为X：142，Y：139。新建"图层17"，在第449帧处插入关键帧，选择该帧并右击选择"动作"命令，打开"动作"面板，输入代码stop()。

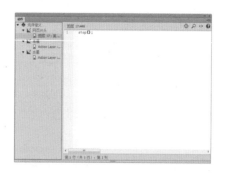

25 返回场景一，将库中的制作好的"网页片头"元件拖至舞台合适位置。新建声音图层，将库中的音乐文件拖至舞台，为动画添加音乐。

26 至此网页片头动画的案例已经制作完成，因为放置在舞台的"网页片头"元件为影片剪辑元件，所以时间轴上只要有一帧即可，按【Ctrl+Enter】组合键导出动画并预览。

01 传统补间的使用方法？

若要补间实例、组和类型的属性，可以使用传统补间。Flash CC可以补间实例、组和类型的位置、大小、旋转和倾斜。此外，还可以补间实例和类型的颜色、创建渐变的颜色切换或使实例淡入或淡出。

02 普通引导层和运动引导层的区别是什么？

引导层就是起到引导作用的图层，分为普通引导层和运动引导层两种，普通引导层在绘制图形时起辅助作用，用于帮助对象定位；运动引导层中绘制的图形均被视为路径，使其他图层中的对象可以按照路径运动。

03 Flash中有哪几种常见的帧？

Flash中常见的帧有三种：

（1）空白关键帧：以空心圆表示。空白关键帧是特殊的关键帧，它没有任何对象存在，可以在其上绘制图形。

（2）关键帧：只有图形的位置、形状或属性不断变化时才能显示出动画效果，关键帧就是定义这些变化的帧，也包括含有动作脚本的帧。关键帧在时间轴上以实心的圆点表示，所有参与动画的对象都必须而且只能插入在关键帧中。

（3）延长帧：延长帧的作用只是简单地延续前一关键帧中的内容，并且前一关键帧和此帧之间所有的帧共享相同的对象，如果改变帧列上的任意一帧中的对象，则帧列上其他所有帧上的对象都会随之改变，直到再插入下一个关键帧为止。

04 在Flash中如何实现遮罩？

遮罩无处不在，比如放大镜效果，阴影效果，文字的淡入淡出效果等。实现遮罩的原理：

（1）遮罩效果的实现至少需要两个图层，一是遮罩层，一是被遮罩层。

（2）遮罩层总是在被遮罩层的上面，遮罩与被遮罩是在一起的。

（3）遮罩只显示被遮罩层的元素，其余的全部被遮住不显示。

05 选择Flash动画背景的注意事项有哪些？

背景要根据故事的情节需要和风格来绘制，在背景的绘制过程中，要标出人物组合的位置，白天或夜晚，背景如家具、饰物、地板、墙壁、天花板等结构都要清楚，使用多大的画面（安全框）、镜头推拉等也要标出来，让人物可以自由地在背景中动画。动画背景或角色设计与图像设计处理类似，首先要确定主题创意，其次是应用或播放环境，与图像设计类不同的是：动画需要编辑多个帧或场景，在创意方面需要考虑的因素就更多了。

1. 创建探照灯动画效果

制作流程：

（1）新建文档，导入背景图片，转换为元件，设置模糊属性。

（2）新建"图层2"，并将"图层1"的背景复制到"图层2"上。

（3）继续新建"图层3"，绘制一个圆并且制作一段动画。

（4）将图层3设置为遮罩层，完成动画。

2. 制作逐帧动画：奔跑的山猫

制作流程：

（1）新建文档，导入背景图片。

（2）新建一个图层，新建一个影片剪辑元件，命名为"奔跑的山猫"。

（3）进入影片剪辑编辑区后，利用逐帧动画完成猫的奔跑过程。一帧一帧的绘制。

（4）回到场景，在"库"面板中将影片剪辑元件拖拽到舞台上。

（5）调整猫在舞台上的位置，预览完成动画。

3. 制作一个百叶窗效果

制作流程：

（1）新建文档，绘制矩形图形并实施变形，以制作形状补间动画。

（2）返回主场景，导入图片并创建遮罩图层。

（3）最后预览动画效果。

网站由域名（也就是网站地址）和网站空间构成，通常包括主页和其他具有超链接文件的页面。本章将对网页的基本概念、网页设计常用工具、网页配色方案以及网站的基本建设流程进行介绍，帮助读者对网页设计有一个整体性的认识。

14 chapter 了解网页设计与网站建设

学习目标

- 了解网页基本概念
- 熟悉网页设计常用工具
- 熟悉网页的配色方案
- 熟悉网站的建设流程
- 掌握Dreamweaver CC的基本操作

精彩推荐

⬥ 红色网页

⬥ 创建网页

网页的基本概念

Web 通常也被称为 WWW（World Wide Web），是由遍及全球的信息资源组成的系统，其中包含的内容有文本、图像、表格、音频、视频等。这些信息以一种简洁的方式链接在一起，用户通过单击可以非常方便地跳转到另一页面。

Web 起源于欧洲粒子物理实验室，由于当时从事高能物理研究的科学家遍布与世界各地，因此传递思想、共享研究成果变得非常重要。最初 Web 传递的信息仅限于文本方式，而今 Web 可传递的信息已涵盖漂亮的图片、优美的音乐以及视频剪辑等各种方式。

这里，首先要了解有关网页的一些基本概念，如什么是网页、HTML、URL、ASP、PHP、Java、数据库等，从而为后面的学习打下良好的基础。

网页

网页是Internet的基本信息单位，一般网页上都会有文本和图片等信息，而复杂一些的网页上还会有声音、视频、动画等多媒体内容。进入网站首先看到的是其主页，主页集成了指向二级页面以及其他网站的链接。浏览者进入主页后可以浏览相应消息并找到感兴趣的主题链接，通过单击该链接可跳转到其他网页。右图为搜狐首页。

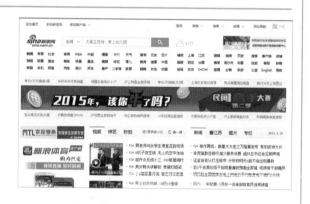

HTML

HTML称为超文本标签语言，是一种标识性的语言。它包括一系列标签，通过这些标签可以将网络上的文档格式统一，使分散的Internet资源连接为一个逻辑整体。HTML文本是由HTML命令组成的描述性文本，HTML命令可以说明文字、图形、动画、声音、表格、链接等。

超文本是一种组织信息的方式，它通过超级链接方法将文本中的文字、图表与其他信息媒体相关联。这些相互关联的信息媒体可能在同一文本中，也可能是其他文件，或是地理位置相距遥远的某台计算机上的文件。这种组织信息方式将分布在不同位置的信息资源用随机方式进行连接，为人们查找、检索信息提供方便。右图为一个HTML文本。

URL

URL英文全称是Uniform Resource Locator，即统一资源定位符，它是一种通用的地址格式，指出了文件在Internet中的位置。

一个完整的URL地址由网络协议名、服务器地址和文件名3部分组成。如http://mobile.pconline.com.cn/play/1207/2858876.html。其中http://是指网络协议名，mobile.pconline.com.cn是指服务器的地址，/play/1207/指的是该服务器上的文件夹地址，2858876.html是指文件名，如右图所示。

ASP

从网站浏览者的角度来看，无论是动态网页还是静态网页，都可以展示基本的文字和图片信息，但如果从网站管理、维护的角度来看就会有很大的差别。ASP是服务器端脚本编写环境，可以创建和运行动态交互的Web服务器应用程序。使用ASP可以组合网页、脚本命令和ActiveX组件以创建交互的Web页。

ASP文件必须经过服务器解析后才能够被浏览，而且只有将ASP文件上传到支持ASP运行的服务器，才能从客户端浏览。可以将安装Windows操作系统的计算机设置为服务器，ASP运行所需要的环境为IIS或PWS。右图为一个国外公司门户网页。

ASP.NET

ASP.NET是一种用于创建动态Web页面的强大的服务器端新技术，它是Microsoft公司的.NET Framework结构的一部分。.NET Framework（简称.NET）是一种新的开发平台，是Microsoft公司为适应Internet发展的需要而推出的适合网络编程和网络服务开发的平台，是以计算机网络为背景的新一代软件开发平台。ASP.NET是一种建立在通用语言上的程序构架，能被用于一台Web服务器来建立强大的Web应用程序。ASP.NET提供许多比现在的Web开发模式强大的优势。右图为一个ASP.NET网页。

PHP

　　PHP是一种HTML内嵌式的语言，是一种在服务器端执行的嵌入HTML文档的脚本语言，语言的风格有类似于C语言。PHP程序最初是用Perl语言编写的简单程序，后来经其他程序员不断完善，于1997年发布了功能基本完善的PHP。PHP程序可以运行于UNIX、LINUX或是Windows的平台上，而且对客户端浏览器也没有特殊的要求。

　　PHP跟Apache服务器紧密结合的特性，加上它不断地更新及加入新的功能，几乎支持所有主流与非主流数据库。加上它的源代码完全公开，在Open Source意识抬头的今天，它更是这方面的中流砥柱。不断地有新的函数库加入，以及不停地更新的活力。右图就是一个国内比较热门的PHP网站DISCUZ。

数据库

　　数据库是计算机中用于存储、处理大量数据的软件，是一些关于某个特定主题信息的集合。数据库的表看上去很像是电子表格，如右图所示，在其中可以按照行或列来表示信息。一般来说，表的每一行称为一个"记录"，而表的每一列称为一个"字段"，字段和记录是数据库中最基本的术语。记录描述了表中某一个实体的所有内容，而字段则描述表中所有实体的某一种类型的内容。

Java

　　Java是一种可以撰写跨平台应用软件的面向对象的程序设计语言，是由Sun Microsystems公司于1995年5月推出的Java程序设计语言和Java平台（即JavaSE、JavaEE、JavaME）的总称。Java技术具有卓越的通用性、高效性、平台移植性和安全性，广泛应用于个人PC、数据中心、游戏控制台、科学超级计算机、移动电话和互联网，同时拥有全球最大的开发者专业社群。在全球云计算和移动互联网的产业环境下，Java更具备了显著优势和广阔前景。

　　Java平台由Java虚拟机（Java Virtual Machine）和Java应用编程接口（Application Programming Interface、简称API）构成。Java 应用编程接口为Java应用提供了一个独立于操作系统的标准接口，可分为基本部分和扩展部分。在硬件或操作系统平台上安装一个Java平台之后，Java应用程序就可运行。

UNIT 61 网页的色彩搭配

色彩是人类视觉最敏感的东西，网页的色彩如果处理得好，可以达到锦上添花、事半功倍的效果。色彩的魅力是无限的，它可以让本来平淡无味的东西变得漂亮，丰富。随着信息时代的快速到来，网络也开始变得多姿多彩。人们不再局限于简单的文字与图片，他们要求网页看上去漂亮、舒适。因此，在设计网页时，必须要高度重视色彩的搭配。

网页配色基础

自然界中有许多种色彩，如香蕉是黄色的，天空是蓝色的，橘子是橙色的……我们日常所见的光，实际是由红、绿、蓝3种波长的光组成，物体经光源照射，吸收和反射不同波长的红、绿、蓝光，经由人的眼睛传到大脑，便形成了我们看到的各种颜色。红、绿、蓝3种波长的光是自然界中所有颜色的基础，光谱中的所有颜色都是由不同强度的这三种光构成的。

明度、色相、纯度是色彩最基本的三要素，也是人正常视觉感知色彩的3个重要因素。

- 明度表示色彩的明暗程度，明度越大，色彩越亮。
- 色相是指色彩的名称，是不同波长的光给人的不同的色彩感受，红、橙、黄、绿、蓝、紫等都各自代表一类具体的色相，它们之间的差别属于色相差别。
- 纯度表示色彩的浑浊或纯净程度，用于表明一种颜色中是否含有白或黑的成分。

（1）红色

红色的色感温暖，性格刚烈而外向，是一种对人刺激很强的颜色。红色在各种媒体中都有广泛的应用，除了具有较佳的明视效果外，更被用来传达有活力、积极、热诚、温暖、前进等涵义的企业形象与精神，另外红色也常被用做警告、危险、禁止、防火等标识色。在网页颜色应用中，红色与黑色的搭配比较常见，常用于前卫时尚、娱乐休闲等要求个性的网页，如下左图所示。

（2）黄色

黄色是最明亮的色彩之一，能给人留下明亮、辉煌、灿烂、愉快、高贵、柔和的印象，同时又容易引起味觉的条件反射，给人以甜美、香酥感。

黄色在网页配色中使用十分广泛，它和其他颜色配合让人感觉很活泼、很温暖，具有快乐、希望、智慧和轻快的个性。黄色有着金色的光芒，包含希望与功名等象征意义。黄色也代表着土地、象征着权力，并且还具有神秘的宗教色彩。下右图为使用黄色配色的网页。

（3）蓝色

蓝色是冷色系中最典型的代表色，是网站设计中运用得最多的颜色，它代表着深远、永恒、沉静、理智、诚实、公正权威。下左图就是使用蓝色配色的网页。

蓝色是一种在淡化后仍然能保持较强个性的颜色。如果在蓝色中分别加入少量的红、黄、黑、橙、白等色，均不会对蓝色的性格构成明显的影响。

浅蓝色有淡雅、清新、浪漫、高级的特性，常用于化妆品、女性、服装网站。它是最具凉爽、清新特征的色彩。浅蓝色与绿色、白色的搭配在网页中是比较常见的，它们之间的搭配可以使页面看起来非常干净清澈，能体现柔顺、淡雅、浪漫的气氛。

深蓝色也是较常用的色彩，能给人稳重、冷静、严谨、成熟的心理感受。它主要用于营造安稳、可靠、略带有神秘色彩的氛围。

（4）绿色

绿色代表新鲜、希望、和平、柔和、安逸、青春。在商业设计中，绿色所传达的是清爽、理想、希望、生长的意象，符合服务业、卫生保健业、教育行业、农业的要求。

绿色本身具有一定的与自然、健康相关的感觉，所以也经常用于此类站点，绿色还常用于一些公司的儿童站点或教育站点。

绿色介于黄色和蓝色之间，属于较中庸的颜色，是和平色，偏向自然美，宁静、生机勃勃、宽容，可与多种颜色搭配而达到和谐，也是网页中使用最为广泛的颜色之一，如下右图所示。

常见的网页配色方案

网页配色很重要，网页颜色搭配的好坏与否会直接影响到浏览者的情绪。好的色彩搭配会给浏览者带来强烈的视觉冲击，不好的色彩搭配则会让浏览者浮躁不安。下面就来讲述常见的网页配色方案。

（1）同种色彩搭配

同种色彩搭配是指首先选定一种色彩，然后调整其透明度或饱和度，将色彩减淡或加深，产生新的色彩，这样的页面看起来色彩统一，有层次感。

（2）面积对比

同一种色彩，面积越大，明度、纯度越强；面积越小，明度、纯度越低。面积大的时候，亮色显得更轻，暗色显得更重，这种现象称为色彩的面积效果。面积对比是指页面中各种色彩在面积上多与少、大与小的差别，会影响到页面的主次关系。

（3）对比色彩搭配

一般来说色彩的三原色（红、黄、蓝）最能体现色彩间的差异。色彩的对比越强，看起来就越具诱惑力，能够起到集中视线的作用。对比色可以突出重点，产生强烈的视觉效果。合理使用对比色能够使网站特色鲜明、重点突出。

（4）暖色色彩搭配

暖色色彩搭配是指红色、橙色、黄色、褐色等暖色调色彩的搭配。这种色彩搭配方式的运用，可使网页呈现温馨、和谐、热情的感觉。

（5）冷色色彩搭配

冷色色彩搭配是指使用绿、蓝、紫等冷色调色彩的搭配。使用这种色彩搭配，可使网页呈现宁静、清凉、高雅的感觉。冷色调与白色搭配一般会获得较好的效果。

（6）有主色的混合色彩搭配

有主色的混合色彩搭配是指以一种颜色作为主要颜色，即主色，同时辅以其他色彩混合搭配，形成缤纷而不杂乱的搭配效果。

（7）组色

组色是色环上距离相等的任意3种颜色。因为3种颜色形成了对比关系，所以组色被用做一个色彩主题时，会使浏览者产生紧张的情绪，一般在商业网站中不采用组色搭配。

网页色彩搭配的技巧

下面将介绍网页色彩搭配中的一些常见技巧：

（1）使用富有变化的单色

尽管网站设计要避免采用单一色彩，以免产生单调的感觉，但通过调整单一色彩的饱和度和透明度同样可以产生丰富的变化，使网站色彩充满层次感。

（2）使用邻近色

所谓邻近色，就是在色带上相邻近的颜色，如绿色和蓝色、红色和黄色就互为邻近色。采用邻近色设计网页可以使网页避免色彩杂乱，易于达到页面的和谐统一。

（3）使用对比色

对比色可以突出重点，产生强烈的视觉效果，通过合理使用对比色能够使网站特色鲜明、重点突出。在设计时一般以一种颜色为主色调，以对比色作为点缀，这样可以起到画龙点睛的作用。

（4）巧妙的黑色

黑色是一种特殊的颜色，如果使用恰当且设计合理，往往能产生很强烈的视觉效果。黑色一般用做背景色，并与其他纯度色彩搭配使用。

（5）使用背景色

背景色一般应采用素淡清雅的色彩，避免采用花纹复杂的图片和纯度很高的色彩，同时背景色还须与文字的色彩产生强烈对比。

（6）控制色彩的数量

在设计网页时使用多种颜色使页面变得很"花"，其结果就是网页缺乏统一性和内在的美感。事实上，网页用色并不是越多越好，一般控制在3种色彩以内，应该通过调整色彩的各种属性来产生变化。

网站建设的基本流程

开始建设网站之前就应该有一个整体的战略规划和目标，规划好网页的大致外观后就可以进行设计了。当整个网站测试完成后，就可以发布到网上了。大部分站点需要定期维护，以实现内容的更新和功能的完善。下面讲述网站建设的基本流程。

网站的需求分析

规划一个网站，可以用树状结构先把每个页面的内容大纲列出来。尤其当要制作一个大型的网站时，特别需要把架构规划好，也要考虑到以后的扩充性，免得以后还要再更改整个网站的结构。

1. 确定网站主题

网站主题就是将要建立的网站所要包含的主要内容，网站必须要有明确的主题。创建网站必须明确网站设计的目的和用户需求，主要针对哪些浏览者，为哪些用户服务，要认真规划和分析，要把握住主题。为了做到主题鲜明突出、要点明确，需要按照客户的要求，以简单明确的语言和页面体现站点的主题；调动一切手段充分表现网站的个性和趣味，让网站会说话，并很好地与读者进行互动，让读者记住网站。右图便是耐克网站目前的一个主题页面的设计，处处体现了运动与挑战自我，挑战未知的主题内容。

2. 收集素材

明确了网站的主题以后，就要围绕主题开始搜集素材了。要想让自己的网站有声有色，能够吸引住客户，就要尽量搜集素材，包括图片、音频、文字、视频、动画等。这些素材的准备很重要，搜集的素材越充分，以后制作网站就越容易。素材的准备既可以从图书、报刊、光盘、多媒体上得来，也可以自己制作或从网上搜集。素材搜集完毕后，要对其去粗取精，去伪存真。

3. 规划站点

一个网站设计得成功与否，很大程度上取决于设计者规划水平的高低。网站规划包含的内容很多，如网站的结构、栏目的设置、网站的风格、网站导航、颜色搭配、版面布局、文字图片的运用等。只有在制作网页之前把这些方面都考虑到了，才能在制作时驾轻就熟，胸有成竹。

制作网站页面

网页设计是一个复杂而细致的过程，一定要按照先大后小、先简单后复杂的次序来进行制作。所谓先大后小，就是说在制作网页时，先把大的结构设计好，再逐步完善小的结构设计。所谓先简单后复杂，就是先设计出简单的内容，然后再设计复杂的内容，以便出现问题时好修改。根据站点目标和主要用户对象去设计网页的版式以及网页内容的安排。一般来说，至少应该对一些主要的页面设计好布局，确定网页的风格。

在网页中保持排版和设计的一致性是很重要的。一般来说应做到让浏览者在网页间跳转时，不会因不同的外观或每页的导航栏在不同地方而感到困惑。

在制作网页时要多灵活运用模板和库，这样可以大大提高制作效率。如果很多网页都使用相同的版面设计，应为这个版面计划并设计一个模板，然后就以此模板为基础创建网页。

如果网站中的部分内容会在许多网页上出现，那么最好把这一部分做成库项目。这样，以后只要改变这个库项目，就可以使所有使用它的页面都进行相应的更改。

开发动态模块

页面设计制作完成后，如果还需要动态功能的话，就需要开发动态功能模块。网站中常用的功能模块有新闻发布系统、搜索功能、产品展示管理系统、在线调查系统、在线购物、会员注册管理系统、统计系统、留言系统、论坛及聊天室等。

对大型的购物网站而言，拥有完善的动态管理系统是必不可少的，它是管理和维护网站的核心所在。一个基本的购物系统包括客户管理系统、商品展示管理系统、购物车系统、订单管理系统等。右图为包含动态模块的在线购物网站。

申请域名和服务器空间

域名是Internet网络上的一个服务器或一个网络系统的名字，在全世界没有重复的域名。域名由若干个英文字母和数字组成，用"."分隔成几部分，如www.qq.com就是一个域名。域名被誉为"企业的网上商标"，没有一家企业不重视自己产品的标识商标，域名的重要性及其价值，也已经被全世界的企业所认识。在选取域名的时候，要遵循以下两个基本原则。

- 域名应该简明易记，便于输入。这是判断域名好坏最重要的因素。一个好的域名应该短而顺口，便于记忆，最好让人看一眼就能记住，而且读起来发音清晰，不会导致拼写错误。此外，域名选取还要避免同音异义词。
- 域名要有一定的内涵和意义。用有一定意义和内涵的词或词组做域名，不但可记忆性好，而且有助于实现企业的营销目标。如企业的名称、产品名称、商标名或品牌名等都是不错的选择，这样能够使企业的网络营销目标和非网络营销目标达成一致。

网站制作好了，怎样发布到互联网上，以便让浏览者来访问呢？这就需要一台服务器作为主机用来存放做好的网站，同时还需要架设一条宽带线路把主机连接到因特网上。架设主机需要很大的资金投入，一台服务器少则几万元，多则几十万元；服务器需要全天候开机，机房要求恒温无尘，要有专业人员维护；同时还要架设一条专线连接到因特网。

由于企业自己购买服务器、租用DDN专线和聘请专业工程师管理网站费用昂贵，因此企业一般采取租用Internet服务商服务器硬盘空间的方式，这样可大大节约费用，又可将专业技术问题交由服务商处理。用FTP软件将做好的网页上传到所租用的空间上，即完成网站建设。

很多新手对于如何注册域名并不是很清楚，其实注册过程并不复杂，一般流程为：选择域名注册服务商→查询自己希望的域名是否已经被注册→注册用户信息→支付域名注册服务费→提交注册表单→域名注册完成。下面将通过实例来演示域名注册的具体操作。

01 用户在域名注册时，首先要选择域名注册服务商。打开www.hicn.com.cn的首页，输入想要注册的域名，选择需要的域名后缀，单击"查询"按钮。

02 若查询结果显示不可注册，则表示输入的域名是不可用；若可以注册则表示这个域名是可以注册的，在得到查询结果后，单击"马上注册"按钮。

03 将域名拷贝到弹出的域名注册信息框，选择申请年限，根据需要逐步进行选择。

04 单击"下一步"按钮，进入下一步操作界面，填写注册人信息。填写完成后单击"确定"按钮，进入下一步操作界面。

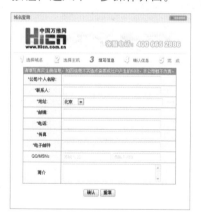

接下来，中国万维网工作人员与注册人联系确认申请业务和费用明细后，会将服务项目和订单ID发送到注册信息中填写的E-mail信箱中。注册人按照与中国万维网业务通知信中的付费方式进行付费。付费成功后，中国万维网进行付款确认，开通业务。

网站的推广

目前，网络推广主要有以下几种形式，这几种方式各有特点，下面逐一介绍。

1. 登录搜索引擎

据统计，除电子邮件以外，信息搜索已成为第二大因特网应用。并且随着技术进步，搜索效率不断提高，用户在查询资料时不仅越来越依赖于搜索引擎，而且对搜索引擎的信任度也日渐提高。有了如此雄厚的用户基础，利用搜索引擎宣传企业形象和产品服务当然能获得极好的效果。所以对于信息提供者，尤其是对商业网站来说，目前很大程度上也都是依靠搜索引擎来扩大自己的

知名度。右图为在百度搜索引擎网站推广页面。注册时尽量详细地填写企业网站中的信息，特别是关键词尽量写得普遍化、大众化一些。

在搜索引擎中检索信息都是通过输入关键词来实现的，因此在登录搜索引擎时一定要填写好关键词。那么如何才能找到最适合的关键词呢？

首先，要仔细揣摩潜在客户的心理，设想他们在查询与网站有关的信息时最可能使用的关键词，并一一记录下来。不必担心列出的关键词太多，相反你找到的关键词越多，覆盖面会越大，就越有可能从中选出最佳的关键词。

2. 电子邮件推广

电子邮件推广是利用邮件地址，将信息通过E-mail发送到对方邮箱，以此来达到宣传推广的目的。电子邮件是目前使用最广泛的因特网应用。它方便快捷，成本低廉，不失为一种有效的联络工具。右图为使用电子邮件推广网站。

相比其他网络营销手法，电子邮件营销速度非常快。搜索引擎优化需要几个月，甚至几年的努力，才能充分发挥效果。博客营销更是需要时间以及大量的文章，而电子邮件营销只要有邮件数据库在手，发送邮件后几小时之内就会看到效果，产生订单，使商家可以立即与成千上万潜在的和现有的顾客取得联系。

由于发送E-mail的成本极低且具有即时性，因此，相对于电话或邮寄，顾客更愿意响应营销活动。相关调查报告显示，E-mail的点击率比网络横幅广告和旗帜广告的点击率平均高5%～15%，E-mail的转换率比网络横幅广告和旗帜广告的转换率平均高10%～30%。

3. 在新闻组和论坛上发布网站信息

因特网上有大量的新闻组和论坛，人们经常就某个特定的话题在上面展开讨论和发布消息，其中当然也包括商业信息。实际上专门的商业新闻组和论坛数量也很多，不少人利用它们来宣传自己

的产品。但是，由于多数新闻组和论坛是开放性的，几乎任何人都能在上面随意发布消息，所以其信息质量比起搜索引擎来要逊色一些。而且在将信息提交到这些网站时，一般都被要求提供电子邮件地址，这往往会给垃圾邮件提供可乘之机。当然，在确定能够有效控制垃圾邮件的前提下，企业不妨考虑利用新闻组和论坛来扩大宣传面。右图为在淘宝网的论坛中发布信息推广网站。

4. 网络广告

网络广告就是在网络上做的广告，即利用网页上的广告横幅、文本链接、多媒体的方法，在因特网刊登或发布广告，通过网络传递到因特网用户的一种高科技广告运作方式。一般形式是各种图形广告，称为旗帜广告。网络广告本质上还是属于传统宣传模式，只不过载体不同而已。右图为使用网络广告推广网站。

5. 交换链接/广告互换

网站之间互相交换链接和旗帜广告有助于增加双方的浏览量，右图为交换链接。如果网站提供的是某种服务，而其他网站的内容刚好与之形成互补，这时不妨考虑双方建立链接或交换广告，一来可以增加双方的浏览量，二来可以给客户提供更加周全的服务，同时也避免了直接的竞争。

此外，还可以考虑与门户或专业站点建立链接，不过这项工作负担很重。因为首先要逐一确定链接对象的影响力，其次要征得对方的同意。

6. 登录导航网站

现在，国内有大量的网址导航类站点，如http://www.hao123.com/、http://www.265.com/等。在这些网址导航类站点上做链接，也能带来大量的流量，不过现在想登录上像hao123这种流量特别大的站点并不是件容易的事。右图为将网站登录在网址之家hao123上。

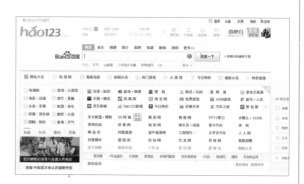

7. 软文炒作推广

顾名思义，软文是相对于硬性广告而言，由企业的市场策划人员或广告公司的人员来负责撰写的"文字广告"。与硬广告相比，软文的精妙之处就在于一个"软"字，好似绵里藏针、收而不露、克敌于无形，等到发现这是一篇软文的时候，已经冷不丁地掉入了被精心设计过的"软文广告"陷阱。

通过软文可以把自己的一些需要宣传或推广的事件主动暴露给报纸、杂志、网站等媒体，以达到做广告的效果和提高知名度的目的。软文在当前已成为一种非常实用的宣传方法，常能取得硬性广告达不到的效果。

在软文里加网址是最常见的一种广告形式，但是大部分软文都会被管理员删除。如果是可读性并不很强的文章，网址与文章内容关系不大，那么这篇软文就不会被继续转载。所以要想使带网址的软文具有传播性，必须要让文章具有可读性、震撼性、名人性、关联性，名人所写的与某一个网站有关系的文章，一般都会被不断地转载。

总之，网站推广是每一位"站长"都迫切关心的事情。除了以上介绍的方式外，还有各种各样的方式，例如利用聊天工具推广（QQ、阿里旺旺、飞信等）、利用第三方平台推广、视频推广、下载推广、博客推广等等。有的很相似，有的很另类，各位"站长"可以根据自身条件和外部环境，挑选自己喜欢的方式手法推广自己的网站。

Dreamweaver CC操作环境

Dreamweaver CC 是一个所见即所得的网页编辑工具，能够使网页和数据库相关联，且支持最新的 HTML 和 CSS，用于对 Web 站点、Web 页和 Web 应用程序进行设计、编码和开发。

Dreamweaver CC包含有一个崭新、简洁、高效的界面，其中的部分性能也得到了改进。它不仅是专业人员制作网站的首选工具，也是广大网页制作爱好者的创作利器。在学习Dreamweaver CC之前，先来了解一下它的工作环境，主要包括菜单栏、文档窗口、属性面板、面板组。

菜单栏

标题栏主要包括"文件"、"编辑"、"查看"、"插入"、"修改"、"格式"、"命令"、"站点"、"窗口"和"帮助"菜单项。

- 文件：用于查看当前文档或对当前文档进行操作。
- 编辑：包括用于基本编辑操作的标准菜单命令。
- 查看：可以设置文档的各种视图，还可以显示与隐藏不同类型的页面元素和工具栏。
- 插入：提供了插入栏的扩充选项，用于将合适的对象插入到当前的文档中。
- 修改：用于更改选定页面元素或项的属性。使用此菜单，可以编辑标签属性，更改表格和表格元素，并且为库和模板执行不同的操作。
- 格式：可以设置文本的格式。
- 命令：提供对各种命令的浏览。
- 站点：用来创建与管理站点。
- 窗口：用来打开与切换所有的面板和窗口。
- 帮助：内含Dreamweaver帮助、技术中心和Dreamweaver的版本说明等内容。

文档窗口

文档窗口显示当前创建和编辑的网页文档。可以在设计视图、代码视图、拆分视图和实时视图中分别查看文档。

- 设计视图：一个用于可视化页面布局、可视化编辑和快速应用程序开发的设计环境。
- 代码视图：一个用于编写和编辑HTML、JavaScript、服务器语言代码的手工编码环境。
- 拆分视图：可以在一个窗口中同时看到同一文档的代码视图和设计视图。
- 实时视图：与设计视图类似，实时视图更逼真地显示文档在浏览器中的表示形式。

"属性"面板

"属性"面板位于状态栏的下方，用来设置页面上正被编辑内容的属性。通过在菜单栏中执行"窗口>属性"命令，或者按下【Ctrl+F3】组合键的方式打开或关闭"属性"面板，如下图所示。根据当前选定内容的不同，"属性"面板中所显示的属性也会不同。在大多数情况下，对属性所做的更改会立刻应用到文档窗口中，但是有些属性则需要在属性文本框外单击鼠标左键或按下【Enter】键才会有效。

面板组

除"属性"面板外其他的面板统称为浮动面板，这主要是根据面板的特征命名的。每个面板组都可以展开和折叠，并且可以和其他面板组停靠在一起或取消停靠。这些面板都是浮动于编辑窗口之外。在初次使用Dreamweaver的时候，这些面板根据功能被分成了若干组，如右图所示。若要折叠或展开停放中的所有面板，单击面板右上角的"展开面板"按钮。

UNIT 64 Dreamweaver CC的新增功能

Dreamweaver CC 带来的新功能和其他增强功能，包括网页元素快速检查、实时检查中的新编辑功能、CSS 设计工具增强功能、实时插入、使用身份文件支持 SFTP 连线、还原／重做增强功能、Business Catalyst 和 PhoneGap Build 工作流程的变化、存取 Dreamweaver 扩展功能的变化、同步设置、直接从 Dreamweaver 发送错误／功能要求、帮助中心等。

1. 网页元素快速检查

使用新增的"元素快速检查"功能来检查文件中的标记，可为静态和动态内容产生互动式 HTML 树状结构。直接在 HTML 树状结构中修改静态内容结构。

2. 实时检查中的新编辑功能

Dreamweaver CC可以直接在"实时检查"中检查及变化任何 HTML 元素的属性，不需要重新整理任何项目即可查看其外观。

3. CSS设计工具增强功能

边框控制项界面增强，复制粘贴样式，快速编辑文字块，自定义属性工作流程增强功能，支持使用键盘快捷键新增或删除 CSS 选择器和属性，也可以在"属性"面板中的属性群组之间浏览。

4. 使用身份文件支持与SFTP服务器连线

Dreamweaver CC新版可以根据"身份密钥"(无论有没有复杂密码)，验证 SFTP 服务器的连线。

5. 存取Dreamweaver扩展功能的变化

可以使用Adobe Creative Cloud，检查并安装 Dreamweaver 扩展功能。扩展功能现在称为"附加元件"。如果要浏览 Adobe Creative Cloud 寻找附加元件，可以在 Dreamweaver中执行"窗口>浏览附加元件"命令。随即显示 Adobe Creative Cloud 附加元件页面。

UNIT 65 文档的基本操作

Dreamweaver 为处理各种网页设计和开发文档提供了灵活的环境，除了 HTML 文档以外，还可以创建和打开各种基于文本的文档。

创建空白文档网页

创建网页是必不可少的操作，那么如何才能创建一个网页呢？

实训项目 空白文档的创建

下面将以创建空白文档为例，具体介绍其创建过程。

01 首先启动运行Dreamweaver软件，然后在菜单栏执行"文件>新建"命令，打开"新建文档"对话框。

02 在 "空白页"选项面板下的"页面类型"列表框中选择HTML选项，然后单击"创建"按钮，即可创建一个空白文档。

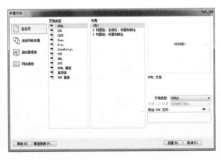

设置页面属性

网页的页面属性包括网页的"外观"、"链接"、"标题"、"标题/编码"和"跟踪图像"等信息，下面分别介绍这些属性。

对于在Dreamweaver CC中创建的每个页面，都可在"页面属性"对话框中指定布局和格式设置属性，包括页面的默认字体和字体大小、背景颜色、边距、链接样式及页面设计等。既可为创建的每个新页面指定新的页面属性，也可修改现有的页面属性。

（1）外观属性

执行"修改>页面属性"命令，在弹出的"页面属性"对话框中可以设置页面属性，如右图所示。

- 在"页面字体"下拉列表中选择文本字体。
- 在"大小"下拉列表框中选择文本字号。
- 在"文本颜色"文本框中设置文本颜色。
- 在"背景颜色"文本框中设置背景颜色。
- 在"背景图像"文本框设置背景图像。
- 左边距、上边距、右边距、下边距用来指定页面四周边距大小。

（2）链接属性

在"分类"列表框中选择"链接"选项，如右图所示。

- 在"链接字体"下拉列表中选择页面链接文本的字体。
- 在"大小"下拉列表框中选择超链接文本的字体大小。
- 在"链接颜色"文本框中可以设置超链接文本的颜色。
- 在"变换图像链接"文本框中可以设置页面里变换图像后超链接文本的颜色。
- 在"已访问链接"文本框中选择网页中浏览过的超链接文本的颜色。
- 在"活动链接"文本框中设置激活的超链接文本的颜色。
- 在"下划线样式"下拉列表中选择应用于超链接的下划线样式。

（3）标题属性

在"分类"列表框中选择"标题（CSS）"选项，在"标题（CSS）"区域设置与页面标题有关的属性，如右图所示。

- 在"标题字体"下拉列表中选择标题的字体。
- 在"标题1"～"标题6"下拉列表框中设置标题字的大小。
- 在"标题1"～"标题6"后面的颜色框中可以设置标题字的颜色。

（4）标题/编码属性

在"分类"列表框中选择"标题/编码"选项，在"标题/编码"区域设置与标题/编码有关的属性，如右图所示。

其中，在"标题"文本框中可输入网页标题。

在"编码"下拉列表中可以选择网页的文字编码。

(5) 跟踪图像属性

在"分类"列表框中选择"跟踪图像"选项，此时可以设置跟踪图像的属性，如右图所示。跟踪图像一般在设计网页时作为网页背景，用于引导网页的设计。单击文本框右边的"浏览"按钮，弹出"选择图像源文件"对话框，选择一个图像作为跟踪图像。拖动"透明度"滑块可以设置图像的透明度，透明度越高，图像显示得越不明显。

UNIT 66 体验创建网页的乐趣

本章主要介绍了网页设计与网站建设的基本概念，并且初步介绍了 Dreamweaver CC 使用方法，下面将讲述一个简单网页的创建过程。

01 执行"文件>新建"命令，打开"新建文档"对话框。

02 在对话框的"空白页"选项面板的"页面类型"列表框中选择HTML选项，然后单击"创建"按钮，即可创建一个空白文档。

03 执行"修改>页面属性"命令，弹出"页面属性"对话框。在对话框左侧的"分类"列表框中选择"外观（CSS）"选项。

04 将"大小"设置为14，"背景颜色"设置为#f6f6f4，左边距、上边距、下边距和右边距均设置为2px，选择背景图像，单击"确定"按钮，完成页面属性的设置。

05 将插入点置于页面中,执行"插入>表格"命令,弹出"表格"对话框。

06 在对话框中将"行数"设置为2,"列"设置为2,"表格宽度"设置为960像素,"边框粗细"设置为0像素,单击"确定"按钮,插入表格。

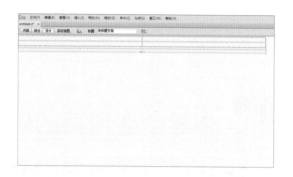

07 将插入点置于表格的第1行第1个单元格中,执行"插入>图像"命令,弹出"选择图像源文件"对话框。

08 在对话框中选择要插入的图像,单击"确定"按钮,插入图像,并调整单元格宽度。

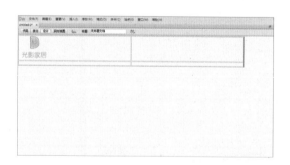

09 将插入点置于表格的第1行第2列的单元格中,执行"插入>表格"命令,插入一个1行7列的表格。

10 在刚插入的表格中分别输入相应内容。

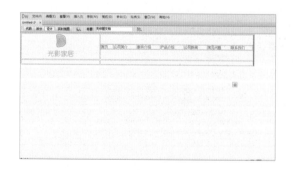

11 将鼠标选中第2行的第1列和第2列，看底部的属性面板，图片标黑的地方，并单击合并单元格。

12 此时可以看到，两列表格变为一行。

13 将插入点置于刚插入表格的第2行第2列单元格中，执行"插入>图像"命令，插入图像。

14 执行"文件>保存"命令，弹出"另存为"对话框。在对话框中的"文件名"文本框中输入名称。

15 单击"保存"按钮，保存文档。然后即可在浏览器中预览效果。

秒杀 应用疑惑

01 动态网页与静态网页有哪些区别？

动态网页与静态网页是相对应的，静态网页URL的后缀是htm、html、shtml、xml等形式，而动态网页以aspxasp、sp、php、perl、cgi等形式为后缀，并且在动态网页网址中有一个标志性的符号，即"?"。

- 动态网页制作比较复杂，需要用到ASP、PHP、JSP和ASP.NET等专门的动态网页设计语言。
- 动态网页以数据库技术为基础，可以大大降低网站维护的工作量。
- 采用动态网页技术的网站可以实现更多的功能，如用户注册、用户登录、搜索查询、用户管理、订单管理等。
- 动态网页并不是独立存在于服务器上的网页文件，只有当用户请求时，服务器才会返回一个完整的网页。
- 动态网页中的"？"符号对搜索引擎检索存在一定的问题，搜索引擎一般不可能从一个网站的数据库中访问全部网页，因此采用动态网页技术的网站在进行搜索引擎推广时，需要做一定的技术处理才能适应搜索引擎的要求。

02 测试站点主要包括哪些方面？

在完成了对站点中页面的制作后，就可以将其发布到Internet上供大家浏览和观赏了。但是在此之前，应该对所创建的站点进行测试。

（1）在测试站点过程中，应确保在目标浏览器中网页能够如预期地显示和工作，没有无效的链接，以及下载时间不宜过长等。

（2）了解各种浏览器对Web页面的支持程度，在不同的浏览器中观看同一个Web页面，会有不同的效果。很多制作的特殊效果，在有些浏览器中可能看不到，为此需要进行浏览器兼容性检测，以找出不被这些浏览器支持的部分。

（3）检查链接的正确性。可以通过Dreamweaver提供的检查链接功能来检查文件或站点中的内部链接及孤立文件。

03 网页的基本组成元素有哪些？

一般网页的基本要素包括：页面标题、网站标志、导航栏以及文本和图片等。

- 页面标题：网站中的每一个页面都有一个标题，用来提示该页面的主要内容。
- 网站标志：网站标志一般在网站左上角，在网站的推广中将起到事半功倍的效果。
- 导航栏：导航既是网页设计中的重要部分，又是整个网站设计中较独立的部分。
- 文本和图片：文本和图片是网页传递信息的主要载体。

1. 申请域名和空间

制作流程：

（1）选择域名注册服务商；
（2）查询域名是否已经被注册；
（3）填写注册用户信息；
（4）支付域名注册服务费；
（5）提交注册表单。

2. 启动网页设计程序并熟悉其操作界面

制作流程：

（1）双击Dreamweaver CC的桌面图标或是通过开始菜单启动；
（2）在启动页上，通过单击相应的超链接浏览Dreamweaver CC的新功能；
（3）单击HTML链接进入其操作界面准备创建网页。

3. 根据本章所学的创建一个简单网页

制作流程：

（1）新建文档；
（2）设置文档属性、背景图像；
（3）插入表格；
（4）输入文本内容；
（5）设置对象对齐方式。

站点是由多个网页以及一些相关资源文件的组合。在制作网页前，应该对站点整体进行规划。在Dreamweaver CC中，站点的管理是通过站点创建和站点管理实现的。通过站点可以很容易实现网站中所包含文件的集中管理。站点创建允许创建本地站点或者远程站点，站点管理则可以实现站点的导入、修改、删除及复制操作。当然，Dreamweaver CC也可以对单独的网页进行创建和修改操作。

15 chapter 创建和管理站点

▎学习目标▎

- 了解站点相关知识
- 掌握站点创建操作
- 掌握站点设置操作
- 掌握站点管理操作
- 掌握站点上传操作
- 熟悉站点创建流程

精彩推荐

△ 站点上传和更新

△ 创建简单站点

站点的创建

在制作网页之前，应该首先在本地创建一个站点。一个站点实际上就是一个文件夹，用来存放网站相关页面，例如网站图片文件、网页样式文件等。然后通过 Dreamweaver CC 再向站点中添加新的网页或者其他相关文件。通过站点实现对网站的有效管理，减少各种链接文件的错误。

新手创建站点切忌盲目，应该对网站进行整体规划。按照网站中存储的文件类型进行规划，将不同类型的文件分别存放在不同的文件夹下。例如，在网站的根目录下创建images文件夹用来存放网站所有图像文件，创建css文件夹用来存放网站样式文件（*.css）。有时候网站结构特别复杂，包含网页特别多，这就需要根据网页主题创建相应的文件夹，把相关主题的网页存放在一起，使得网站的管理更加方便，而不容易出错。

实训项目 创建本地站点

在Dreamweaver中创建站点非常简单，下面讲述怎样利用Dreamweaver CC创建本地站点，具体操作步骤如下。

01 启动Dreamweaver CC，执行"站点>新建站点"命令，弹出"站点设置对象"对话框。

02 在对话框中的左边选中"站点"选项，在右面"站点名称"文本框中输入站点的名称。

03 单击"浏览文件夹"按钮，在打开的对话框中指定站点存储路径，单击"选择根文件夹"按钮，将选择的路径作为站点文件存储的根路径。

04 单击"保存"按钮。执行"窗口>文件"命令，打开"文件"面板，即可看到已经创建好的本地站点。

站点的设置

　　打开站点，选中刚刚创建的"机械制造站点"，打开后，在对话框中左边选中"高级设置"选项，单击"高级设置"前面的三角符号，展开高级设置的其他选项，其中包括"本地信息"、"遮盖"、"设计备注"、"文件视图列"、Contribute、"模板"、Spry和"web字体"等选项，用户可根据需要进行相应的设置。

　　(1)"本地信息"选项卡
　　该选项卡主要用来设置本地站点的基本信息，如下左图所示。
　　(2)"文件视图列"选项卡
　　该选项卡主要用来设置在"文件"面板中各文件需要显示的信息，如下右图所示。

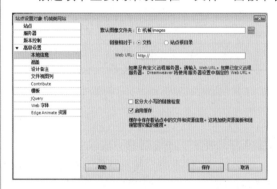
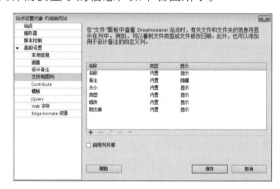

　　(3)"遮盖"选项卡
　　该选项卡主要用来设置"遮盖"功能，该功能能够实现在执行"获取"或"上传"等操作时，排除本地或服务器上的特定文件或文件夹。默认情况下，勾选"启用遮盖"复选框，如下左图所示。
　　(4)"设计备注"选项卡
　　该选项卡主要提供与文件相关联的备注信息，单独存储在独立文件中。可以使用该功能来记录与文档关联的其他文件信息，如图像文件名称和文件状态说明等。默认情况下，勾选"维护设计备注"复选框，如下右图所示。

　　(5)Contribute选项卡
　　勾选"启用Contribute兼容性"复选框，可以提高与Contribute用户的兼容性，允许Contribute站点管理员对普通用户对站点的操作进行限制，如下左图所示。

(6)"模板"选项卡

该选项卡用来设置站点模板在执行更新操作时，是否重新设置模板文件中链接的文档相对路径，如下右图所示。

(7) jquery选项卡

jquery 是一个页面元素，可完成例如显示或隐藏页面上的内容、更改页面的外观（如颜色）、与菜单项交互等强大功能。jquery选项卡用于指定本地站点所使用的jQueryAssets资源文件，如下左图所示。

(8)"Web字体"选项卡

该选项卡主要用来设置站点使用的特殊字体的存放路径，如下右图所示。

"本地信息"选项卡参数介绍如下：

● "默认图像文件夹"选项：指定当前站点图像文件的默认存放路径，该路径需要提前创建好。

● "链接相对于"选项：在站点中创建指向其他资源或页面的链接时，可以指定 Dreamweaver 创建的链接类型。在此，可创建两种类型的链接，即文档相对链接和站点根目录相对链接。默认是文档相对链接。如果更改选项，选择"站点根目录"单选按钮，请确保Web URL文本框中输入了正确的Web URL地址。

● Web URL选项：设置Web站点访问的URL地址。Dreamweaver 使用 Web URL 创建站点根目录相对链接，并在使用链接检查器时验证这些链接。Web站点URL设置为http://localhost或http://127.0.0.1，则表示本地服务器。

● "区分大小写的链接检查"复选框：在 Dreamweaver 检查链接时，将检查链接的大小写与文件名的大小写是否相匹配。

● "启用缓存"复选框：指定是否创建本地缓存以提高链接和站点管理任务的速度。

站点的管理

在 Dreamweaver CC 中，可以通过"管理站点"对话框实现对站点的编辑、删除以及导出导入等操作。

执行"站点>管理站点"命令，打开"管理站点"对话框，如右图所示。

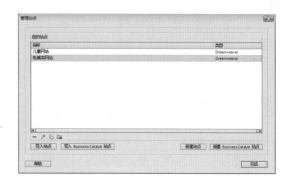

1. 删除站点

在"管理站点"对话框中，单击 ━ 按钮可实现对没用的站点执行删除操作。该操作仅是在 Dreamweaver CC 中清除该站点信息，并不会删除站点实际文件。操作如下：

首先在"管理站点"对话框中选中要删除的站点名称，之后单击 ━ 按钮，将弹出系统确认对话框，单击"是"按钮，即可删除当前选中站点，如下左图所示。

2. 编辑站点

在"管理站点"对话框中，单击 ✎ 按钮可实现对选中的站点重新编辑修改。

编辑站点的操作很简单，在"管理站点"对话框中选中要编辑的站点名称，单击 ✎ 按钮，会打开"站点设置对象"对话框，可以重新设置站点信息。设置完站点属性后，单击"保存"按钮，对所做的修改进行保存即可，如下右图所示。

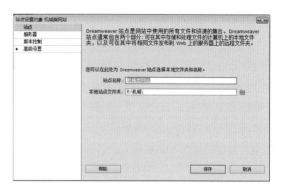

3. 复制站点

在"管理站点"对话框中，单击 ⬚ 按钮可对选中站点进行复制，从而创建多个结构相同的站点。

实训项目 站点的复制

下面针对复制站点的操作进行介绍。

01 在"管理站点"对话框中选中要复制的站点名称。单击 ⬚ 按钮，复制的站点名称会在源站点名称后附加"复制"字样，同时出现在"管理站点"对话框的列表项中。

02 默认情况下，复制的站点存储路径会和源站点路径一致。若要修改复制站点的存储路径，只需双击该复制站点的名称，系统自动弹出"站点设置对象"对话框，在"本地站点文件夹"重新设置存储路径即可。

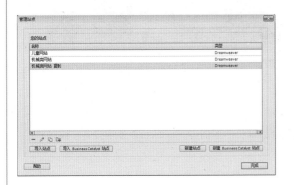
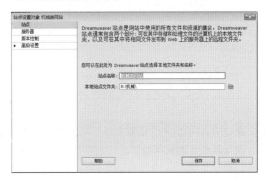

> **TIP** 如果重新设置复制站点的存储路径，则新路径所在文件夹是空的。要想真正复制源站点的内容需要手动将源站点的文件夹复制到复制站点的文件夹下。

4. 导出站点

在"管理站点"对话框中，单击 ⬚ 按钮可以将当前站点配置文件（*.ste）导出到指定路径下。

若要导出多个站点，则可以在按住【Ctrl】键的同时选中多个站点，对多个站点同时导出，右图为"导出站点"对话框。

> **TIP** 站点配置文件（*.ste）是采用XML格式记录站点的设置信息，一般需要将*.ste文件导出到当前站点的根目录下，以便以后对站点进行导入。

5. 导入站点

在"管理站点"对话框中，单击"导入站点"按钮，弹出"导入站点"对话框，在该对话框中可以将站点的配置文件导入到Dreamweaver中。

实训项目 站点的导入

下面将对站点的导入操作进行详细介绍。

01 在"管理站点"对话框中，单击"导入站点"按钮。在打开的"导入站点"对话框中指定导入的站点的配置文件（*.ste），单击"打开"按钮。

02 站点配置文件导入成功，则系统会从配置文件中读取导入站点的相关信息，将站点名称显示在"管理站点"列表项中，然后单击"完成"按钮，浏览到该站点的文件信息。

TIP 通过导入/导出站点设置文件，可实现同一站点在多台计算机中的Dreamweaver软件中打开、编辑修改以及站点调试等操作。

UNIT 70 站点的上传

本地站点一旦创建成功，测试没有问题，就需要将本地存放的站点文件上传到远程服务器上，由远程服务器对站点进行发布管理并指定 URL 地址，这样客户端就能通过 IE 浏览器真正浏览网站页面。

实训项目 上传站点

在Dreamweaver CC中可以很轻松的完成站点的上传操作，其具体的操作步骤如下：

01 启动Dreamweaver CC，执行"窗口>文件"命令，打开"文件"面板。

02 单击"房地产网站"站点下拉按钮，选择"管理站点"选项。

03 将弹出"管理站点"对话框，从中选择要上传的站点，然后单击 按钮，打开"站点设置对象"对话框。

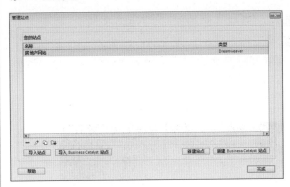

05 将"连接方法"设为FTP，其中"FTP地址"是指要上传的服务器IP地址，"用户名"和"密码"指申请的账号和密码。

> **TIP** 采用FTP方式上传本地站点，需要远程服务器安装相应的FTP服务器软件，例如Server-U软件，在远程服务器端对FTP服务器进行必要的设置后，就可以通过Dreamweaver CC实现本地站点的FTP上传。

06 完成后单击"保存"按钮添加服务器。接着依次关闭对话框，最后单击"文件"面板中 按钮，连接远程服务器。

04 随后，单击左边"服务器"选项卡，切换到"服务器"选项面板。在对话框右侧列表框下单击 按钮，设置上传的站点服务器信息。

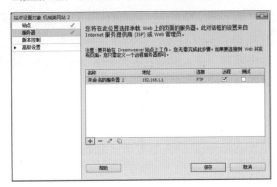

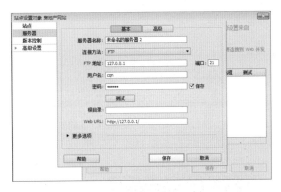

07 连接成功后，在"文件"面板中选择本地文件，单击"上传文件"按钮 即可。单击"下载文件"按钮 ，可将远程服务器上的站点文件下载到本地。

> **TIP** 站点更新就是将本地站点文件重新编辑，然后上传到远程服务器，替换掉原来的站点文件。

我的第一个站点

要创建一个网站，需要获取用户需求，准备网站素材（例如图片、Flash 文件），然后才是利用 Dreamweaver 软件进行网站界面设计。前期工作准备的如果充分，后期的站点制作就会很顺利。所以前期花费的时间最长，有时需要反复和用户交流，不断更新用户需求，而后期就不会占用太多时间。

这里将创建一个关于植物园的网站，该站点包含images文件夹用来存放站点所需图像文件，包含css文件夹存放站点样式文件，包含一个网页introduction.html介绍植物园的概况，右图为最终效果。

01 启动Dreamweaver CC，执行"站点>新建站点"命令，打开"站点设置对象"对话框，设置站点名称和站点存放的本地文件夹。

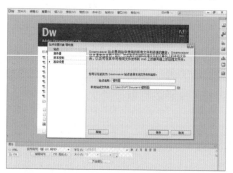

02 设置完成后单击"保存"按钮。随后执行"窗口>文件"命令，打开"文件"面板，此时，站点文件夹内没有任何文件。

03 选择"站点-植物园"并右击，在弹出的快捷菜单中选择"新建文件夹"命令，默认情况下，新建的文件夹名称为untitled，更改名称为images。

04 同时将图像文件手动复制到当前站点的images目录下。按照同样的方法，在当前站点目录中创建新建文件，将默认名称更改为introduction.html。

05 在"文件"面板中，双击introduction.html文件，然后执行"插入>表格"命令，在网页中插入一个4行1列表格，单击"确定"按钮。

07 将光标移到表格中，执行"插入>图像"命令，弹出"选择图像源文件"对话框，选择图像文件banner.jpg，单击"确定"，在表格中插入图像。

09 将光标移到表格的第2行单元格中，在属性面板中设置单元格的水平对齐方式为"左对齐"，垂直对齐方式为"顶端"，高度值为40像素。

06 选中表格，在属性面板中将对齐方式设置为"居中对齐"，同时将"填充"、"间距"以及"边框"属性均设为0。

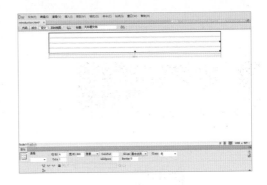

08 将光标移到表格的右边，执行"插入>表格"命令，插入一个1行1列表格，并设置其对齐方式为"居中对齐"，"填充"、"间距"以及"边框"值均为0，"宽度"为800像素。

10 将光标移到第2行单元格中，执行"插入>图像"命令，插入menu.jpg图像。

11 将光标移到第3行单元格中，在属性面板中设置单元格的水平对齐方式为"左对齐"，垂直对齐方式为"居中"，背景色为"#edfbe1"。

12 将光标移到第3行单元格中，输入并选中文字，通过右击打开"新建CSS规则"对话框，设置选择器类型为"类（可应用于任何HTML元素）"，选择器名称为.style_header，单击"确定"按钮。

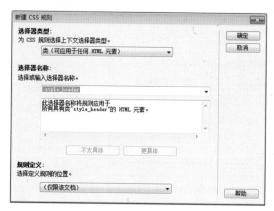

13 弹出"将样式表文件另存为"对话框，单击 按钮，命名为css，在对话框中双击该文件夹将其打开，为新建的样式表文件命名为style1，单击"保存"按钮。

14 弹出".style_header的css规则定义（在style1.css中）"对话框，左边选择"类型"选项卡，在右边设置字体类型为"宋体"，字体大小为14像素，字体颜色为#000000，行高为22像素。

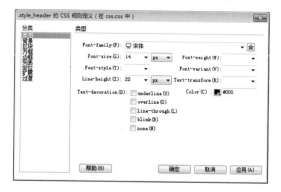

15 在".style_header的css规则定义（在style1.css中）"对话框，左边选择"区块"选项卡，在右边设置垂直对齐方式为text-top，文本对齐方式为left，单击"确定"按钮。

16 将光标移到第4行中，背景色设置为#d8d8d8，高度设置为40，垂直设置为"居中"，水平设置为"居中对齐"，并输入版权信息。

17 选中版权信息文字，通过右击弹出"新建 CSS规则"对话框，设置选择器类型为"类（可应用于任何HTML元素）"，选择器名称为.style_tex，规则定义选择"（style1.css）"，单击"确定"按钮。

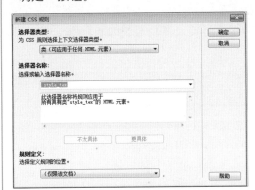

18 弹出".style_tex的css规则定义（在css.css中）"对话框，左边选择"类型"选项卡，设置字体类型为Aril，字体大小为12像素，字体颜色为"#000000"，行高为22像素，单击"确定"按钮。

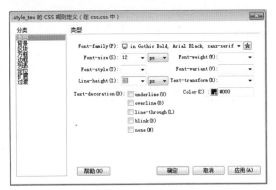

19 单击"在浏览器中浏览/调试" 按钮，选择"预览方式：IExplore"选项，打开IE预览最终效果，也可以按【F12】键预览。

> **TIP**
> 在HTML网页中，空格、版权符号、<、>等都属于特殊符号，不能直接将其写入HTML网页，需要使用HTML替代标记表示。
> 例如，空格使用" "表示，在Dreamware中可以通过执行"插入>HTML>特殊字符"命令，在HTML网页中插入各种特殊字符。

01 如何创建本地站点?

创建本地站点执行步骤如下:

(1)执行"站点>新建站点"命令,打开"站点设置对象"对话框。

(2)在"站点设置对象"对话框中切换到"站点"选项面板,然后设置站点名称和本地站点文件夹。

本地站点所需的图像资源也需要手动复制到站点根目录下的相关文件夹,例如images。

02 如何利用FTP上传本地站点?

利用Dreamweaver CC 的FTP功能上传本地站点执行步骤如下:

(1)上传本地站点之前需要首先下载安装提供FTP服务的软件例如Server-U。

(2)配置FTP相应服务,这需要FTP管理员分配账号、指定权限及上传下载目录。

(3)接下来就可以利用Dreamweaver站点管理功能,配置FTP远程服务器。"FTP地址"输入安装FTP服务的计算机地址,"用户名"输入FTP分配的账号。

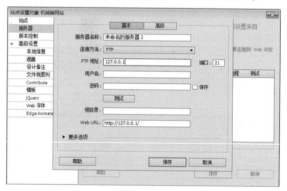

(4)单击"测试"按钮,如果出现如下提示信息框,则说明远程服务器连接成功,在后续的站点上传就不会出现服务器连接失败。

(5)执行"窗口>文件"命令,在文件面板中完成站点上传和下载功能。

动手练一练

1. 利用所学过的知识创建本地站点，完成Index1.html页面，输入并设置网页字体

制作流程：

（1）执行"站点>新建站点"命令。

（2）创建资源文件夹，将相关图片和style.css文件复制到本地站点。

（3）执行"文件>新建"命令，创建站点首页，输入并设置网页字体。

（4）保存文档页面。

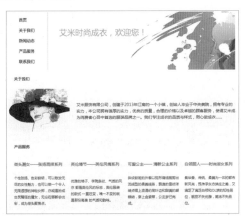

2. 利用所学过的知识，完成站点的导入、导出操作

制作流程：

（1）启动Dreamweaver CC，执行"站点>新建站点"命令，创建站点。

（2）执行"站点>管理站点"命令，在"管理站点"对话框中完成站点的导入导出操作。

Web初期最基本元素是文本，现在漂亮的图像、多变的Flash、智能的Java等元素也成为网页中经常使用的基本元素。一个富有诗情画意、动态效果的网页不仅可以对浏览者产生极大的吸引力，给他们留下深刻的印象，而且能够消除疲劳，让浏览者能够在轻松愉快中完成自己的网上之旅。

16 chapter 网页中基本元素的编辑

学习目标

- 了解图像的常见格式
- 掌握网页中插入图像的方式
- 掌握图像编辑器的使用方法
- 掌握插入图像的技巧
- 熟悉其他多媒体插入方式

精彩推荐

△ 图像属性设置

△ 插入图像

Unit 72 在网页中插入图像

在网上冲浪的过程中，经常会遇到各种类型的图像。虽然从图形设计角度来看，滥用图像的现象肯定是不对的，但几乎所有人都会争辩说图像对于 Web 页面是有益的。图像有助于使 Web 快速地得到接受，并将浏览者的注意力吸引到 Web 页面上。在使用图像前，最好运用图像处理软件美化一下图像，否则插入的图像可能会显得非常死板。

网页中图像的常见格式

网页中图像的格式通常有3种，即GIF、JPEG和PNG。目前GIF和JPEG文件格式的支持情况最好，大多数浏览器都可以查看它们。而PNG文件具有较大的灵活性且文件较小，所以它对于几乎任何类型的网页图形都是最适合的。但是Microsoft Internet Explorer和Netscape Navigator只能部分支持PNG图像的显示，因此建议使用GIF或JPEG格式以满足更多人的需求。

（1）GIF格式

GIF是英文单词Graphic Interchange Format的缩写，即图像交换格式。GIF文件最多使用256种颜色，最适合用于显示色调不连续或具有大面积单一颜色的图像，例如导航条、按钮、图标、徽标或其他具有统一色彩和色调的图像。GIF格式的最大优点就是制作动态图像，它可以将数张静态文件作为动画帧串联起来，转换成一个动画文件；GIF格式的另一优点是可以将图像以交错的方式在网页中呈现。所谓交错显示，就是当图像尚未下载完成时，浏览器会先以马赛克的形式将图像慢慢显示，让浏览者可以大略猜出下载图像的雏形。

（2）JPEG格式

JPEG是英文单词Joint Photographic Experts Group的缩写，专门用来处理照片图像。JPEG格式的图像为每一个像素提供了24位可用的颜色信息，从而提供了上百万种颜色。为了使JPEG便于应用，大量的颜色信息必须被压缩。压缩是通过删除那些运算法则认为是多余的信息来进行的，这通常被归类为有损压缩，即图像的压缩是以降低图像的质量为代价来减小图像文件大小的。JPEG文件压缩的程度越大，图像的质量就越差，当保存图像为JPEG格式时，软件会提示图像文件压缩的比例。

（3）PNG格式

PNG是英文单词Portable Network Graphic的缩写，即便携网络图像。该文件格式是一种替代GIF格式的无专利权限制的格式，它包括对索引色、灰度、真彩色图像以及Alpha透明通道的支持。PNG是Macromedia Fireworks固有的文件格式。PNG文件可保留所有原始层、矢量、颜色和效果信息，并且在任何时候所有元素都是可以完全编辑的。文件必须具有.png文件扩展名才能被Dreamweaver识别为PNG文件。

插入图像

图像是网页构成最重要的元素之一，美观的图像会为网站增添生命力，同时也能加深用户对网站的良好印象。因此网页设计者要掌握好图像的使用方法。

实训项目 图像的插入

下面将详细介绍如何在网页中插入图片。

01 打开网页文档，执行"插入>图像"命令，弹出"选择图像源文件"对话框。

02 在该对话框中选择要插入的图像，单击"确定"按钮，即可在网页中插入图像。

将图像插入 Dreamweaver 文档时，HTML 源代码中会生成对该图像文件的引用。为了确保此引用的正确性，该图像文件必须位于当前站点中。如果图像文件不在当前站点中，Dreamweaver会询问是否要将此文件复制到当前站点中。

图像属性面板允许设置图像的属性。选中图像，执行"窗口>属性"命令或按组合键【Ctrl＋F3】，打开"属性"面板。如果并未看到所有的图像属性，请单击位于右下角的展开箭头。如下图所示。

图像的属性设置

在图像缩略图下面的文本框中，输入名称，以便在使用 Dreamweaver 行为（例如"交换图像"）或脚本撰写语言（例如 JavaScript 或 VBScript）时可以引用该图像。图像的属性选项如下：

（1）宽和高。图像的宽度和高度，以像素表示。在页面中插入图像时，Dreamweaver 会自动用图像的原始尺寸更新这些文本框。如果设置的"宽"和"高"值与图像的实际宽度和高度不相符，则该图像在浏览器中可能不会正确显示。

注意：可以更改这些值来缩放该图像实例的显示大小，但这不会缩短下载时间，因为浏览器先下载所有图像数据再缩放图像。若要缩短下载时间并确保所有图像实例以相同大小显示，请使用图像编辑应用程序缩放图像。

（2）源文件。指定图像的源文件。单击文件夹按钮以浏览到源文件，或者键入路径。

（3）链接。指定图像的超链接。将"指向文件"图标拖动到"文件"面板中的某个文件，单击文件夹按钮浏览到站点上的某个文档，或手动键入 URL。

（4）替换。指定在只显示文本的浏览器或已设置为手动下载图像的浏览器中代替图像显示的替代文本。如果用户的浏览器不能正常显示图像时，替换文字代替图像给用户以提示。对于使用语音合成器（用于只显示文本的浏览器）的有视觉障碍的用户，将大声读出该文本。在某些浏览器中，当鼠标指针滑过图像时也会显示该文本。

（5）地图：允许标注和创建客户端图像地图。

（6）目标：指定链接的页应加载到的框架或窗口（当图像没有链接到其他文件时，此选项不可用）。当前框架集中所有框架的名称都显示在"目标"列表中。也可选用下列保留目标名：

- _blank 将链接的文件加载到一个未命名的新浏览器窗口中。
- _parent 将链接的文件加载到含有该链接的框架的父框架集或父窗口中。如果包含链接的框架不是嵌套的，则链接文件加载到整个浏览器窗口中。
- _self 将链接的文件加载到该链接所在的同一框架或窗口中。此目标是默认的，所以通常不需要指定它。
- _top 将链接的文件加载到整个浏览器窗口中，因而会删除所有框架。

（7）编辑：启动在"外部编辑器"首选参数中指定的图像编辑器并打开选定的图像。

（8）从原始更新：如果该 Web 图像（即 Dreamweaver 页面上的图像）与原始 Photoshop 文件不同步，则表明 Dreamweaver 检测到原始文件已经更新，并以红色显示智能对象图标的一个箭头。当在"设计"视图中选择该 Web 图像并在属性检查器中单击"从原始更新"按钮时，该图像将自动更新，以反映您对原始 Photoshop 文件所做的任何更改。

（9）编辑图像设置：打开"图像优化"对话框并优化图像。

（10）裁剪：裁切图像的大小，从所选图像中删除不需要的区域。

（11）重新取样：对已调整大小的图像进行重新取样，提高图片在新的大小和形状下的品质。

（12）亮度和对比度：调整图像的亮度和对比度设置。

（13）锐化：调整图像的锐度。

图像的对齐方式

如果只插入图像，而不设置图像的对齐方式，页面就会显得混乱。可以设置图像与同一行中的文本、另一个图像、插件或其他元素对齐，还可以设置图像的水平对齐方式。

选中图像，单击鼠标右键，选择"对齐"命令，如右图所示。

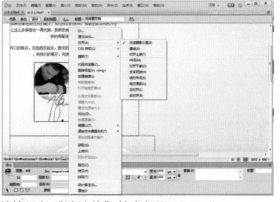

图像和文字在垂直方向上的对齐方式一共有10种，下面分别对它们进行介绍。

- 浏览器默认值：设置图像与文本的默认对齐方式。
- 基线：将文本的基线与选定对象的底部对齐，其效果与"默认值"基本相同。
- 对齐上缘：将页面第1行中的文字与图像的上边缘对齐，其他行不变。
- 中间：将第1行中的文字与图像的中间位置对齐，其他行不变。
- 对其下缘：将文本（或同一段落中的其他元素）的基线与选定对象的底部对齐，与"默认值"的效果类似。
- 文本顶端：将图像的顶端与文本行中最高字符的顶端对齐，与顶端的效果类似。
- 绝对中间：将图像的中部与当前行中文本的中部对齐，与"居中"的效果类似。
- 绝对底部：将图像的底部与文本行的底部对齐，与"底部"的效果类似。

- 左对齐：图片将基于全部文本的左边对齐，如果文本内容的行数超过了图片的高度，则超出的内容再次基于页面的左边对齐。
- 右对齐：与"左对齐"相对应，图片将基于全部文本的右边对齐。

运用HTML代码设置图像属性

使用HTML代码在网页上插入图片就要用到<img>标签，通过设置它的众多属性可以控制图片的路径、尺寸和替换文字等。默认情况下，页面中图像的显示大小就是图片默认的宽度和高度，width和height属性分别用来自定义图片的宽度和高度。src属性用来指定图像源文件所在的路径，它是图像必不可少的属性。下面代码是将图像宽度和高度分别设置为219像素和221像素。

```
<img src="images/cook.png" width="219" height="221" />
```

运用HTML代码设置图像属性的方法是，打开网页文档，选择需要修改的图像，然后选择"代码"选项，进入代码视图状态即可进行修改。

<img>标签的相关属性如下表所示。

表 <img> 标签的属性定义

属　性	描　述	属　性	描　述
src	图像的源文件	align	对齐方式
alt	替换文字	dynsrc	设定AVI文件的播放
width	图像的宽度	loop	设定AVI文件循环播放次数
height	图像的高度	start	设定AVI文件播放方式
border	边框	lowsrc	设定低分辨率图片
vspace	垂直间距	usemap	映像地图
hspace	水平间距		

UNIT 73 使用图像编辑器

Dreamweaver CC 提供了基本的图像编辑功能，无需使用外部图像编辑应用程序（如 Fireworks 或 Photoshop）即可修改图像。在 Dreamweaver 中可以重新取样、裁剪、优化和锐化图像，还可以调整图像的亮度和对比度。

在 Dreamweaver 文档中选择图像，在"属性"面板中可以对图像进行编辑。其中，常见的图像编辑工具主要包括以下几种。
- 🖉：在其他图像处理软件中打开选定的图像以进行编辑。
- 🔧：编辑图像设置工具。

- 🔲：裁剪工具。
- 🔲：重新取样。
- 🔲：亮度/对比度调节工具。
- 🔲：锐化工具。

裁剪图像

通过裁剪图像来减小图像区域是编辑图像时常用的一种方法。通常，裁剪图像是为了强调图像主题，或删除图像中不需要的部分。

实训项目 网页中图像的裁剪

下面将详细介绍如何利用Dreamweaver裁剪图像。

01 打开网页文档，选中要裁剪的图像，在"属性"面板中单击"裁剪"按钮。

02 利用鼠标在图像上选择适合的大小并双击即可裁剪图像。

 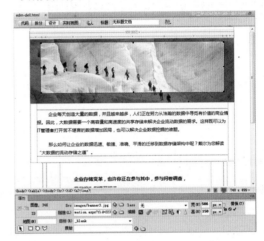

TIP 使用Dreamweaver裁剪工具裁剪图像时，会一并更改磁盘上的源图像文件大小，因此需要备份图像文件，以便在需要恢复到原始图像时使用。

调整图像的亮度和对比度

亮度和对比度调节工具是用来修改图像中像素的亮度或对比度的工具，使用此工具可修正过暗或过亮的图像。

实训项目 图像的调整

在Dreamweaver中调整图像的亮度和对比度的具体操作步骤如下。

01 打开网页文档并选中图像，在"属性"面板中单击"亮度/对比度"按钮，打开"亮度/对比度"对话框。

02 在"亮度/对比度"对话框中设置图像的"亮度"为25，"对比度"为25，然后单击"确定"按钮即可。

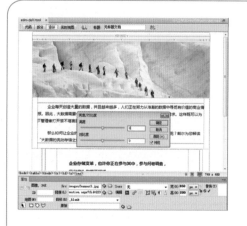 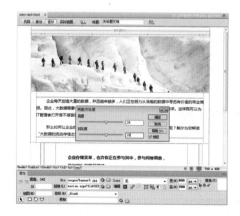

锐化图像

锐化功能通过增加对象边缘像素的对比度而增加图像的清晰度或锐度。

🔲 实训项目 图像的锐化处理

下面将详细介绍使用Dreamweaver锐化图像的操作方法。

01 打开网页文档并选中图像，在"属性"面板中单击"锐化"按钮，弹出"锐化"对话框。

02 在"锐化"对话框中将"锐化"设置为5，然后单击"确定"按钮即可。

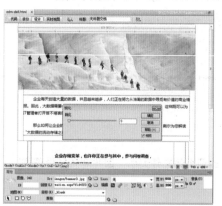 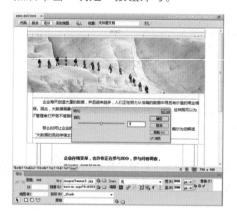

UNIT 74 插入其他图像文件

鼠标经过图像就是当光标移动到该图像上时，该图像切换成为另一幅图像。

鼠标经过图像

创建鼠标经过图像效果时必须提供原始图像和鼠标经过图像。在浏览器中浏览网页时，当光标移至原始图像上时会显示鼠标经过图像，当光标移出图像范围时则显示原始图像。

实训项目 创建原始图像

下面将介绍如何创建原始图像的操作方法。

01 打开文档并执行"插入>图像对象>鼠标经过图像"命令,弹出"插入鼠标经过图像"对话框。

02 单击"原始图像"文本框后的"浏览"按钮,将弹出"原始图像"对话框,选择合适的图像,单击"确定"按钮。

"插入鼠标经过图像"对话框中包含以下参数。

- 图像名称:输入鼠标经过图像的名称。
- 原始图像:单击"浏览"按钮选择图像源文件或直接输入图像路径。
- 鼠标经过图像:单击"浏览"按钮选择图像文件或直接输入图像路径,设置鼠标经过时显示的图像。
- 预载鼠标经过图像:勾选此复选框,可使图像预先载入浏览器的缓存中,以便用户将光标滑过图像时不发生延迟。
- 替换文本:为使用只显示文本的浏览器的浏览者输入描述该图像的文本。
- 按下时,前往的URL:单击"浏览"按钮选择文件,或直接输入当单击鼠标经过图像时打开的网页路径或网站地址。

此外,还可以在Dreamweaver中插入Fireworks HTML文件,Fireworks HTML文件中包括了关联的图像链接、切片信息和JavaScript脚本语言。插入HTML文件可使在Dreamweaver页面中加入Fireworks生成的图像和网页特效更加方便。

插入鼠标经过图像

用户可以在网页中插入鼠标经过图像,需要使用主图像和次图像两个图像文件创建鼠标经过图像。主图像是当首次载入页面时显示的图像,次图像是光标经过主图像时显示的图像。

实训项目 插入鼠标经过图像

下面将详细介绍如何在网页中插入鼠标经过图像的操作方法。

01 打开网页文档，将插入点放置在要插入鼠标经过图像的位置。

02 执行"插入>图像对象>鼠标经过图像"命令，弹出"插入鼠标经过图像"对话框。在"图像名称"文本框中输入名称。

03 单击"原始图像"文本框后面的"浏览"按钮，在弹出的对话框中选择所需的原始图像，或者在文本框中直接输入图像的名称或路径。

04 单击"鼠标经过图像"文本框后面的"浏览"按钮，在弹出的对话框中选择相应的图像，或者在文本框中直接输入图像的名称或路径。勾选"预载鼠标经过图像"复选框。

05 单击"确定"按钮，在"属性"面板中设置对齐方式为"居中"对齐。按【F12】键预览鼠标经过前和经过后的效果。

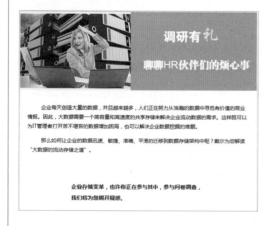

鼠标经过图像代码详解

　　鼠标经过图像是当浏览者用光标指向原图像时变化而成的图像。例如，当浏览者将光标指向网页上的某个按钮时该按钮可能会变亮。鼠标经过图像只在浏览器中起作用，为了确保其能够正常工作，应该在浏览器中预览文档效果。鼠标经过图像的代码如下。

```
01 <a href="#" onMouseOut="MM_swapImgRestore()"
02 onMouseOver="MM_swapImage('Image9','','images/chazhuang.jpg',1)">
03 <img src="images/index_05.gif" width="419" height="201" id="Image9"></a>
```

- onMouseOut事件是指当光标离开页面元素上方时发生的事件。
- onMouseOver事件是指当光标移动到页面元素上方时发生的事件，这里将显示图片chazhuang.jpg。
- img src="images//index_05.gif"表示原始的图片为index_05.gif。

UNIT 75 插入Flash对象

　　目前 Flash 动画是网页上最流行的动画格式，被大量应用于网页制作中，下面就讲述在网页中插入 Flash 对象的方法。

在网页中插入Flash对象

　　Flash动画是在Flash软件中完成的，在Dreamweaver CC中只能将现有的Flash动画插入到文档中。

实训项目 插入Flash对象

　　在网页中插入Flash动画的具体操作步骤如下。

01 打开要插入Flash动画的网页文档，将插入点放置在要插入Flash动画的位置。

02 执行"插入>媒体>SWF"命令，弹出"选择SWF"对话框。

03 在对话框中选择要插入的文件，单击"确定"按钮即可插入Flash对象。

04 保存网页，按【F12】键在浏览器中预览。

设置Flash属性

选中插入的Flash动画，在Flash"属性"面板中可设置Flash属性，如下图所示。

Flash"属性"面板中可以设置以下参数。

- FlashID：用来标识影片的名称。
- "宽"和"高"数值框：以像素为单位设置影片的宽和高。
- "文件"文本框：指定Flash文件的路径。单击文本框右侧的文件夹按钮可选择文件，或直接在文本框中输入文件的路径。
- "背景颜色"：指定影片区域的背景颜色。在不播放影片时（加载时和播放后）显示此颜色。
- "循环"复选框：勾选此复选框，动画将在浏览器端循环播放。
- "自动播放"复选框：勾选此复选框，则文档被载入浏览器时，自动播放Flash动画。
- "垂直边距"和"水平边距"复选框：用来指定动画边框与网页上边界和左边界的距离。
- "品质"选项列表：用来设置Flash动画在浏览器中的播放质量，有"低品质"、"自动低品质"、"自动高品质"和"高品质"4个选项。
- "比例"选项列表：用来设定显示比例，有"默认（全部显示）"、"无边框"和"严格匹配"3个选项。
- "对齐"选项列表：设置Flash影片的对齐方式。
- Wmode选项列表：为SWF文件设置Wmode参数以避免与DHTML元素（例如Spry构件）相冲突。默认值是不透明。
- "编辑"按钮：用于打开Flash软件对源文件进行处理。
- "播放"按钮：用于在设计视图中播放Flash动画。
- "参数"按钮：用来打开一个对话框，在其中输入能使该Flash动画顺利运行的附加参数。

Flash代码详解

HTML语言中也可以插入Flash动画，代码如下。

```
<object
id="FlashID"
classid="clsid:D27CDB6E-AE6D-11cf-96B8-444553540000" width="880" height="200">
<param name="movie" value="images/ header1.swf">
<param name="quality" value="high">
<param name="wmode" value="opaque">
<param name="quality" value="high">
<param name="wmode" value="opaque">
</object>
```

- object：插入多媒体对象的特殊标签。
- FlashID：同Dreamweaver"属性"面板中的ID一样。
- classid：多媒体对象插入标签。可以设定Dreamweaver"属性"面板中的"文件（src）"位置、"宽（width）"、"高（height）"、"品质（quality）"、"插件URL（pluginspage）"、"类（type）"、"数据（data）"和"编号（id）"等参数。src代表URL地址。
- param："参数"标签，可以设定Dreamweaver"属性"面板中的"名称（name）"和"值（value）"参数。

插入Shockwave、ActiveX和插件的代码同以上Flash的实例类似，读者可以自己尝试使用。在浏览网页时，若不能显示插入的Flash动画，则需要确认如下事项：

- 确认Flash动画的名称是否是英文，如果不是则改为英文。
- 确认插入的Flash是否为swf格式的文件。
- 确认网页文档中指定的Flash动画的路径是否与实际Flash动画的路径相同。

设置网页中的Flash背景

在Dreamweaver软件中，用户不仅可以在网页中插入Flash动画，还可以根据需要更改其背景效果。

实训项目 Flash动画背景的设置

在网页中插入透明Flash动画的背景具体操作步骤如下。

01 打开网页文档，选中插入的Flash动画。

02 打开"属性"面板，在Wmode下拉列表中选择"透明"选项并保存，按【F12】键进行预览。

插入其他多媒体

Dreamweaver CC 的操作环境和之前的版本有很大的变化，还可以插入 Flash 动画之外的其他多媒体元素，如 Active X 控件、视频等，下面将分别进行介绍。

插入Audio音频文件

在Dreamweaver CC中插入音频文件，是执行的HTML5。打开网页文档，将插入点置于要插入声音文件的位置，执行"插入>媒体>HTML Audio"命令。弹出"选择文件"对话框，在该对话框中选择需要插入的音频。可以在"属性"面板中设置其参数，如下图所示。

音频"属性"面板中主要有以下参数。

- ID：用来标识音频名称，以便在脚本中能够引用。
- Class：类，选择定义好的样式来定义插入的音频。
- 源：设置音频文件的地址，单击"选择文件"按钮，在弹出的对话框中选择文件，或直接在文本框中输入文件地址。
- Controls：勾选此复选框，播放控制条将显示，不勾选则不显示控制条。
- Loop：勾选此复选框，音频文件将在浏览器端循环播放。
- Autoplay：勾选此复选框，则文档被载入浏览器时，自动播放声音。
- Mutde：勾选此复选框，视频将静音播放。
- Preload：选择是否将视频预先加载。
- Alt源：设置视频源文件无法播放的情况下替代的播放文件。

插入Video视频文件

在Dreamweaver CC中插入视频文件，同样也是执行的HTML5，这比在从前版本的Dreamweaver添加视频要简化了很多工作。打开网页文档，将插入点置于要插入视频的位置，执行"插入>媒体>HTML Video"命令，弹出"选择文件"对话框，在该对话框中选择需要插入的视频，可以在"属性"面板中设置其参数，如下图所示。

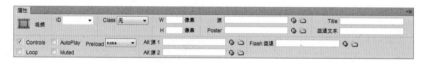

视频"属性"面板中主要有以下参数。

- ID：用来标识视频名称，以便在脚本中能够引用。
- Class：类，选择定义好的样式来定义插入的视频。
- W和H：设置视频在浏览器显示的宽度和高度，默认以像素为单位。
- 源：设置视频文件的地址，单击"选择文件"按钮，在弹出的对话框中选择文件，或直接在文本框中输入文件地址。

- Poster：设置海报图片，在视频加载成功前可以显示该图片。单击"选择文件"按钮，在弹出的对话框中选择文件，或直接输入文件地址。
- Controls：勾选此复选框，播放控制条将显示，不勾选则不显示控制条。
- Loop：勾选此复选框，动画将在浏览器端循环播放。
- Autoplay：勾选此复选框，则文档被载入浏览器时，自动播放视频。
- Mutde：勾选此复选框，视频将静音播放。
- Preload：选择是否将视频预先加载。
- Alt源：设置视频源文件无法播放的情况下替代的播放文件。

秒杀 应用疑惑

01 如何避免自己的图片被其他站点使用？

为图片起一个怪异的名字，这样可以避免被搜索到。除此之外，还可以利用Photoshop等图片编辑工具的水印功能加密。当然也可以在自己的图片上添加一段版权文字，如添加上自己的名字。这样一来，除非使用人截取图片，不然就侵权了。

02 为什么设置的背景图像不显示？

在Dreamweaver中显示是正常的，但启动IE浏览器浏览该页面时，背景图像却看不到。这时返回到Dreamweaver中，查看光标所在处的代码，会发现background设置在<tr>标签中。在IE中表格的背景不能设置在<tr>中，只能放在<td>中。这时只需将背景代码移到<td>中，然后保存。

03 如何设置页面的背景颜色和背景图像？

背景颜色和背景图像经常会用来修饰页面，增强页面效果。背景图像放在网页的最底层，其他网页元素都位于它的上面。设置方法是：打开网页文档，选择<body>标签，执行"修改>页面属性"命令，弹出"页面属性"对话框，选择"外观（HTML）"选项，就可以进行页面的背景颜色和背景图像的设置了。

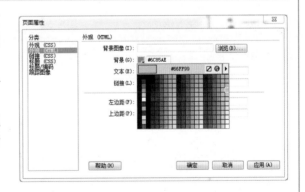

04 如何设置滚动文字效果？

在一个排版整齐的页面中，添加适当的滚动文字可以使页面更有动感。在Dreamweaver中可以使用<marquee>标签来设计滚动文字效果。这种滚动效果不仅仅局限于文字，也可以应用于图片、表格等等。

其基本语法是：

```
<marquee> ... </marquee>
```

<marquee>的loop属性用于设置循环次数、direction属性用于设置滚动方向、behavive属性用于设置滚动方式、scrollamount属性用于设置滚动速度、scrolldelay属性用于设置滚动延迟时间。

1. 图文混排

请使用已经学过的图像知识在网页中插入图像与文字，实现图文混排效果。

制作流程：

（1）在网页中相应位置插入图像，并调整图像的大小。

（2）在图像旁输入文字内容，并调整文字字体、大小等信息。

（3）在图像上单击鼠标右键，选择适当的对齐方式，实现图文混排。

（4）按【F12】键在浏览器预览最终效果即可。

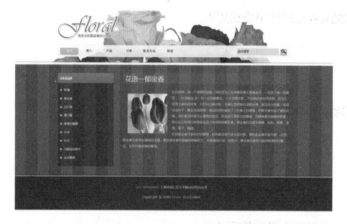

2. 使用Flash动画

请使用已经学过的图像知识在网页中插入Flash动画。

制作流程：

（1）打开要插入Flash动画的网页文档，将插入点放置在要插入Flash动画的位置。

（2）执行"插入>媒体>SWF"命令，弹出"选择SWF"对话框。

（3）在对话框中选择要插入的文件，单击"确定"按钮即可插入Flash动画。修改为合适的高度、宽度。

（4）按【F12】键在浏览器预览最终效果即可。

超级链接（Hyperlink）简称超链接或链接，它惟一地指向另一个Web信息页面。创建超链接是编写网页的一个重要部分，甚至可以说"链接是一个网站的灵魂"。网页中的链接可以分为内部链接、外部链接、文本超链接、电子邮件超链接、图像超链接、图像热点超链接、下载文件超链接、锚点超链接等。本章就来讲述如何使用各种超链接建立各个页面之间的链接。

17 chapter 网页中超链接的创建

|学习目标|

- 了解超链接基本概念
- 熟悉网页超链接的管理
- 熟悉网页超链接的错误检查
- 掌握如何在图像中应用超链接
- 掌握锚点链接的使用

精彩推荐

⬤ 使用图像超链接

⬤ 制作锚点链接

UNIT 77 超级链接概念

超级链接是诸如页面中的文本、图像或其他 HTML 元素与其他资源之间的链接。它定义的是页面与页面之间的关联关系，惟一地指向另一个页面。通过单击超链接，可以从一个页面跳到另一个页面。按照链接路径的不同，可以分为相对路径、绝对路径和根路径。

相对路径

相对路径就是相对于当前文件的路径，网页中表示路径一般使用这种方法。相对路径对于大多数站点的本地链接来说，是最适用的路径。在当前文档与所链接的文档处于同一文件夹内时，文档相对路径特别有用。文档相对路径还可用来链接到其他文件夹中的文档，其方法是利用文件夹层次结构，指定从当前文档到所链接的文档的路径。文档相对路径的基本思想是省略掉对于当前文档和所链接的文档都相同的绝对URL（Uniform Resource Locator，统一资源定位符）部分，而只提供不同的路径部分。经过多次真实的实验证明：绝对路径不适用于搜索引擎的查询，而相对路径则在搜索引擎中表现良好。

绝对路径

绝对路径是指包括服务器规范在内的完全路径，通常使用http://来表示。绝对路径就是网页上的文件或目录在硬盘上真正的路径。采用绝对路径的好处是，它同链接的源端点无关。只要网站的地址不变，无论文档在站点中如何移动，都可以正常实现跳转。另外，如果希望链接到其他同站点上的内容，就必须使用绝对路径。

采用绝对路径的缺点在于这种方式的链接不利于测试，如果在站点中使用绝对地址，要想测试链接是否有效，必须在Internet服务器端对链接进行测试。绝对路径一般在CGI程序的路径配置中经常用到，而在制作网页中实际很少用到。

外部链接和内部链接

外部链接是指链接到外部的地址，一般是绝对地址链接。创建外部超级链接的操作比较简单，先选中文字或图像，然后在"属性"面板中的"链接"文本框中输入外部的链接地址，如http://www.baidu.com。

内部链接是指站点内部页面之间的链接，创建内部链接的方法如下：

打开要创建内部链接的网页文档，在网页中选择要链接的文本，在"属性"面板中单击"链接"文本框后面的"浏览文件"按钮，在弹出的"选择文件"对话框中选择文件，然后单击"确定"按钮即可。

Unit 78 管理网页超级链接

管理超链接是网页管理中不可缺少的一部分，通过超链接可以使各个网页连接在一起。使网站中众多的网页构成一个有机整体。通过管理网页中的超链接，可以对网页进行相应的管理。

自动更新链接

每当在本地站点内移动或重命名文档时，Dreamweaver可更新指向该文档的链接。当将整个站点存储在本地硬盘上，此项功能将最适合用于Dreamweaver，因为它不会更改远程文件夹中的文件，除非将这些本地文件放在远程服务器上。为了加快更新过程，Dreamweaver可创建一个缓存文件，用以存储有关本地文件夹中所有链接的信息。在添加、更改或删除指向本地站点上的文件的链接时，该缓存文件以可见的方式进行更新。

⊟实训项目 自动更新链接

自动更新链接的具体操作步骤如下。

01 启动Dreamweaver软件，执行"编辑>首选项"命令，打开"首选项"对话框。从左侧的"分类"列表中选择"常规"选项，在"文档选项"选项组下，从"移动文件时更新链接"下拉列表中选择"总是"或"提示"选项。

02 若选择"总是"选项，则每当移动或重命名选定的文档时，系统将自动更新和指向该文档的所有链接。若选择"提示"选项，在移动文件时，系统将提示是否进行更新，从中列出了此更改影响到的所有文件。单击"是"按钮，将更新文件中的链接。

在站点范围内更改链接

当移动或重命名文件时，除了让Dreamweaver自动更新链接外，还可以在站点范围内更改所有链接。

实训项目 更改链接

下面将介绍如何更改站点范围内的链接。

01 打开已创建的站点地图，选中一个文件，执行"站点>改变站点范围的链接"命令。

02 弹出"更改整个站点链接"对话框，在"更改所有的链接"文本框中输入/juice.html，在"变成新链接"文本框中输入/index.html。

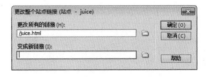

03 单击"确定"按钮，弹出"更新文件"对话框，单击"更新"按钮，完成更改整个站点范围内的链接。

　　在整个站点范围内更改某个链接后，所选文件就成为独立文件（即本地硬盘上没有任何文件指向该文件）。这时可安全地删除此文件，而不会破坏本地 Dreamweaver 站点中的任何链接。
　　因为这些更改是在本地进行的，所以必须手动删除远程文件夹中的相应独立文件，然后存回或取出链接已经更改的所有文件，否则，站点浏览者将看不到这些更改。

文字链接标签

　　在浏览网页时，光标经过某些文本时，会变为小手形状，同时文本也会发生变化，提示浏览者这是带链接的文本。此时单击鼠标左键，会打开所链接的网页，这就是文字超级链接。在HTML语言中用超链接标签指向一个目标，下面是一个文字链接的代码：

```
<a href="index.html" target="_blank></a>
```

* href：是<a>标签的一种属性，该属性中的URL等于链接目标文件的地址。
* target：也是<a>标签的一种属性，相当于Dreamweaver"属性"面板中的"目标"选项，如果它的值等于_blank，效果是在新窗口中打开。除此之外还包括其他3种：_parent，_self和_top。这和Dreamweaver中"目标"下拉列表中的内容是一样的。

Unit 79 检查站点中的链接错误

整个网站中有成千上万个超级链接，发布网页前需要对这些链接进行测试，如果对每个链接都进行手工测试，会浪费很多时间，Dreamweaver CC "链接检查器"面板就提供了对整个站点的链接进行快速检查的功能。这一功能很重要，可以找出断掉的链接、错误的代码和未使用的孤立文件等，以便进行纠正和处理。

打开网页文档，执行"站点>检查站点范围的链接"命令，即可打开"链接检查器"面板，如下图所示。

其中，孤立文件是在网页中没有使用，但存放在网站文件夹里，上传后它会占据有效空间，应该把它清除。清除的办法是先选中文件，然后按Delete键即可将其删除。

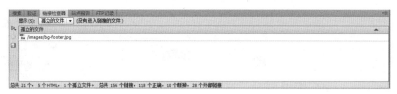

Unit 80 在图像中应用链接

图像链接和文本链接一样，都是网页中基本的链接。创建图像链接是在"属性"面板的"链接"文本框中完成的，在浏览器中当鼠标经过该图像时会出现提示。

图像链接

在Dreamweaver中超级链接的范围是很广泛的，利用它不仅可以链接到其他网页，还可以链接到其他图像文件。给图像添加超级链接，使其指向其他的图像文件，这就是图像超级链接。

实训项目 设置图像链接

下面将详细介绍如何为图像添加超链接。

01 打开文档选中图像，在"属性"面板中单击"链接"文本框后面的"浏览文件"按钮。

02 在弹出的"选择文件"对话框中选择gong-sijieshao.html。

03 单击"确定"按钮，创建图像链接，在"属性"面板的"链接"文本框中可以看到链接。

04 保存文件，在浏览器中单击图片，就会跳转到相应的页面。

图像热点链接

在图形上插入热点后，请将该图形导出为图像映射，以使其可以在Web浏览器中发挥作用。导出图像映射时，将生成包含有关热点及相应URL链接的映射信息的图形和HTML。

通过图像映射功能，可以在图像中的特定部分建立链接。在单个图像内，可以设置多个不同的链接，图像热点是一个非常实用的功能。图像映射是将整张图片作为链接的载体，将图片的整个部分或某一部分设置为链接。热点链的原理就是利用HTML语言在图片上定义一定形状的区域，然后给这些区域加上链接，这些区域被称之为热点。

常见热点工具介绍如下：

- 矩形热点工具：首先单击"属性"面板中的"矩形热点工具"按钮，然后在图上拖动鼠标左键，即可勾勒出矩形热区。
- 圆形热点工具：首先单击"属性"面板中的"圆形热点工具"按钮，然后在图上拖动鼠标左键，即可勾勒出圆形热区。
- 多边形热点工具：首先单击"属性"面板中的"多边形热点工具"按钮，然后在图上多边形的每个端点位置上单击鼠标左键，即可勾勒出多边形热区。

选择图像地图中的多个热点，按下【Shift】键的同时单击选择其他热点，或者按【Ctrl+A】（在Windows中）或者Command+A（在Macintosh中），选择所有热点。

创建图像热点链接

图像的热点链接可以将一幅图像分割为若干个区域，并将这些区域设置成热点区域。可以将不同热点区域链接到不同的页面，当浏览者单击图像上不同的热点区域时，就能够跳转到不同的页面。

实训项目 设置图像热点链接

下面将详细介绍如何为图像设置热点链接。

01 打开网页文档，选中要添加图像热点链接的图像文件，执行"窗口>属性"命令，打开"属性"面板。

02 在"属性"面板中单击"矩形热点工具"按钮。将光标置于图像上，在图像上绘制一块矩形热区，并在"属性"面板中输入链接。

03 用同样的方法绘制更多的热区，并链接到相应的文件。

图像热点链接代码

下面是创建的一个图像热点链接，其HTML代码如下。

```html
<map name="Map">
  <area shape="rect" coords="355,11,440,43" href="product.html">
  <area shape="rect" coords="462,12,538,45" href="#">
  <area shape="rect" coords="559,9,643,48" href="#">
  <area shape="rect" coords="663,9,747,47" href="#">
</map>
```

首先将使用<img src="图像的URL">标签插入一幅图像，之后在此基础上画出热点区域。由于在HTML语言的代码状态下无法观察到图像，因此就无法精确定位热点区域的位置。

（1）map标签为图像地图的起始标签，说明<map>至</map>标签之间的内容均属于图像地图部分，且map还拥有name属性，可以给这个图像地图起一个名字，以便利用这个名字找出其中各个区域及其对应的URL地址。

（2）一个<area>就代表了一个热点区域，它拥有如下几个重要属性。

shape指明区域的形状，如rect（矩形）、circle（圆形）和poly（多边形）。而coords指明各区域的坐标，表示方式随shape值而有所不同。

- href为热点区域链接的URL地址。
- target为目标。
- alt为替换文本。

UNIT 81　锚点链接

通过创建命名锚记，可链接到文档的特定部分。命名锚记可以在文档中设置标签，这些标签通常放在文档的特定主题处或顶部。然后可以创建到这些命名锚记的链接，这些链接可快速转到浏览者指定的位置。

关于锚点

锚点链接是指链接到同一页面中不同位置的链接。例如，在一个很长的页面底部设置一个锚点，单击后可以跳转到页面顶部，这样就避免了上下滚动的麻烦，可以通过链接更快速地浏览具体内容。在Dreamweaver CC新界面中删减了插入锚点的操作，但还是可以通过代码的方式来创建锚点。

实训项目　锚点的创建

创建锚点的具体操作方法如下。

01 将插入点置于要创建锚点的位置，在"代码"视图中输入<a id="anchor1"></a>，id为锚记的名称。

02 完成输入后，在网页文档会出现已插入的命名锚记，可以在"属性"面板中设置其属性。

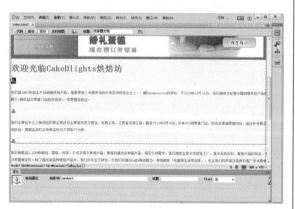

制作锚点链接

链接到其他文件的锚点如果要链接的目标锚点位于其他文件中，需要输入该文件的URL地址和名称，然后输入#，再输入锚点名称。

实训项目 锚点链接

在网页文档中制作链接锚点的具体操作步骤如下。

01 在编辑窗口中选择要链接的文字、图像或热点等其他对象。

02 在"属性"面板的"链接"文本框中输入#anchor1即可，如右图所示。

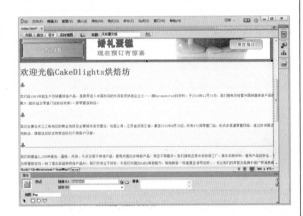

锚点链接标签

HTML中使用<a>标签创建锚点代码，如下图所示。

其中第1行代码表示创建一个锚点，第2段代码表示通过一个热点链接到锚点。

```
01 <a name="anchor1"></a>
02<map name="Map" id="Map">
    <area shape="rect" coords="10,305,239,360" href="#anchor1" />
  </map>
```

UNIT 82 创建E-mail链接

电子邮件地址作为超链接的链接目标，与其他链接目标不同，当用户在浏览器中单击指向电子邮件地址的超链接时，将会打开默认邮件管理器的新邮件窗口，其中会提示用户输入消息并将其传送到指定的地址。

实训项目 电子邮件链接的制作

下面将详细介绍电子邮件链接的创建过程。

01 打开网页文档，将插入点置于要创建E-mail链接的位置。然后执行"插入>电子邮件链接"命令，弹出"电子邮件链接"对话框。

02 在"文本"文本框中输入"联系我们"，在"电子邮件"文本框中输入邮件地址。

03 输入完成后，单击"确定"按钮即可创建电子邮件链接。

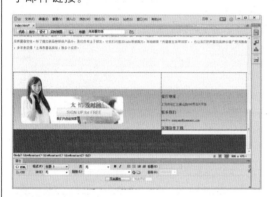

04 保存文档，按【F12】键在浏览器中预览。单击"联系我们"将会弹出新邮件窗口。

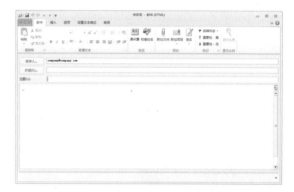

> **TIP**
>
> 下面是一个E-mail链接实例的HTML代码。
>
> `<a href="mailto:company@163.com">联系我们</a>`
>
> 只需使href等于"mailto:邮件地址"即可。其中mailto表示E-mail链接的邮箱地址；subject为可选项，表示E-mail链接的主题。

UNIT 83 创建脚本链接

　　脚本链接用于执行 JavaScript 代码或调用 JavaScript 函数。该功能非常有用，能够在不离开当前网页的情况下为浏览者提供相关的附加信息。脚本链接还可用于在浏览者选中特定项时，执行计算、表单验证和其他处理任务。

▣ 实训项目　脚本链接的制作

　　下面利用脚本链接创建关闭网页的效果，具体操作步骤如下。

01 打开要创建脚本链接的网页文档，在该文档中输入文本"退出"后再选中该文本。

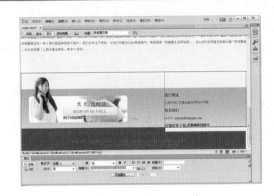

02 打开"属性"面板，在"链接"文本框中输入javascript:window.close()代码，该脚本表示可以将窗口关闭。

03 执行"文件>保存"命令，按【F12】键在浏览器中预览。单击"退出"文本链接，将会自动弹出一个提示对话框，提示询问是否关闭窗口。单击"是"按钮，即可退出窗口。

UNIT 84 创建下载文件链接

如果要在网站中提供下载资料，就需要为文件创建下载链接。如果超链接指向的不是一个网页文件而是其他文件，例如 zip、exe 文件等，单击该链接的时候就会下载文件。

实训项目 下载文件链接的制作

下面将详细介绍下载文件链接的创建过程。

01 启动Dreamweaver，打开原始网页文档，选中其中的"下载资料"文本。

02 打开"属性"面板，单击"链接"文本框后面的"浏览文件"按钮。在弹出的"选择文件"对话框中选择相应的文件。

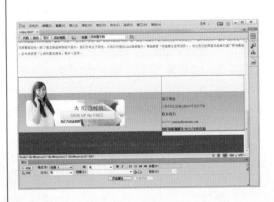

03 单击"确定"按钮。在"属性"面板的"目标"下拉列表中选择_blank选项。

04 保存文件,按【F12】键在浏览器中预览。单击"下载资料"文本链接弹出"查看下载"对话框,提示打开或保存文件。

秒杀 应用疑惑

01 怎样创建空地址链接?

空地址链接也就是没有链接对象的链接。在空地址链接中,目标URL是用#表示,也就是说制作链接时,只要在"属性"面板的"链接"文本框中输入#标签,即可创建空地址链接。

02 在使用锚记名称时应遵循什么规则?

在使用锚记名称时应遵循以下规则:

(1)在一个文档中锚记的名称是惟一的,不允许在同一文档中出现相同的锚记名称。

(2)<a>标签的ID属性可以替代name属性,用于命名锚记的相关操作中。因此ID属性的名称和name属性的名称同样不可重复。

(3)锚记名称的大小写是不敏感的,但是在同一文档中,如果两个锚记的名称一样,而大小写不一样,也是不允许的。如名为Ab的锚记和名为ab的锚记不允许在同一个文档中。

03 如何检查错误的链接?

执行"站点>检查站点范围的链接"命令,打开"链接检查器"面板,单击"断掉的链接"选项下的文本,单击其右侧的"浏览文件"按钮选择正确的文件,可以修改无效链接。

04 如何给超链接添加提示性文字?

很多情况下,超级链接的文字不足以描述所要链接的内容,超级链接标签<a>提供了title属性能很方便地给浏览者做出提示。title属性的值即为提示内容,当浏览者的光标停留在超级链接上时,提示内容才会出现,这样不会影响页面排版的整洁。

例如:<a href="www.baidu.com" title="读者你好,现在你看到的是提示文字,单击本链接可以新开窗口跳转到百度页面。">进入搜索页面</a>

05 如何设置单击超链接后在新窗口中打开超链接?

超级链接标签<a>提供了title属性能很方便地设置指定链接目标窗口。target属性的值即为指定链接目标窗口,当设置为_blank时,单击超链接后在新窗口中打开超链接。例如: <a href="www.baidu.com" target=_blank>进入搜索页面</a>

1. 制作图像热点链接

制作流程：

（1）打开网页文档，选中要添加图像热点链接的图像文件。

（2）执行"窗口>属性"命令，打开"属性"面板，在"属性"面板中单击"矩形热点工具"按钮。将光标置于图像上，在图像上绘制图像热点区域。

（3）在"属性"面板的"链接"文本框中输入链接地址。

（4）按【F12】键，在浏览器预览最终效果。

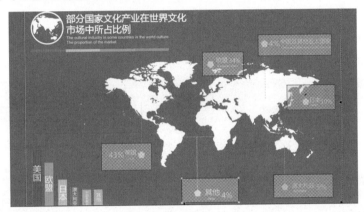

2. 制作E-mail图像热点链接

制作流程：

（1）打开网页文档，选中要添加热点链接的图像文件。

（2）执行"窗口>属性"命令，打开"属性"面板，在"属性"面板中单击"矩形热点工具"按钮。将光标置于图像上，在图像上绘制热点区域。

（3）在"属性"面板的"链接"文本框中输入E-mail地址。

（4）按【F12】键在浏览器预览最终效果。

表格是网页排版的灵魂，在网页排版时用途非常广泛，除了排列数据和图像外，还可以用于网页布局。新版Dreamweaver提供了强大的表格编辑功能，利用表格可以实现网页各种不同的布局方式。本章首先讲述了插入表格、设置表格属性、选择表格以及编辑表格和单元格，使读者对表格有个基本的了解；接着通过几个基本实例详细讲述了表格布局网页的应用。通过对本章的学习，读者可以全面了解表格的基本知识和运用表格布局网页的方法。

18 chapter 使用表格布局网页

|学习目标|

- 了解表格的基本知识
- 掌握网页中插入表格的方式
- 掌握表格属性的设置方法
- 掌握表格的编辑技巧
- 熟悉利用表格定位方式

精彩推荐

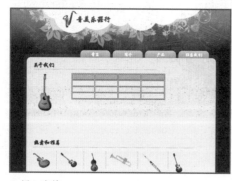

⚫ 插入表格

⚫ 表格操作

插入表格

　　表格是用于在页面上显示表格式数据，以及对文本和图形进行布局的强而有力的工具。
Dreamweaver CC提供了两种查看和操作表格的方式：在"标准"模式中，表格显示为行和列
的网格；而在"布局"模式则允许将表格用作基础结构的同时，在页面上绘制、调整方框的大
小以及移动方框。

表格的相关术语

　　在开始制作表格之前，先对表格的各部分名称作简单的介绍。
　　一张表格横向叫行，纵向叫列。行列交叉的部分就叫做单元格。
　　单元格中的内容和边框之间的距离叫边距，单元格和单元格之间的距离叫间距，整张表格的边
缘叫做边框。

插入表格

　　表格由一行或多行组成，每行又由一个或多个单元格组成。在Dreamweaver中允许插入列、行
和单元格，还可以在单元格内添加文字、图像和多媒体等网页元素。

实训项目　在网页中插入表格

　　插入表格的具体操作步骤如下。

01 打开网页文档，将插入点放置在插入表格的
位置。

02 执行"插入>表格"命令，弹出"表格"对
话框。

03 在对话框中将"行数"设置为4，"列"设
置为4，"表格宽度"设置为380，"边框粗细"
设置为1，单击"确定"按钮，插入表格。

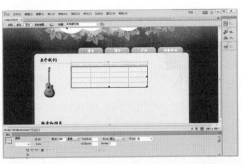

"表格"对话框中的参数解析:

- "行数"和"列"数值框:在数值框中输入表格的行、列数。
- "表格宽度"数值框:用于设置表格的宽度。右侧的下拉列表中包含百分比和像素。
- "边框粗细"数值框:用于设置表格边框的宽度。如果设置为0,浏览时则看不到表格的边框。
- "单元格边距"数值框:单元格内容和单元格边界之间的像素数。
- "单元格间距"数值框:单元格之间的像素数。
- "标题"选项区域:可以定义表头样式,4种样式可以任选一种。

表格的基本代码

在HTML语言中,表格涉及到多种标签,下面就一一进行介绍。

- <table>元素:用来定义一个表格。每一个表格只有一对<table>和</table>。一个网页中可以有多个表格。
- <tr>元素:用来定义表格的行。一对<tr>和</tr>代表一行。一个表格中可以有多个行,所以<tr>和</tr>也可以在<table>和</table>中出现多次。
- <td>元素:用来定义表格中的单元格。一对<td>和</td>代表一个单元格。每行中可以出现多个单元格,即<tr>和</tr>之间可以存在多个<td>和</td>。在<td>和</td>之间,将显示表格每一个单元格中的具体内容。
- <th>元素:用来定义表格的表头。一对<th>和</th>代表一个表头。表头是一种特殊的单元格,在其中添加的文本,默认为居中并加粗(实际中并不常用)。

上面讲到的4个表格元素在使用时一定要配对出现,既要有开始标签,也要有结束标签。缺少其中任何一个,都将无法得到正确的结果。

表格基本结构的代码如下所示。

```
<table border="1">
    <tr>
<td>第1行</td>
    </tr>
    <tr>
<td>第2行</td>
</tr>
</table>
```

上面的代码表示一个2行1列的表格,在每个行<tr>内,有一个表格td,在第1行的单元格内显示"第1行"文字,在第2行的单元格内显示"第2行"文字。

通常情况下,表格需要一个标题来说明它的内容。通常浏览器都提供了一个表格标题标签,在<table>标签后立即加入<caption>标签及其内容,但是<caption>标签也可以放在表格和行标签之间的任何地方。标题可以包括任何主体内容,这一点很像表格中的单元格。

UNIT 86 表格属性

为了使创建的表格更加美观、醒目，设计者还需要对表格的属性（如表格的颜色或单元格的背景图像、颜色等）进行设置。

设置表格的属性

要设置整个表格的属性，首先要选中整个表格，然后利用"属性"面板设置表格的属性，例如：对齐方式、间距、边框等。

表格"属性"面板中各个选项的含义如下：

- ID：表格的ID。
- "行"和"列"数值框：表格中行和列的数量。
- "对齐"下拉列表框：设置表格的对齐方式。共包含有"默认"、"左对齐"、"居中对齐"和"右对齐"4个选项。
- "填充"数值框：单元格内容和单元格边界之间的像素数。
- "间距"数值框：相邻的表格单元格间的像素数。
- "边框"数值框：表格边框的宽度。
- "类"下拉列表框：对该表格设置一个CSS类。
- "清除列宽"按钮：用于清除列宽。
- "将表格宽度转换成像素"按钮：将表格宽由百分比转为像素。
- "将表格宽度转换成百分比"按钮：将表格宽由像素转换为百分比。
- "清除行高"按钮：用于清除行高。

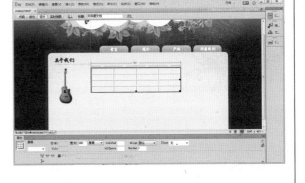

设置单元格属性

选中某单元格，在"属性"面板中将显示该单元格的属性。下图为单元格"属性"面板。

单元格"属性"面板中各选项说明如下：

- "水平"下拉列表框：设置单元格中对象的水平对齐方式，其下拉列表中包含"默认"、"左对齐"、"居中对齐"和"右对齐"4个选项。
- "垂直"下拉列表框：设置单元格中对象的垂直对齐方式，包含"默认"、"顶端"、"居中"、"底部"和"基线"5个选项。
- "宽"与"高"数值框：用于设置单元格的宽与高。
- "不换行"复选框：勾选该复选框，表示单元格的宽度将随文字长度的增加而加长。
- "标题"复选框：勾选该复选框，将当前单元格设置为标题行。
- "背景颜色"：用于设置表格的背景图像。

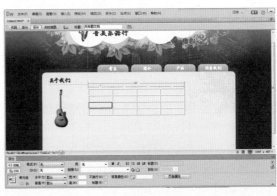

改变背景颜色

使用onmouseout、onmouseover可以创建鼠标经过时颜色的变换效果。

实训项目 背景颜色的改变

下面将详细介绍如何制作鼠标经过时背景色的变换效果。

01 打开网页文档，选中表格第1行的所有单元格，在"属性"面板中设置单元格的"背景颜色"为#F4C32C。

02 在"代码"视图中修改<td>为以下代码。修改代码后当光标移到单元格时改变背景颜色。

表格的属性代码

表格具有如下属性代码。

（1）width属性

用于指定表格或某一个表格单元格的宽度，单位可以是像素或百分比。

假设将表格的宽度设为200像素，在该表格标签中加入宽度的属性和值即可，具体代码如下。

```
<table width="200" >
```

（2）height属性

用于指定表格或某一个单元格的高度，单位可以是像素或百分比。

假设将表格的高度设为50像素，在该表格标签中加入高度的属性和值即可，具体代码如下。

```
<table height="50" >
```

假设将某个单元格的高度设为所在表格的30%，则在该单元格标签中加入高度的属性和值即可，具体代码如下。

```
<td height="30%">
```

（3）border属性

用于设置表格的边框及边框的粗细。值为0代表不显示边框；值为1或以上代表显示边框，且值越大，边框越粗。

（4）bordercolor属性

用于指定表格或某一个表格单元格边框的颜色。值为#号加上6位十六进制代码。

假设将某个表格边框的颜色设为黑色，则具体代码如下。

```
<table bordercolor="#000000">
```

(5) bordercolorlight属性

用于指定表格亮边边框的颜色。

假设将某个表格亮边边框的颜色设为绿色，则具体代码如下。

```
<table bordercololightr="#00ff00">
```

(6) bordercolordark属性

用于指定表格暗边边框的颜色。

假设将某个表格暗边边框的颜色设为蓝色，则具体代码如下。

```
<table bordercolordark="#0000ff">
```

(7) bgcolor属性

用于指定表格或某一个表格单元格的背景颜色。

假设将某个单元格的背景颜色设为红色，则具体代码如下。

```
<td bgcolor="#FF0000">
```

(8) background属性

用于指定表格或某一个表格单元格的背景图像。

假设将images文件夹下名称为tu1.jpg的图像设为某个与images文件夹同级的网页中表格的背景图像，则具体代码如下。

```
<table background="images/tu1.jpg">
```

(9) cellspacing属性

用于指定单元格间距，即单元格和单元格之间的距离。

假设将某个表格的单元格间距设为5，则具体代码如下。

```
<table cellspacing="5">
```

(10) cellpadding属性

用于指定单元格边距（或填充），即单元格边框和单元格中内容之间的距离。

假设将某个表格的单元格边距设为10，则具体代码如下。

```
<table cellpadding="10">
```

(11) align属性

用于指定表格或某一表格单元格中内容的水平对齐方式。属性值有left（左对齐）、center（居中对齐）和right（右对齐）。

假设将某个单元格中的内容设定为"居中对齐"，则具体代码如下。

```
<td align="center">
```

(12) valign属性

用于指定单元格中内容的垂直对齐方式。属性值有top（顶端对齐）、middle（居中对齐）、bottom（底部对齐）和baseline（基线对齐）。

假设将某个单元格中的内容设定为"顶端对齐"，则具体代码如下。

```
<td valign="top">
```

UNIT 87 选择表格

选择表格时可以一次选择整个表、行或列，也可以选择一个或多个单独的单元格。当光标移动到表格、行、列或单元格上时，Dreamweaver 将高亮显示选择区域中的所有单元格，以便确切了解选中了哪些单元格。当表格没有边框、单元格跨多列或多行或者表格嵌套时，这一功能非常有用。可以在首选参数中更改高亮颜色。

选择整个表格

要想对表格进行编辑，首先需选中它，然后才能进行必要的设置操作。

实训项目 选择表格的方法

选择整个表格，可以通过以下几种方法实现。

01 打开网页文档，将插入点置于要插入表格的位置，在文档中插入表格。单击表格中任意一个单元格的边框线选择整个表格。

02 在代码视图下，找到表格代码区域，拖选整个表格代码区域（<table>和</table>标签之间代码区域）。

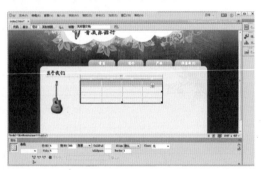

03 单击表格中任一处，执行"修改>表格>选择表格"命令，选择整个表格。

04 将插入点放在表格中，单击文档窗口底部的<table>标签，选择整个表格。

05 右击单元格，从弹出的快捷菜单中执行"表格>选择表格"命令选取整个表格。

06 将光标移动到表格边框的附近区域，单击即可选中。

选择一个单元格

表格中的某个单元格被选中时，该单元格的四周将出现边框，随后即可进行相应的设置。

实训项目 选择单元格的方法

选择一个单元格可通过以下几种方法来实现。

方法1：按住鼠标左键不放，从单元格的左上角拖至右下角，可以选择一个单元格，如下左图所示。

方法2：按住Ctrl键，然后单击单元格可以选中一个单元格，如下右图所示。

方法3：将插入点放置在要选择的单元格内，单击文档窗口底部的<td>标签，可以选择一个单元格，如下左图所示。

方法4：将插入点放置在一个单元格内，按组合键【Ctrl+A】可以选择该单元格，如下右图所示。

UNIT 88 编辑表格和单元格

在网页中，表格用于网页内容的排版，如要将文字放在页面的某个位置，就可以使用表格并可以设置表格的属性。使用表格可以清晰地显示列表数据，从而更容易阅读信息。还可以通过设置表格及单元格的属性来更改表格的外观，在设置表格和单元格的属性前，注意格式设置的优先顺序为单元格、行和表格。

复制和粘贴表格

复制和粘贴表格时可以一次复制、粘贴单个单元格或多个单元格，并保留单元格的格式设置，也可以在插入点或现有表格中所选部分粘贴单元格。若要粘贴多个单元格，剪贴板的内容必须和表格的结构或表格中将粘贴这些单元格的部分兼容。

实训项目　表格的复制

下面将详细介绍表格的复制操作。

01 打开网页文档，选中要拷贝粘贴的表格。

02 执行"编辑>拷贝"命令。也可以使用组合键【Ctal+C】进行复制，达到同样效果。

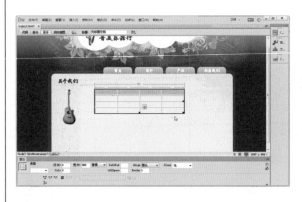

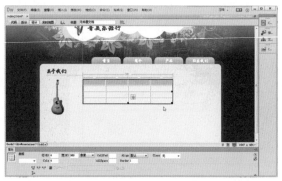

03 将插入点放在表格要粘贴的位置，执行"编辑>粘贴"命令。或者使用组合键【Ctal+V】粘贴。

04 下图为粘贴表格后的效果。设计者可以根据自己的需要灵活使用拷贝、粘贴命令。

添加行和列

执行"修改>表格>插入行"命令，可以添加行；执行"修改>表格>插入列"命令，可以添加列。

实训项目 行与列的添加

下面将详细介绍行与列的添加方法。

01 打开网页文档，将插入点放置在需增加行或列的位置。

02 执行"修改>表格>插入行"命令，插入1行表格。

03 执行"修改>表格>插入列"命令，插入1列表格的效果。

04 执行"修改>表格>插入行或列"命令，在弹出的"插入行或列"对话框中进行设置。

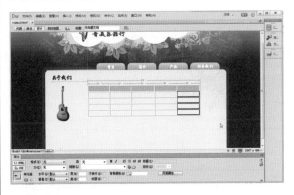

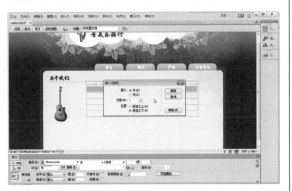

删除行和列

执行"修改>表格>删除行"命令，可以删除行；执行"修改>表格>删除列"命令，删除添加列。

实训项目 行与列的删除

下面将详细介绍删除行、列的具体操作步骤。

01 打开网页文档，将插入点放在要删除行的任意位置。

02 执行"修改>表格>删除行"命令，即可删除一行表格。

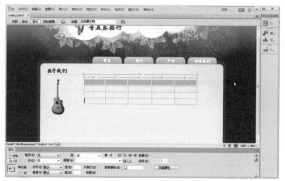

03 将插入点放置在要删除列的位置，执行"修改>表格>删除列"命令。

04 删除表格行、列后的效果如下图所示。设计者可以根据需要灵活使用删除行或列命令。

合并单元格

　　只要选择的单元格形成一行或一个矩形，便可以合并任意数目的相邻单元格，以生成一个跨多个列或行的单元格。

实训项目 单元格的合并

　　合并单元格的具体操作步骤如下。

01 打开网页文档，选中要合并的单元格，执行"修改>表格>合并单元格"命令。

02 执行命令后即将选中的所有单元格合并为一个单元格。

TIP 合并单元格还有其他方法：选择要合并的单元格，单击鼠标右键，在弹出的快捷菜单中选择"表格>合并单元格"命令，即可合并单元格。

拆分单元格

在网页设计过程中，用户可以将单元格拆分成任意数目的行或列，而不管之前它是否是合并的。

实训项目 单元格的拆分

拆分单元格的具体操作步骤如下。

01 打开网页文档，将插入点放置在要拆分的单元格内，执行"修改>表格>拆分单元格"命令。

02 弹出"拆分单元格"对话框，设置需要拆分的行或列以及拆分的数量。

03 设置完以后，单击"确定"按钮，即可将单元格拆分。

04 将插入点放置在需要拆分的单元格中，单击鼠标右键，在弹出的快捷菜单中执行"表格>拆分单元格"命令，也可将单元格拆分。

利用CSS实现圆角矩形表格

用CSS来做圆角矩形的技术很早就有了，可以无图片实现CSS圆角矩形，就是用1px的水平线条来堆叠出圆角，也可以使用CSS代码来制作圆角表格。

方法1：CSS与Div实现圆角表格

```
01 <style type="text/css">
02 // 定义CSS的样式
03 div#nifty{ margin: 0 10%;background: #9BD1FA}
04 p {padding:10px}
05 div.rtop, div.rbottom {display:block;background: #FFF}
06div.rtopdiv,div.rbottomdiv{display:block;height:1px;overflow:hidden;
back ground: #9BD1FA}
07 div.r1{margin: 0 5px}
08 div.r2{margin: 0 3px}
09 div.r3{margin: 0 2px}
10 div.rtop div.r4, div.rbottom div.r4{margin: 0 1px;height: 2px}
11 </style>
12 <div id="nifty"><div class="rtop"> 插入Div显示圆角表格
13 <div class="r1"></div><div class="r2"></div><div class="r3"></div>
14 <div class="r4"></div></div>
15 <p>无图片的圆角表格</p>
16 <div class="rtop">
17 <div class="r4"></div><div class="r3"></div><div class="r2"></div><div class
="r1"></div>
18 </div>
19 </div>
```

方法2：利用XML实现圆角表格

```
20 <html xmlns:v>
21 <head>
22 // 定义样式
23 <style>
24 v\:*{behavior:url(#default#VML)}
25 </style>
26 <meta http-equiv="Content-Type" content="text/html;
27 charset=gb2312">
28 </head>
29 <body>
30 // 定义圆角表格的高度、宽度和边框颜色
31 <v:RoundRect style="position:relative;width:150;height:
32 240px;" strokecolor="#ff0000" arcsize=0.01
33 strokeweight="1px" fillcolor="#ffff00">
34 // 定义圆角表格的颜色、阴影、阴影大小
35 <v:shadow on="T" type="single" color="#e5e5e5"
36 offset="3px,3px"/>
37 <v:TextBox style="font-size:9pt;">CSS圆角表格
38 </v:textbox>
39 </v:RoundRect>
40 </body>
41 </html>
```

利用嵌套表格定位网页

利用表格对网页元素进行定位是网页排版最基本的方法。它以简洁明了、高效快捷的方式，将数据、文本、图像和表单等元素有序地排列在页面上，从而设计出版式漂亮的网页。

设计网页时，可以先使用较大的表格设置出网页的基本版面，然后再通过嵌套表格对网页细节进行设计，这是最传统的网页布局手段。在这个过程中需要用到表格的"属性"面板。若还需要在页面上进行图文混排，可利用表格来进行规划设计在不同的单元格中放置文本和图片，并对表格的属性进行适当的设置，能够很容易地设计出美观整齐的页面。

UNIT 89 应用表单

表单是用户和服务器之间的桥梁，目的是收集用户的信息。动态网页中需要交互的内容都需要添加到表单中，由用户填写，然后提交给服务器端脚本程序执行，并将执行的结果以网页形式反馈到用户浏览器。所以学会使用表单是制作动态网页的第一步。

表单概述

表单，也称为表单域，可以被看成一个容器，其中可以存储对象，例如文本域、密码域、单选按钮、复选框、列表以及提交按钮等，这些对象也被称为表单对象。制作动态网页时，需要首先插入表单，然后在表单中插入表单对象。如果执行顺序反过来，或没有将表单对象插入到表单中，则数据不能被提交到服务器，这一点也是初学者最容易出现问题的。

各种表单对象

在Dreamweaver中插入表单和表单对象，可以通过执行"插入>表单"命令，在弹出的子菜单中选择要插入的表单对象或表单菜单即可，也可以通过执行"窗口>插入"命令，在"插入"面板的"表单"下拉列表中，选择插入的表单对象或表单选项。下面对"插入"面板的"表单"下拉列表的表单对象进行说明，如右图所示。

- 表单：插入一个表单。其他表单对象必须放在该表单标签之间。
- 文本：插入一个文本域，用户可以在文本域中输入字母或数字，可以是单行或多行，或者作为密码文本域，将用户输入的密码以*字符显示。

- 文本区域：插入一个多行文本区域，接受用户大容量文本信息的录入。
- 按钮：插入一个按钮，单击该按钮可以执行相应操作。
- "提交"按钮：可以将表单数据提交到服务器端。
- "重置"按钮：可以将表单中的各输入对象恢复初值。
- 文件：用于获取本地文件或文件夹的路径。
- 图像按钮：可以使用指定的图像作为提交按钮。
- 隐藏：插入一个区域，该区域可以存储信息，但是不能显示在网页中。
- 选择：插入一个列表或者菜单，将选项以列表或菜单形式显示，方便用户操作。
- 复选框：插入一个复选框选项，接受用户的选择，可以选中也可以取消。
- 复选框组：插入一组带有复选框的选项，可以同时选中一项或多项，可同时接受用户的多项选择。
- 单选按钮：插入一个单选按钮选项，接受用户的选择。
- 单选按钮组：插入一组单选按钮，同一组内容单选按钮只能有一个被选中，接受用户的惟一选择。
- 标签：提供一种在结构上将域的文本标签和该域关联起来的方法。

UNIT 90 创建注册页面

在制作像用户登录、会员注册、信息查询、人员信息维护等页面时，就需要在网页中插入表单和表单对象，通过表单可以获取用户输入信息并提交给服务器，服务器端会有相应程序接受提交数据并对其进行处理，然后将处理结果以网页形式发送到用户浏览器。这里通过微课网站的会员注册页面的制作，介绍如何在网页中插入表单及表单对象。

下图为创建会员注册页面前后的效果。

01 启动Dreamweaver CC，打开网页文档，将光标移到表单插入位置。

02 执行"窗口>插入"命令，将插入面板切换到"表单"面板，选择"表单"选项。

03 将光标移到表单中，执行"插入>表格"命令，在表单中插入一个8行2列表格。表格宽度设为500像素，边距设为10，边框和填充设为0，对齐方式设为"居中对齐"。

04 选中表格第1列，将水平对齐方式设为"左对齐"，垂直对齐方式设为"居中"，宽度设为150像素，高度设为30，背景颜色设为#B5E1FF。同理设置表格第2列。

05 将光标移到表格的第1行第1列中，输入文字。在"插入"面板中，选择"文本"选项在表格的第1行第2列单元格中插入一个文本框，设置文本框的name为txt_zh。

06 选中刚插入的文本字段，在属性面板中，设置字符宽度为25，最多字符数为15。

07 按照步骤5～6的方法，在表格第2行第2列插入密码，设置name属性为txt_mm，在表格第3行第2列插入密码，设置name属性为txt_mm1。

08 将光标移到第4行第1列，输入文字，在"插入"面板中，选择"单选按钮组"选项，在第4行第2列插入单选按钮组，弹出"单选按钮组"对话框，名称设为RadioGroup1，将单选按钮标签分别设为"老师"、"学生"。

09 设置完成后单击"确定"按钮返回，选中"学生"单选按钮。

10 将光标移到第5行第1列输入文本，在"插入"面板中，选择"选择"选项，单击"列表值"按钮，弹出"列表值"对话框，单击"增加"按钮，设置项目标签为"计算机"，值为0，按同样方法再增加其他项目标签和值，单击"确定"按钮。

11 重复步骤5～6，在第6行第2列插入"文本"，设置ID为txt_email。重复步骤8～9，在表格第7行第2列插入"单选按钮组"，并选中"已阅读"单选按钮。

12 选择"插入"面板的"按钮"选项，在第8行第2列插入提交按钮，设置ID为submit，动作为"提交"。

13 重复步骤12，在当前单元格中继续插入"按钮"，设置ID为reset，动作为"重置"。

14 执行"文件>另存为"命令，将当前网页
重命名为register1.html。按【F12】键，在浏览
器中浏览最终效果。

在"属性"面板中，文本相关属性如下：

- 字符宽度：该属性用来控制文本字段显示的外观宽度，以字符的个数来衡量。
- 最多字符数：该属性可用来设置允许用户输入的最多字符个数。
- 禁用：勾选该复选框，则文本字段不可用。
- 只读：勾选该复选框，则文本字段只能显示信息，不允许用户输入或更改信息。

注册页面代码详解

在注册会员页面中插入了表单以及各表单对象，每个对象都有对应的html标签，下面对该页面
用到的表单标签代码给出解析。

（1）<form>和</form>标签

在注册会员网页中插入表单，实际就是在代码页中添加<form></form>标签。所有的表单对
象最终都会插入到<form>开始和</form>结束标签之间代表表单开始。<form>标签语法如下：

<form name="form1" method="post" action="" > </form>

属性及属性值如下：

- Name属性：为表单命名，可以定义为符合语法的任何字符串。
- Method属性：指定表单中数据是如何传递到服务器的，其值可定义为Post或Get。Post表示将
表单所有数据附加到网页中传递到服务器；Get表示将表单数据附加到请求的网页地址后面，
随着浏览器向服务器发送对目标网页的请求传递到服务器。
- Action：指定在服务器上处理该表单的程序文件，其值一般是asp文件或jsp文件等。

（2）<input />标签

在注册网页表单中插入输入帐号的文本字段，就会在代码页中<form></form>之间添加
<input />标签。该标签可用于在网页表单中插入文本字段、单选按钮、复选框和按钮等表单对
象，<input />标签语法如下：

<input name="txt_zh" type="text" size="25" maxlength="15"/>

属性及属性值如下：

- Name属性：为标签命名。
- Type属性：表单对象所属类型，其值不同，代表不同表单对象。取值如下：

    text：代表文本框；

    password：代表密码框；

    radio：代表单选按钮；

    checkbox：代表复选框；

file：代表文件上传按钮；

button：代表普通按钮；

submit：代表提交按钮，该按钮具有提交到服务器功能。

reset：代表重置按钮，单击该按钮可以将表单中所有对象恢复初值。

image：代表图像按钮；

hidden：代表隐藏域，不会在网页中显示，但会将所包含数据提交到服务器。

- Size属性：设置单行文本域的长度，其值为数字，表示多少个字符长。
- Maxlength属性：单行文本域最多可以输入的字符数，其值为数字，表示多少个字符。
- Value属性：type属性不同，Value含义不一样。Type="text"，value设置文本框默认的输入值；type="checkbox"或"radio"，value设置为传递到服务器的实际值，可以和显示值不一样；type="button"或"submit"或"reset"，value设置为按钮在网页中显示的值。
- Checked属性：代表单选按钮或复选框选项被选中，不设属性值。

（3）<select>和</select>标签

在注册网页中插入用于选择所属行业的下拉菜单时，就会在代码页中<form></form>之间添加<select>和</select>标签。该标签通常用来定义可供用户选择的列表或菜单，语法格式如下：

```
<select name="select_hy" id="select_hy">
        <option value="0" selected="selected">计算机</option>
        <option value="1">计算机</option>
        <option value="2">机电</option>
        <option value="3">通信</option>

</select>
```

<select>标签需要和<option>配合使用，<option>标签指定菜单或列表中的选项，<select>标签属性及属性值如下：

- Name属性：指定列表/菜单名称。
- Size属性：指定在网页上显示选项的个数，其值为数字，当数值大于或等于1时，则会作为下拉菜单显示。
- Multiple属性：指定列表/菜单是否多选，不设属性值。

  <option>标签属性及属性值如下：

- Value属性：指定每个选项表示的值，该值经常会被代码访问使用，可以和在网页中显示的选项不同。
- Selected属性：指定当前选项被选中，没有属性值。

01 如何导入表格数据？

打开网页文档，将插入点放置在导入表格的位置，执行"插入>表格对象>导入表格式数据"命令。在弹出的"导入表格式数据"对话框中设置相应的参数后，单击"确定"按钮即可导入表格数据。

02 怎样理解设置表格宽度的单位？

设置表格宽度的单位有百分比和像素这两种。如果当前打开的窗口宽度为300像素，设置表格宽度为80%时，实际宽度为浏览器窗口宽度的80%，即为240像素。如果浏览器窗口的宽度为600像素，同样的方法可以计算出表格的实际宽度为480像素。由此可知，将表格的宽度用百分比来指定时，随着浏览器窗口宽度的变化，表格的宽度也会发生变化。与此相反，如果用像素来指定表格宽度，则与浏览器窗口的宽度无关，总会显示为一定的宽度。因此，缩小窗口的宽度时，有时会出现看不到表格全部的情况。

03 有时候制作一个大表格，加载这个网页时，很长时间都没有任何显示，这是为什么？

因为网络浏览器需要先计算出表格中每部分的大小，然后才能将它显示出来，所以复杂的表格需要一段时间才会显示在屏幕上。对表格中的每个图像指定width和height可稍微提高显示速度。在<table>和<td>标签中使用with属性也会有所帮助。

04 为什么在Dreamweaver中把单元格宽度或高度设置为1没有效果？

Dreamweaver在生成表格时会自动地为每个单元格填充一个" "代码，即空格代码。如果有这个代码存在，那么把该单元格宽度和高度设置为1就会没有效果，实际预览时该单元格会占据10px左右的宽度。如果去掉" "代码，再把单元格的宽度或高度设置为1，就可以在IE中看到预期的效果了。但是在NS（Netscape）中该单元格不会显示，就好像表格中缺了一块。此时，在单元格内放一个透明的GIF图像，然后将"宽度"和"高度"都设置为1，这样就可以同时兼容IE和NS了。

05 如何设置表格边框线的宽度和颜色？

表格 <table>的border属性用于设置表格的边框及边框的粗细，单位是像素。值为0代表不显示边框；值为1或以上代表显示边框，且值越大，边框越粗。表格<table>的bordercolor属性用于指定表格或某一个表格单元格边框的颜色。值为#号加上6位十六进制代码或者英文颜色名称。

06 如何实现表格中的跨行和跨列？

在复杂的表格结构中，有的单元格在水平方向上是跨多个单元格，这就需要使用跨行属性rowspan，基本语法是<td rowspan=value>，value代表单元格的行数；跨列属性colspan的使用类似于跨行属性rowspan。

1. 制作彩色表格

请使用已经学过的表格知识在网页中插入彩色表格。

制作流程：

（1）在网页中相应位置插入表格，并调整表格的大小。

（2）选择需要设置颜色的单元格，在属性窗口中设置"背景颜色"。

（3）按【F12】键在浏览器预览最终效果。

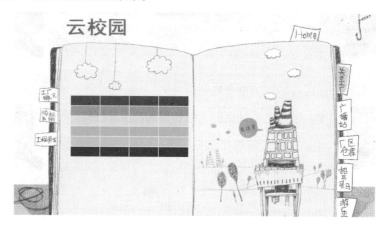

2. 制作公司内网中的时间表

请使用已经学过的表格知识在网页中设计一个时间表，其中使用合并单元格操作。

制作流程：

（1）在网页中相应位置插入表格，并调整表格的大小。

（2）根据需要，合并其中相应的单元格。

（3）在表格中输入文字。

（4）按【F12】键在浏览器预览最终效果。

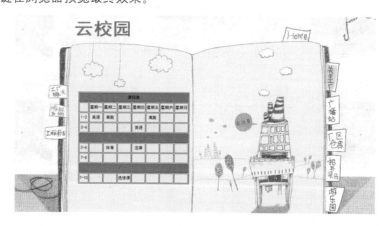

CSS是一种用于控制网页元素样式显示的一种标记性语言，是目前流行的网页设计技术。与传统使用HTML技术布局网页相比，CSS可以实现网页内容和网页外观的相分离，同一个网页应用不同的CSS，会呈现不同的效果，这样极大的方便了网页设计人员。使用CSS技术还可以实现对网页整体布局、网页元素如文本、图像、超链接、表格等外观的更加精确地控制。

19 chapter 使用CSS 修饰美化网页

‖学习目标‖

- 熟悉CSS相关知识
- 熟悉CSS滤镜相关知识
- 掌握CSS样式设置的方法
- 掌握为网页添加外联样式表的方法
- 掌握为网页添加内嵌样式表的方法
- 掌握为网页添加CSS滤镜的方法

精彩推荐

◎ 添加CSS滤镜

◎ 制作动感链接文字

UNIT 91 CSS概述

CSS（Cascading Stylesheets，层叠样式表）是一种制作网页的技术，CSS 提供对网页内容格式化，丰富了网页内容修饰、布局设计的手段，目前 CSS 已经为大多数浏览器所支持，成为网页设计不可缺少的工具之一。使用 CSS 能够简化网页的格式代码，加快下载显示速度，同时减少了需要上传的代码数量，减少重复劳动，这对于网站设计管理具有重要意义。

CSS特点

W3C（The World Wide Web Consortium）把动态HTML（Dynamic HTML）分为三个部分来实现：脚本语言（如：javascript、Vbscript等）、支持动态效果的浏览器（如：IE）和CSS样式表。

如果仅适用HTML设计网页，网页不是缺乏动感，就是在网页内容的布局上也十分困难，在网页设计过程中需要大量的测试，才能够很好地实现布局排版，这对于专业的设计人员也是一项需要有耐性的工作。在这种情况下，样式表应运而生，它首先要做的是为网页上的元素精确定位，可以让网页设计者轻松的控制文字、图片，将它们放在需要的位置。

其次，CSS将网页内容和网页格式控制相分离。内容结构和格式控制相分离，使得网页可以只包含内容构成，而将所有网页的格式控制指向某个CSS样式表文件。这样简化了网页的格式代码，外部的样式表会被浏览器保存在BUFFER中，加快了下载显示的速度，也减少了需要上传的代码数量（只需下载或上传一次）。同时在改变网站的格式时，只要修改保存CSS样式表就可以改变整个站点的风格，在网站页面数量庞大时，这点显得特别有用。

如何在网页中使用CSS

为网页添加样式表的方法有四种。

方法1：直接添加在HTML标记中

这是应用CSS最简单的方法，其语法如下：

```
<标记 style="css属性：属性值">内容</标记>
```

例如：< p style="color: red; font-size: 10pt">CSS实例< /p>

该使用方法简单、显示直观，但是这种方法由于无法发挥样式表内容和格式控制分别保存的优点，并不常用。

方法2：将CSS样式代码添加在HTML的 <style></style>标签之间

```
< head>
< style type="text/css">
< !--

    样式表具体内容

-->
< /style>
< /head>
```

一般<style></style>标签需要放在<header></head>标签之间，其中type="text/css"表示样式表采用MIME类型，帮助不支持CSS的浏览器忽略CSS代码，避免在浏览器中直接以

338

源代码的方式显示，为保证这种情况一定不出现，还有必要在样式表代码上加注释标识符<!---->"。

方法3：链接外部样式表

将样式表文件通过<link>标签链接到指定网页中，这也是最常使用的方法。这种方法最大的好处是，样式表文件可以反复链接不同的网页，从而保证多个网页风格的一致。

```
< head>
< link rel= "stylesheet" href= "*.css" type= "text/css" >
< /head>
```

其中，rel="stylesheet"用来指定一个外部的样式表，如果使用Alternate stylesheet，指定使用一个交互样式表。href="*.css"指定要链接的样式表文件路径，样式文件以.css作为后缀，其中应包含CSS代码，<style></style>标签不能写到样式表文件中。

方法4：联合使用样式表

可以在<style></style>标签之间既定义CSS代码，也导入外部样式文件的声明。

```
< head>
< style type=" text/css" >
< !--
@import "*.css"

-->
< /style>
< /head>
```

以@import引入的的联合样式表方法和链接外部样式表的方法很相似，但联合样式表方法更有优势。因为联合法可以在链接外部样式表的同时，针对该网页的具体情况，添加别的网页不需要的样式。

UNIT 92 CSS定义

一般来说，CSS 代码定义分为选择器名称和代码定义块，代码定义块需要添加到 {} 里，包含所用的 CSS 属性以及属性值，格式如下：

选择器 {属性：值}

选择器介绍

CSS定义多种选择器，不同选择器定义方法不同，使用方法也不同，下面将分别进行介绍：

1. 标签选择器

一个HTML页面由很多不同的标签组成，而CSS标记选择器就是声明哪些标签采用哪种CSS样式。例如：

```
h1{color:red; font-size:25px;}
```

这里定义了一个h1选择器，针对网页中所有的<h1>标签都会自动应用该选择器中所定义的CSS样式，即网页中所有的<h1>标签中的内容都以大小是25像素的红色字体显示。

2. 类选择器

　类选择器用来定义某一类元素的外观样式，可应用于任何HTML标签。类选择器的名称由用户自定义，一般需要以"．"作为开头。在网页中应用类选择器定义外观时，需要在应用样式的HTML标签中添加class属性，并将类选择器名称作为其属性值进行设置。例如：

```
.style_text{color:red; font-size:25px;}
```

　　这里定义了一个名称是style_text的类选择器，如果需要将其应用到网页中<div>标签中的文字外观，则添加如下代码：

```
<div class="style_text">这是一个类选择器的例子1</div>
<div class="style_text">这是一个类选择器的例子2</div>
```

　　网页最终的显示效果是两个<div>中的文字"这是一个类选择器的例子1"和"这是一个类选择器的例子2"都会以大小是25像素的红色字体显示。

3. ID选择器

　　ID选择器类似于类选择器，用来定义网页中某一个特殊元素的外观样式，ID选择器的名称由用户自定义，一般需要以"#"作为开头。在网页中应用ID选择器定义的外观时，需要在应用样式的HTML标签中添加id属性，并将ID选择器名称作为其属性值进行设置。例如：

```
#style_text{color:red; font-size:25px;}
```

　　这里定义了一个名称是style_text的ID选择器，如果需要将其应用到网页中<div>标签中的文字外观，则添加如下代码：

```
<div id="style_text">这是一个ID选择器的例子</div>
```

　　网页最终的显示效果是<div>中的文字"这是一个ID选择器的例子"会以大小是25像素的红色字体显示。

4. 伪类选择器

　　伪类选择器可以实现用户和网页交互的动态效果，例如超链接的外观。一般伪类选择器包括链接和用户行为，链接就是:link 和:visited，而用户行为包括:hover、:active 和:hover。例如：

```
a:link {color:black;font-size:12px; text-decoration: none;}
a:visited {color:black; font-size:12px; text-decoration: none;}
a:active {color:orange; font-size:12px;text-decoration: none;}
a:hover {color:orange; font-size:12px;text-decoration: none;}
```

　　上述代码定义了一个超链接动态外观，a:link指定未单击超链接时外观，a:visited指定超链接访问过的外观，a:active指定超链接激活时的外观，a:hover指定鼠标停留在超链接上时的外观。将上述CSS代码添加到网页中时，会自动应用到网页中的所有超链接外观，即未单击超链接和访问过超链接时显示字体黑色、大小为12像素、不带下划线效果，当激活超链接时和鼠标停留超链接时显示字体桔色、大小为12像素、不带下划线效果。

　　当有多个选择器使用相同的设置时，为了简化代码，可以一次性为它们设置样式，并在多个选择器之间加上"，"来分隔它们，当格式中有多个属性时，则需要在两个属性之间用";"来分隔。例如：

　　选择器1，选择器2，选择器3 {属性1：值1；属性2：值2；属性3：值3}

　　其他CSS的定义格式还有如：

　　选择符1 选择符2 {属性1：值1；属性2：值2；属性3：值3}

和格式1非常相似，只是在选择符之间少加了"，"，但其作用大不相同，表示如果选择符2包括的内容同时包括在选择符1中的时候，所设置的样式才起作用，这种也被称为"选择器嵌套"。

CSS属性设置

Dreamweaver作为一款当前广泛应用的网页设计工具，为在网页中使用CSS提供及其方便的使用方法。网页设计人员几乎可以使用Dreamweaver CC对所有的CSS属性进行设置。新建CSS，需要执行"文件＞新建"命令，弹出"新建文档"对话框，设置后单击"创建"按钮，弹出"新建CSS规则"对话框。

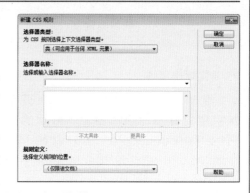

在"新建CSS规则"对话框中，可根据需要选择所需要的选择器类型，输入选择器的名称，然后选择该CSS样式使用的位置。单击"确定"按钮后将进入属性设置对话框，新建的CSS样式通过设置各种属性来实现对网页外观的控制。

在Dreamweaver中选择器类型可以设置为以下值：

- 类（可应用于任何HTML元素）：用来定义一个类选择器。
- ID（仅应用一个HTML元素）：用来定义一个ID选择器。
- 标签（重新定义HTML元素）：用来定义一个标签选择器。
- 复合内容（基于选择的内容）：用来定义一个嵌套选择器，只有应用样式的HTML标签上下文环境完全符合嵌套选择器中所涉及的标签，才会显示效果。

CSS属性可以分为类型、背景、区块、方框、边框、列表、定位、扩展和过渡9个类别。下面分别对这些属性及其设置方法加以介绍。

1. 设置类型属性

常用的类型属性主要包括：font-family，font-size，font-weight，font-style，font-variant，line-height，text-transform，text-decoration，color。

CSS样式的"类型"设置对话框相关属性介绍如下：

- font-family属性：用于指定文本的字体，多个字体之间以逗号分隔，按照优先顺序排列。
- font-size：属性用于指定文本中的字体大小，可以直接指定字体的像素（px）大小，也可以采用相对设置值，例如：xx-small（最小）、x-small（较小）、small（小）、medium（正常值）、large(大)、x-large（较大）、xx-large(最大)。
- font-variant：定义小型的大写字母字体，对中文没什么意义。
- font-weight：指定字体的粗细，其属性值可设为相对值例如：normal（正常）、bold（粗体）、bolder（更粗）、lighter（更细）；也可以输入值例如：100、200、300、400、500、600、700、800、900。其中，normal相当于400，bold相当于700。
- Font-style：用于设置字体的风格，属性值为：正常|斜体|偏斜体，默认设置是正常。

- Line-height：用于设置文本所在行的高度，选择正常自动计算字体大小的行高，也可输入一个固定值并选择一种度量单位。
- Text-transform：可以控制将选定内容中的每个单词的首字母大写或者将文本设置为全部大写或小写。
- Text-decoration：向文本中添加下划线、上划线或删除线，或使文本闪烁。正常文本的默认设置是"无"。默认超链接设置是"下划线"。
- color：用于设置文字的颜色。

2. 设置背景属性

背景属性的功能主要是在网页元素后面添加固定的背景颜色或图像，常用的属性主要包括background-color，background-image，background-repeat，background-attachment，background-position。

CSS样式的"背景"设置对话框相关属性介绍如下：

- background-color：用于设置CSS元素的背景颜色。属性值设为transparent则表示透明。
- background-image：用于定义背景图片，属性值设为url（背景图片路径）。
- background-repeat：用来确定背景图片如何重复。其属性值为repeat-x：背景图片横向重复；repeat-y：背景图片纵向重复；no-repeat：背景图片不重复。如果该属性不设置，则背景图片既横向平铺，又纵向重复。
- background-attachment：设定背景图片是否跟随网页内容滚动，还是固定不动。属性值可设为scroll（滚动）或fixed（固定）。
- background-position：设置背景图片的初始位置。

3. 设置区块属性

区块属性的功能主要是定义样式的间距和对齐设置，常用的属性主要包括Word-spacing，Letter-spacing，Vertical-align，Text-align，Text-indent，White-space，Display。

CSS样式的"区块"设置对话框相关属性介绍如下：

- Word-spacing：用于设置文字的间距
- Letter-spacing：用于设置字体间距。如需要减少字符间距，可指定一个负值。
- Vertical-align：用于设置文字或图像相对于其父容器的垂直对齐方式。属性值可设为：auto（自动）、baseline（基线对齐）、sub（对齐下标）、super（对齐上标）、top（对齐顶部）、text-top（文本与对象顶部对齐）、middle（内容与对象中部对齐）、bottom（内容与对象底部对齐）、text-bottom（文本与对象底部对齐）、length（百分比）。
- Text-align：用于设置区块的水平对齐方式。其属性值可设为：left（左对齐）、right（右对齐）、center（居中对齐）、justify（两端对齐）。

- Text-indent：指定第一行文本缩进的程度。属性值可选择绝对单位（cm、mm、in、pt、pc）或相对单位（em、ex、px）以及百分比（percentage）。
- White-space：确定如何处理元素中的空白。
- Display：指定是否显示以及如何显示元素。属性值可设为：block（块对象）、none（隐藏对象）、inline（内联对象）、inline-block（块对象呈现内联对象）。

4. 设置方框属性

网页中的所有元素包括文字、图像等都被看作包含在方框内，方框属性主要包括Width，Height，Float，Clear，Padding，Margin。

CSS样式的"方框"设置对话框相关属性介绍如下：

- Width：用于设置网页元素对象宽度。
- Height：用于设置网页元素对象高度。
- Float：用于设置网页元素浮动。属性值可设置为：none（默认）、left（浮动到左边）、right（浮动到右边）。
- Clear：用于清除浮动。属性值可设置为：none（不清除）、left（清除左边浮动）、right（清除右边浮动）、both（清除两边浮动）。
- Padding：指定显示内容与边框间的距离。
- Margin：指定网页元素边框与另外一个网页元素边框之间的间距。

Padding属性与Margin属性可与top，right，bottom，left组合使用，用来设置距上、右、下、左的间距。

5. 设置边框属性

边框属性可用来设置网页元素的边框外观，边框属性包括style，width，color，可分别于top，right，bottom，left组合使用。

CSS样式的"边框"设置对话框相关属性介绍如下：

- Style：用于设置边框的样式，属性值可设为：None（无）、Hidden（隐藏）、Dotted（点线）、Dashed（虚线）、Solid（实线）、Double（双线）、groove3D（槽线式边框）、ridge3D（脊线式边框）、inset3D（内嵌效果的边框）、outset3D（突起效果的边框）。
- width：用于设置边框宽度。
- color：由于设置边框颜色。

6. 设置列表属性

列表属性包括List-style-type，List-style-type，List-style-position。

CSS样式的"列表"设置对话框相关属性介绍如下：

- List-style-type：用于设置列表样式，属性值可设为：Disc（默认值-实心圆）、Circle（空心圆）、Square（实心方块）、Decimal（阿拉伯数字）、lower-roman（小写罗马数字）、

upper-roman（大写罗马数字）、low-alpha（小写英文字母）、upper-alpha（大写英文字母）、none（无）。

- List-style-image：用于设置列表标记图像，属性值为url（标记图像路径）。
- List-style-position：用于设置列表位置。

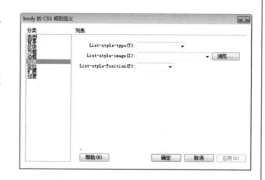

7. 设置定位属性

定位属性包括Position、Visibility、placement、clip等。

CSS样式的"定位"设置对话框相关属性介绍如下：

- Position：用于设置定位方式，属性值可设为：Static（默认）、Absolute（绝对定位）、Fixed（相对固定窗口的定位）、Relative（相对定位）
- Visibility：指定元素是否可见。
- Z-index：指定元素的层叠顺序，属性值一般是数字，数字大的显示在上面。
- Overflow：指定超出部分的显示设置。
- Placement：指定AP div的位置和大小。
- Clip：定义AP div的可见部分。

8. 设置扩展属性

扩展属性包括Page-break-before、Page-break-after、Cursor、Filter。

CSS样式的"扩展"设置对话框相关属性介绍如下：

- Page-break-before：为打印的页面设置分页符。
- Page-break-after：在对象后设置页分隔符。
- Cursor：定义鼠标形式。
- Filter：定义滤镜集合。

9. 设置过渡属性

使用"CSS 过渡效果"面板可将平滑属性变化更改应用于基于 CSS 的页面元素，以响应触发器事件，如悬停、单击和聚焦。

UNIT 93 使用CSS

使用 Dreamweaver 应用程序可以很方便的为网页添加 CSS 效果，只需要通过直观的界面设置，就可以为网页定义多种不同的 CSS 设置。

外联样式表

将网页的外观样式定义到一个单独的CSS文件中，通过在网页HTML文件中的<head></head>标签之间添加<link>标签，便可将当前网页和应用的样式文件进行关联。这样做的优点是可以将网页显示内容和显示样式分离开，方便网页设计人员集中管理网站风格，进行网页页面维护。

实训项目 外联样式表的创建

创建当前网页的外联样式表具体步骤如下：

01 启动Dreamweaver CC，打开要链接外联样式表的网页index.html。

02 执行"窗口>CSS设计器"命令，打开"CSS设计器"面板。

03 单击面板中"添加CSS源"按钮，在下拉列表中选择"附加现有的CSS文件"选项，弹出"使用现有的CSS文件"对话框，在"文件/URL"文本框中输入要链接的样式文件路径。

04 单击"确定"按钮。在"源"选项面板中就可以看到链接到外部CSS样式。

内嵌样式表

内嵌样式是将CSS代码混合在HTML代码中，一般会内嵌在网页头部的<style></style>之间，该样式内容只能应用在当前网页中，不能被其他网页共享使用。

实训项目 内嵌样式表的创建

创建网页内嵌样式表的具体步骤如下：

01 打开网页index.html，选中要内嵌样式的图片。在"属性"面板中，设置目标规则为"新CSS规则"，之后单击"编辑"按钮。

02 单击"添加CSS源"按钮，从中选择"在页面中定义"选项。在选择器文本框输入.box1。

03 在"属性"的CSS规则定义对话框，设置边框样式为solid，边框宽度为1px，边框颜色为#1b2308。Dreamweaver CC会将刚才的CSS样式定义以代码形式添加到当前网页<style></style>标签之间。

04 应用样式。执行"文件>保存"命令，保存网页。

使用CSS滤镜

滤镜是对 CSS 的扩展，与制图软件 Photoshop 中的滤镜相似，它可以用很简单的方式对页面中的文字进行特效处理。CSS 滤镜属性可以把可视化的滤镜和转换效果添加到一个标准的 HTML 元素上，如图片、文本容器以及其他一些对象。正是由于这些滤镜特效，在制作网页的时候，即使不用图像处理工具对图像进行加工，也可以使文字、图像、按钮等展示效果。

CSS的滤镜代码需要放到Filter属性中设置，然后将其应用到文字、图片中，在浏览器中查看网页即可看到滤镜效果。CSS的滤镜不是每个浏览器都能正常显示，IE4.0以上均可正常浏览，像火狐浏览器不支持CSS滤镜显示。

在Dreamweaver CC中为图片、文字添加滤镜非常简单，只需要在CSS的"扩展"选项面板中，选择Filter属性的下拉列表中要应用的滤镜样式，设置好属性参数，然后将该样式应用到具体文字或图像所在图层即可。

常见的滤镜属性如下表所示：

表　常见滤镜属性

Alpha	设置透明度	Gray	降低图片的彩色度
Blur	设置模糊效果	Invert	将色彩、饱和度以及亮度值反转建立底片效果
Chroma	把指定的颜色设置为透明	Light	在一个对象上进行灯光投影
DropShadow	设置偏移的影像轮廓，即投射阴影	Mask	为一个对象建立透明膜
FlipH	水平翻转	Shadow	设置一个对象的固体轮廓，即阴影效果
FlipV	垂直翻转	Wave	在X轴和Y轴方向利用正弦波纹打乱图片
Glow	为对象的外边界增加光效	Xray	只显示对象的轮廓

透明滤镜（Alpha）

透明滤镜（Alpha）可用于设置图片或文字的透明效果，其CSS语法：

```
filter: Alpha(Opacity=值,Style=值)
```

Alpha滤镜属性介绍如下：

- Opacity：设置对象的透明度，取值0至100之间的任意数值，100表示完全不透明。
- Style：设置渐变模式，0表示均匀渐变，1表示线性渐变，2表示放射渐变，3表示直角渐变。

实训项目　透明滤镜的应用

为网页添加透明滤镜具体操作如下：

01 打开"CSS设计器"面板，在"选择器"选项区域中单击➕按钮，选择器名称设为.opacity。在 "opacity的CSS规则定义"对话框中，切换至"扩展"选项面板，在Filter属性文本框中输入 "Alpha(Opacity=50)"，依次单击"应用"和"确定"按钮。接着将.opacity滤镜样式应用到图片<img>标签上。

02 保存网页，按【F12】键在浏览器中预览效果，如右图所示。

模糊滤镜（Blur）

模糊滤镜（Blur）可用于设置图片或文字的动感模糊效果，CSS语法如下：

```
Filter:Blur(Add=参数值,Direction=参数值,Strength=参数值)
```

Blur滤镜属性介绍如下：

- Add：表示模糊的目标。取值false：用于文字，取值true：用于图像。
- Direction：设置模糊方向。按照顺时针的方向以45°为单位进行累积。
- Strength：属性设置有几个像素的宽度将受到影响，默认值为5。

⊟ 实训项目 模糊滤镜的应用

为网页添加模糊滤镜具体操作如下：

01 打开"CSS设计器"面板，在"选择器"选项区域中单击➕按钮，选择器名称设为.blur。在"blur的CSS规则定义"对话框中，切换至"扩展"选项面板，在Filter属性文本框中输入"Blur(add=true,direction=25,strength=5)"，依次单击"应用"和"确定"按钮。接着将.blur滤镜样式应用到图片<img>标签上。

02 保存网页，按【F12】键在浏览器中预览效果，如右图所示。

阴影滤镜（Dropshadow）

　　阴影滤镜（DropShadow）可以为图像设置阴影效果，CSS语法如下：

```
filter:DropShadow(Color=阴影颜色, OffX=参数值, OffY=参数值, Positive=参数值)
```

　　Dropshadow滤镜属性介绍如下：

- Color：设置阴影的颜色；
- offX、offY：设置阴影的位移值；
- Positive：指定透明象素阴影，取值true为是，false为否。

实训项目　阴影滤镜的应用

　　为网页添加阴影滤镜具体操作如下：

01 打开"CSS设计器"面板，在"选择器"选项区域中单击➕按钮，选择器名称设为.opacity。在"opacity的CSS规则定义"对话框中，切换至"扩展"选项面板，在Filter属性文本框中输入"DropShadow(Color=gray, OffX=10, OffY=10, Positive=true)"，依次单击"应用"和"确定"按钮。接着将.dropshadow滤镜样式应用到图片<img>标签上。

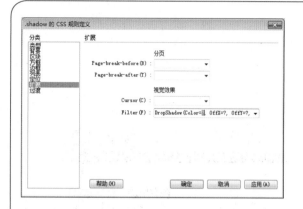

02 保存网页，按【F12】键在浏览器中预览效果，如右图所示。

变换滤镜（Flip）

Flip滤镜主要是产生两种变换效果，即上下变换和左右变换。FlipV产生上下变换，FlipH产生左右变换，CSS语法如下：

```
Filter: FlipV()或FlipH()
```

实训项目 变换滤镜的应用

为网页添加Flip滤镜具体操作如下：

01 打开"CSS设计器"面板，在"选择器"选项区域中单击■按钮，选择器名称设为.flipv。在"flipv的CSS规则定义"对话框中，切换至"扩展"选项面板，在Filter属性文本框中输入FlipV。接着将.flipv滤镜样式应用到图片<img>标签上。

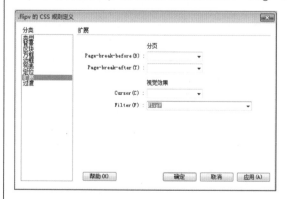

02 保存网页，按【F12】键在浏览器中预览效果，如右图所示。

X射线滤镜（Xray）

X射线滤镜（Xray）用于加亮对象的轮廓，呈现所谓的X光片效果，CSS语法如下：

```
filter: Xray;
```

X射线滤镜不需要设置参数，它可以像灰色滤镜一样去除对象的所有颜色信息，然后将其反转。

实训项目 X射线滤镜的应用

为网页添加X射线滤镜具体操作如下：

01 打开"CSS设计器"面板，在"选择器"选项区域中单击 按钮，选择器名称设为.xray。在 "xray的CSS规则定义"对话框中，切换至"扩展"选项面板，在Filter属性文本框中输入xray。接着将.xray滤镜样式应用到图片 <img> 标签上。

02 保存网页，按【F12】键在浏览器中预览效果，如右图所示。

制作动感链接文字

使用CSS样式为网页中的对象添加CSS效果设置，可以极大的美化网页，为自己的网页锦上添花。

在Dreamweaver CC中，为网页添加CSS样式也非常简单，这里给出一个为链接文本添加样式的实例。下图为设置CSS样式前后的效果。

01 启动Dreamweaver CC，打开指定素材网页。打开"CSS设计器"面板，在"选择器"选项区域的文本框中输入body。

02 在"CSS设计器"的"属性"选项区域中，设置背景图片为top.jpg，background-repeat为no-repeat，background-position为center top，使背景图居中顶端显示。

03 选中Id是main的div对象，在"CSS设计器"的"属性"选项区域中设置：宽700px、margin-top:450px、margin-left:auto、margin-left:auto，文本居中对齐text-align：center、另外为盒子添加阴影效果box-shadow: 0px 0px 20px #CCCCCC。

04 在"CSS设计器"的"属性"选项区域中设置文本颜色#FFFFFF、字体黑体、字号36px、text-decoration: none。

05 在"CSS设计器"的"选择器"选项区域中输入#main h1 a:hover，设置文本颜色# #F00，文字将显示变色。下图为最终效果。

秒杀 应用疑惑

01 在网页中使用CSS有几种方法?

在网页中添加CSS代码有内联模式、外联模式、附加style属性方式以及混合模式四种方法。其中，内联模式是将CSS代码插入到<style></style>标签之间完成，外联模式则是需要在网页<header></header>标签之间插入<link>标签，将链接的CSS文件作为属性值关联到href属性上。而附加style属性模式则是在需要应用CSS样式的html元素中添加style属性，将CSS代码作为属性值关联到style属性上，混合模式则是将@import语句添加到内联模式代码中。CSS样式定义完成，需要应用CSS样式，也就是实现二者的关联。也可以通过CSS样式代码对html标签重新设置外观，此时不需要应用CSS样式，即可实现二者的关联。

02 如何设置CSS属性?

执行"窗口>CSS设计器"命令，打开"CSS设计器"面板，在该面板中可以实现CSS文件链接、CSS规则定义以及CSS样式应用。在设置CSS样式，可以在"代码"视图中直接输入CSS代码，也可以通过Dreamweaver CC中的CSS属性设置对话框完成。不论哪种方式，最终都是以.css文件格式保存CSS样式代码。

03 shadow滤镜和dropshadow滤镜有什么区别?

shadow滤镜可以在指定的方向建立投影，而dropshadow滤镜可以设置投影的偏移位置，当偏移位置值为负数则会向上、向左投影，功能更强大。shadow滤镜语法如下：

```
Filter:shadow(Color=阴影颜色, Direction=同Blur滤镜Direction值).
```

shadow滤镜

dropshadow滤镜

1. 利用所学过的知识为网页中的文字和超连接设置CSS样式

制作流程：

（1）打开Index1.html网页，选中链接文本所在<div>标签。

（2）执行"窗口>CSS设计器"命令，在"CSS设计器"面板中定义文字样式，并将该样式应用到的文字上，使文本呈现超链接导航的外观。

2. 利用所学过的知识为网页图片添加Dropshadow滤镜和blur滤镜

制作流程：

（1）执行"窗口>CSS设计器"命令，在"CSS设计器"面板中定义dropshadow和.blur样式，代码如下：

```
.dropshadow
{    filter: drop-shadow(5px 5px 0px #333); }
.blur
{ filter: blur(3px); }
```

（2）将滤镜样式分别应用到后两张图片<img>标签上。

传统布局采用Table标签，容易在网页中产生大量代码，使网页代码可读性大大降低，同时也影响了网页的下载速度。使用Div+CSS布局，则节省页面代码，使页面代码结构更清晰，下载速度更快，为网站的后期维护也带来了诸多便捷。

20 chapter

使用Div+CSS 布局网页

┃学习目标┃

- 了解Web标准相关知识
- 熟悉Div+CSS布局相关知识
- 理解Div和Span使用区别
- 掌握创建Div基本操作
- 掌握创建并设置AP Div基本操作
- 掌握使用Div+CSS布局的方法

精彩推荐

⚫ 创建AP Div

⚫ 使用CSS+Div布局网页

CSS与Div布局基础

Div + CSS 是目前主流的网页布局方法，利用该技术可以更精确地对网页元素进行定位，使网页显示更加灵活、美观，维护方便。

什么是Web标准

Web标准不是某一个标准，而是一系列标准的集合。网页主要由三部分组成：结构、表现和行为。对应的标准也分三方面：

（1）结构

结构用于对网页中用到的信息进行分类与整理。结构标准语言主要包括XHTML和XML。

XML是可扩展标识语言，最初设计是弥补HTML的不足，以强大的扩展性满足网络信息发布的需要，后来逐渐用于网络数据的转换和描述。

XHTML是可扩展超文本标识语言，是在HTML4.0的基础上，使用XML的规则对其进行扩展发展起来的，其目的就是是实现HTML向XML的过渡。

（2）表现

表现用于对信息进行版式、颜色和大小等形式进行控制。表现标准语言主要包括CSS。

CSS是层叠样式表。W3C创建CSS标准的目的是以CSS取代HTML表格式布局、帧和其他表现的语言。纯CSS布局与结构式XHTML相结合能帮助设计师分离外观与结构，使站点的访问及维护更加容易。

（3）行为

行为是指文档内部的模型定义及交互行为的编写，用于编写交互式的文档。行为标准主要包括DOM和ECMAScript。

DOM是文档对象模型，它定义了表示和修改文档所需的对象、这些对象的行为和属性以及这些对象之间的关系。DOM给Web设计者和开发者一个标准的方法，让他们来访问他们站点中的数据、脚本和表现层对象。

ECMAScript是由ECMA国际组织制定的标准脚本语言。目前推荐遵循的是ECMAScript 262，像JavaScript或Jscript脚本语言实际上是ECMA-262标准的扩展。

Div概述

Div（Division，层）用来在页面中定义一个区域，使用CSS样式控制Div元素的表现效果。Div可以将复杂的网页内容分割成独立的区块，一个Div可以放置一个图片，也可以显示一行文本。简单来讲，Div就是容器，可以存放任何网页显示元素。

使用Div可以实现网页元素的重叠排列，实现网页元素的动态浮动，还可以控制网页元素的显示和隐藏，实现对网页的精确定位。有时候也把Div看作是一种网页定位技术。

Div与Span、Class和ID的区别

Div和Span都可以被看作是容器，可以用来插入文本、图片等网页元素。所不同的是，Div是作为块级元素来使用，在网页中插入一个Div，一般都会自动换行。而Span是作为行内元素来使

用的，可以实现同一行、同一个段落中的不同的布局，从而达到引人注意的目的。一般会将网页总体框架先划分成多个Div，然后再根据需要使用Span布局行内样式。

Class和ID可以将CSS样式和应用样式的标签相关联，作为标签的属性来使用的，所不同的是，通过Class属性关联的类选择器样式一般都表示一类元素通用的外观，而ID属性关联的ID选择器样式则表示某个特殊的元素外观。

为什么要使用CSS+Div布局

CSS（Cascading Style Sheet，层叠样式表）是一种描述网页显示外观的样式定义文件，Div（Division，层）是网页元素的定位技术，可以将复杂网页分割成独立的Div区块，再通过CSS技术控制Div的显示外观，这就构成了目前主流的网页布局技术：Div+CSS。

使用Div+CSS进行网页布局与传统使用Table布局技术相比，具有以下优点：

（1）节省页面代码

传统的Table技术在布局网页时经常会在网页中插入大量的<Table>、<tr>、<td>等标记，这些标记会造成网页结构更加臃肿，为后期的代码维护造成很大干扰。而采用Div+Css布局页面，则不会增加太多代码，也便于后期网页的维护。

（2）加快网页浏览速度

当网页结构非常复杂时，就需要使用嵌套表格完成网页布局，这就加重了网页下载的负担，使网页加载非常缓慢。而采用Div+Css布局网页，将大的网页元素切分成小的，从而加快了访问速度。

（3）便于网站推广

Internet网络中每天都有海量网页存在，这些网页需要有强大的搜索引擎。网络爬虫是搜索引擎的重要组成，它肩负着检索和更新网页链接的职能，有些网络爬虫遇到多层嵌套表格网页时则会选择放弃，这就使得这类的网站不能为搜索引擎检索到，也就无法影响了该类网站的推广应用。而采用Div+Css布局网页则会避免该类问题。

除此之外，使用Div+CSS网页布局技术还可以根据浏览窗口大小自动调整当前网页布局。同一个CSS文件可以链接到多个网页，实现网站风格统一、结构相似。Div+CSS网页布局技术已经取代了传统的布局方式，成为当今主流的网页设计技术。

UNIT 97 使用AP Div

AP Div 是使用了 CSS 样式中的绝对定位属性的 Div 标签，可以被准确定位在网页中的任何位置。它可以和表格相配合实现网页的布局，还可以与行为相结合实现网页动画效果。

创建普通Div

当需要使用Div进行网页布局或显示图片、段落等网页元素时，就可以在网页中创建Div区块。可以通过代码，将<div></div>标签插入到HTML网页中，也可以通过可视化网页设计软件创建Div。在Dreamweaver CC中创建Div非常简单，可以通过执行"插入> Div"命令，也可以打开"插入"面板，切换到"布局"选项区域中单击"插入Div"按钮。

实训项目 在网页中插入Div

下面将详细介绍如何在网页中插入Div的操作方法。

01 启动Dreamweaver CC，打开index.html文件，执行"插入 > Div"命令。

02 弹出"插入Div"对话框，在对话框中进行相应设置。

03 单击"确定"按钮，即可在网页中插入Div。

04 在Div中插入图片和输入文字。

设置AP Div的属性

AP Div实际上是绝对定位的Div标签，但AP Div就像浮动在网页上的一个窗口，可以插入任何网页元素，能被准确定位在网页中的任何位置，还可以通过属性设置AP Div的显示和隐藏，以及实现多个AP Div的重叠效果。

实训项目 修改AP Div属性

在Dreamweaver CC中修改AP Div属性的操作步骤如下：

01 打开网页文档，执行"插入>Div"命令，弹出"插入Div"对话框，在ID文本框中输入content。

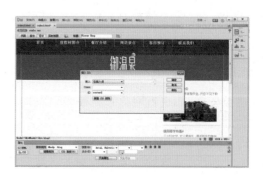

02 单击"新建CSS规则"按钮，在"#content 的CSS规则定义"对话框中设置定位position属性为absolute。

03 单击"确定"按钮，就可以得到AP Div元素，如下图所示。

设置AP Div元素属性

创建AP Div元素后，可以在"属性"面板中设置其各种属性，如下图所示。

"属性"面板中可以设置以下参数。

- 左和上：以像素为单位设置元素左边缘和上边缘从而具体定位坐标。
- 宽和高：以像素为单位设置AP Div内容区域的宽和高。
- Z轴：设置AP Div的层叠顺序，数值越大越在上层。
- 可见性：设置AP Div是否可见。可选参数有default、inherit、visible、hidden。
- 背景图像：设置AP Div元素的背景图像。
- 背景颜色：设置AP Div元素的背景颜色。
- 溢出：设置AP Div的内容超过其指定高度及宽度时处理的方式，可选参数有visible、hidden、scroll、auto。
- 剪辑：对AP Div包含的内容进行剪切。包括"左、右、上、下"项，可以分别输入一个数值，单位为px。

UNIT 98 CSS布局方法

网页布局就是根据浏览器分辨率的大小确定网页的尺寸，然后根据网页表现内容和风格将页面划分成多个板块，在各自的板块插入对应的网页元素，如文本、图像、Flash 动画等。

传统的布局方法是使用表格，一个页面就是一张大表格，然后将大表格中对应的单元格插入具体的网页内容，这就给网页的维护和阅读带来很大麻烦，而且也影响网页下载速度。

目前流行的布局就是采用CSS+Div布局方法，将网页划分为多个板块使用Div表示，一个Div

就是一个板块，再由CSS样式对Div进行定位和样式描述，将网页内容插入到Div中，这种布局方法不会为网页插入太多设计代码，使网页结构清晰明了，而且网页下载速度快。

要想使用CSS+Div布局方法，重点在于如何使用Div将网页划分成多个区块，网页的内容可能千篇一律，但是好的网页设计风格会让人眼前一亮，流连忘返。这就需要根据网页设计人员的经验和对网页的把握了。在进行Div布局之前，先介绍一下盒子模型。

盒子模型

盒子模型是CSS控制页面时一个很重要的概念，只有很好地掌握了盒子模型以及其中每个元素的用法，才能真正地控制页面中各元素的位置。

盒子模型就是所有页面中的元素都可以看成是一个盒子，占据着一定的页面空间。可以通过调整盒子的边框和距离等参数，来调节盒子的位置。一个盒子模型由content（内容）、border（边框）、padding（填充）和margin（间隔）这4个部分组成。其中，Content位于最里面，是内容区域。其次是padding区域，该区域可用来调节内容显示和边框之间的距离。然后是边框，可以使用CSS样式设置边框的样式和粗细。最外面就是margin区域，用来调节边框以外的空白间隔。

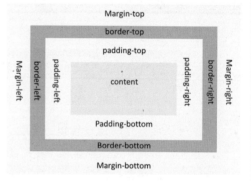

每个区域都可具体再分为Top、Bottom、Left、Right四个方向，多个区域的不同组合就决定了盒子的最终显示效果。

在对盒子进行定位时，需要计算出盒子的实际宽度和高度，即

实际宽度＝margin-left＋border-left＋padding-left＋width＋padding-right＋border-right＋margin-right

实际高度＝margin-top＋border-top＋padding-top＋height＋padding-bottom＋border-bottom＋margin-bottom

在CSS中可以通过设定width和height的值来控制content的大小，并且对于任何一个盒子，都可以分别设定4条边各自的border、padding和margin。因此只要利用好盒子的这些属性，就能够实现各种各样的排版效果。

使用Div布局

在网页上，一个Div就是一个盒子。首先将页面划分成大的区块，然后再将大区块划分成多个小区块，复杂页面的布局多使用Div嵌套。常见的几种使用Div布局的版面介绍如下：

1. 上中下型

采用该版面进行布局，将网页划分成header、container和footer三部分，header部分用来显示网页导航，container部分显示网页主体内容，footer部分则显示页脚内容，例如显示版权信息、管理员登录等，许多复杂的版面设计多是由该布局演变而来，所以该版面设计可以用于任何页面的布局。

对应的Div设计代码如下：

```
01 <body>Body
02 <div class="header">Header</div>
03 <div class="container">Container</div>
04 <div class="footer">Footer</div>
05 </body>
```

对应的CSS代码如下：

```
01 body{                                        12    height: 400px; 设置高度
02    margin:100px 50px 100px 50px;设置间隔      13    width: 800px;  设置宽度
03    border:1px solid;   设置边框               14    margin:10px auto;  设置间隔
04 }                                            15    border:1px solid;   设置边框
05 .header {                                    16 }
06    height: 80px;   设置高度                   17 .footer{
07    width: 800px;   设置宽度                   18    height: 80px;   设置高度
08    margin:10px auto;   设置间隔               19    width: 800px;   设置宽度
09    border:1px solid;   设置边框               20    margin:10px auto; 设置间隔
10 }                                            21    border:1px solid;   设置边框
11 .container {                                 22 }
```

2. 左右下型

采用该版面进行布局，将网页划分成container、left、main和footer四部分，可以把container看成一个容器，left部分和main部分显示在父容器container中。left部分用来显示网页一级或二级导航，main部分显示网页主体内容，footer部分则显示页脚内容，该版面设计常用于结构简单的网页布局。

对应的Div设计代码如下：

```
01 <body>Body
02 <div class="container">Container<br />
03 <div class="left">Left</div>
04 <div class="main">Main</div>
05 </div>
06 <div class="footer">Footer</div>
07 </body>
```

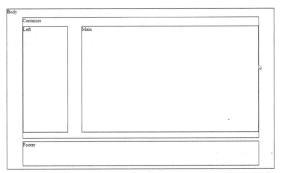

对应的CSS代码如下：

```
01 body{                                         13    height: 350px;        设置高度
02    margin:100px 50px 100px 50px;设置间隔       14    width: 150px;         设置宽度
03    border:1px solid; 设置边框                  15    margin:10px auto; 设置间隔
04 }                                             16    border:1px solid;   设置边框
05 .container {                                  17}
06    height: 400px;       设置高度              18.main {
07    width: 800px;        设置宽度              19    float:right;    设置向右浮动
08    margin:10px auto;    设置间隔              20    height: 350px;      设置高度
09    border:1px solid;     设置边框             21    width: 600px;       设置宽度
10 }                                             22    margin:10px auto; 设置间隔
11 .left {                                       23    border:1px solid;   设置边框
12    float:left;       设置向左浮动             24}
```

```
25.footer{
26    clear:both;    清除左右浮动影响
27    height: 80px;       设置高度
28    width: 800px;       设置宽度
```
```
29    margin:10px auto;    设置间隔
30    border:1px solid;    设置边框
31}
32
```

在设计left和main部分时，由于二者是嵌套在父容器container中显示的，需要增加float属性，该属性用来设置在父容器中的浮动位置，父容器位置发生变化，子容器位置自动变化。如果想要left部分和main部分显示位置互换，则只需要更改float属性值，让二者互换即可。为了不使浮动属性对footer部分的定位产生影响，则需要在footer中添加clear属性，清除浮动的影响。

3．上左右下型

该版面布局是前两个布局的组合主要用于二级页面的布局。left部分用来显示二级导航，main部分显示网页内容。

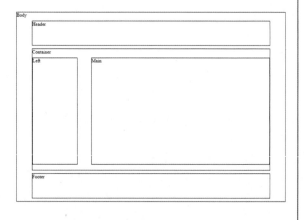

对应的Div设计代码如下：

```
01 <body>Body
02 <div class="header">Header</div>
03 <div class="container">Container<br />
04 <div class="left">Left</div>
05 <div class="main">Main</div>
06 </div>
07 <div class="footer">Footer</div>
08 </body>
```

对应的CSS设计代码如下：

```
01 body{
02 margin:100px 50px 100px 50px;
03    设置间隔
04 border:1px solid;    设置边框
05 }
06 .header {
07 height: 80px;        设置高度
08 width: 800px;        设置宽度
09 margin:10px auto;  设置间隔
10 border:1px solid;    设置边框
11 }
12 .container {
13 height: 400px;       设置高度
14 width: 800px;        设置宽度
15 margin:10px auto;  设置间隔
```
```
16 border:1px solid;    设置边框
17 }
18 .left {
19 float:left;        设置向左浮动
20 height: 350px;       设置高度
21 width: 150px;        设置宽度
22 margin:10px auto;  设置间隔
23 border:1px solid;    设置边框
24 }
25 .main {
26 float:right;         设置向右浮动
27 height: 350px;       设置高度
28 width: 600px;        设置宽度
29 margin:10px auto;  设置间隔
30 border:1px solid;    设置边框
```

```
31 }                               36 margin:10px auto; 设置间隔
32 .footer{                        37 border:1px solid;  设置边框
33 clear:both; 清除左右浮动影响    38 }
34 height: 80px;    设置高度        39
35 width: 800px;    设置宽度
```

其他更复杂的版面多是由普通的Div布局嵌套实现的，这里不再描述。

UNIT 99

使用CSS+Div布局网页

通过将网页划分成的多个 Div 区域，再由 CSS 代码对每个 Div 进行定位和样式描述，最后将网页对应元素显示到 Div 中，使用这种 CSS+Div 布局方法所带来的好处是传统布局方式所无法比拟的，也得到越来越多网页设计人员的认可，成为目前流行的网页设计技术。

本实例介绍了一个水果店网站首页的Div布局，右图为最终效果。

本网页内容布局相对复杂，首先将页面中所有内容放置在ID为container的div标签内，然后内部分成header、content以及footer三个部分，每一部分都是一个Div块。

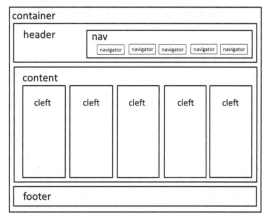

其中header部分用于显示网站LOGO图片和导航菜单。Header内的nav部分用于显示站点主导航条，其中包含的每一个超链接又都放置在各自的Div中。content部分用来显示水果中对应的图片，由于图片较多，每张图片也都单独放置在各自的Div中，一同嵌套在父容器content中显示。footer部分则显示版权信息、管理员登录及联系我们，这些内容比较简单，使用超链接即可完成。页面中HTML框架代码如下：

```
<body>
<div id="container">
  <div id="header">
```

```
<img src="images/logo1.png" width="207" height="60" />
  <div id="nav">
<div class="navigator ">首页</div >
<div class="navigator ">关于我们</div>
<div class="navigator ">经营范围</div >
<div class="navigator ">网上购买</div >
<div class="navigator ">联系我们</div >
</div>
  </div>


  <div id="content">
    <div class="cleft"> <img src="images/f5.jpg" width="180" height="500" /></div >
    <div class="cleft"> <img src="images/f2.jpg" width="180" height="500" /></div >
    <div class="cleft"> <img src="images/f4.jpg" width="180" height="500" /></div >
    <div class="cleft"> <img src="images/f6.jpg" width="180" height="500" /></div >
     <div class="cright"> <img src="images/f3.jpg" width="180" height="500" /></div
>
  </div>


  <div id="footer">
Copyright © 2024 一之旅水果  |地址: 太平路南77号  |  电话: 38838323
</div>

</div>
</body>
```

页面框架布局设计好之后，就可以开始准备素材设计网页了，具体步骤如下：

01 启动Dreamweaver CC，执行"文件>新建"命令，新建空白文档，将其保存为index1.html。

02 执行"插入>Div"命令，在弹出对话框的ID文本框中输入container，然后单击"新建CSS规则"按钮。

03 在"#container的CSS规则定义"对话框中设置background-color属性为#FFF，其他属性依次设置 height: 680px；width: 960px；margin-right: auto； margin-left: auto；padding-top: 10px。

04 设置完成后单击"确定"按钮，将得到下图所示的div标签对象。

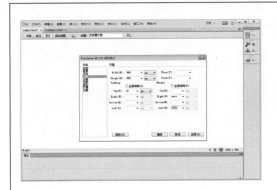

05 执行"插入 > Div"命令，在弹出对话框中ID后输入header，单击"新建CSS规则"按钮，在打开的对话框中进行相应设置。

06 将光标移到Div中，删除原有文字，插入名为logo1的图像，完成后显示效果如下图。

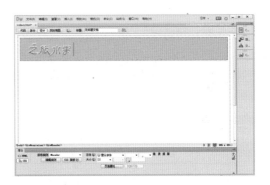

07 将光标移到id为header的div标签内，执行"插入 > Div"命令，在弹出对话框中ID后输入nav，然后单击"新建CSS规则"按钮。

08 在对话框中设置nav属性为float: right; height: 40px;width: 550px;margin-top: 20px，如下图所示。

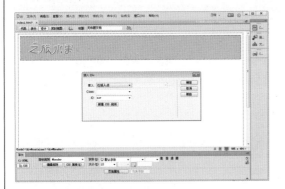

09 将光标移到id为nav的标签中，执行"插入>Div"命令，在弹出对话框中class后的文本框内输入navigator，然后单击"新建CSS规则"按钮。

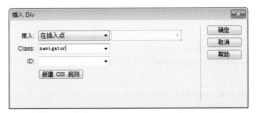

10 打开".navigator的CSS规则定义"对话框，从中进行相应的设置。

11 属性设置完成后单击"确定"按钮，将光标移到当前Div内，删除Div中原有文字，输入"首页"，作为链接文字，查看代码如下图。

12 重复步骤9，继续插入后面几个同样class为navigator的div标签，并分别写上文字。或者，将步骤11图中代码选中复制，粘贴后更改标签内文字内容。

13 至此，header内的内容添加完成，下图为预览效果。

14 将光标移到id为container的标签内，id为header的标签外，如果在设计视图中无法正确选择，可以在代码视图中找到对应位置，具体如下图。

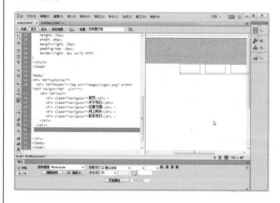

15 执行"插入 > Div"命令，在弹出对话框的ID右侧的文本框内输入content，最后单击"确认"按钮。

16 在ID为content的标签内，执行"插入 > Div"命令，在弹出对话框的class右侧的文本框内输入cleft，单击"新建CSS规则"按钮。

17 在弹出的对话框中设置属性如下float: left; padding-top: 10px; padding-bottom: 10px; padding-left: 10px，之后单击"确认"按钮。

18 删除cleft标签中原有文字，在div内插入名为f5的图像。重复第（16）步的操作，继续插入后面几个同样class为cleft的div标签，并分别添加对应的图像。

19 在ID为content的标签内，ID为cleft的标签外执行"插入 > Div"命令，在弹出对话框的class文本框内输入cright，单击"新建CSS规则"按钮，在对话框中设置cright属性如下。

20 设置完成单击"确定"按钮。删除当前Div中原有文字，执行"插入 > 图像"命令，在当前Div中插入f3图像，完成如下图。

21 将光标移到id为container的 标签内，id为content的标签外，如果在设计视图中无法正确选择，可以在代码视图中找到对应位置。

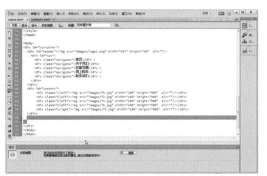

22 执行"插入＞Div"命令，在弹出对话框的ID文本框内输入footer，设置属性如右图，单击"确定"按钮。

23 删除当前Div中原有文字，然后输入如下图所示的文字。

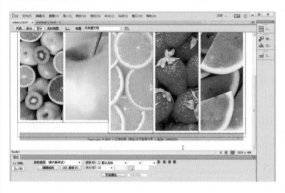

24 在"CSS设计器"中添加body标签选择器，设置页面背景图片为bg.png的图像。

01 什么是AP Div以及Div定位有哪些?

AP Div是使用了CSS样式中的绝对定位属性的Div标签,可以被准确定位在网页中的任何位置。简单来讲,就是在<div>中使用position:abslute进行定位。在CSS中,position属性是用来进行定位的,定位方式有以下几种:

(1)无定位

当设置position属性值为static,则当前Div采用无定位,即未采取任何的定位方式,浏览器会按照普通文档的方式对其显示,即所有Div元素都是按照自上而下依次排列。无定位也是Div的默认定位值,可以不用设置,语法为:

```
#div{position: static; }
```

(2)相对定位

当设置position属性值为relative,则当前Div采用相对定位。相对定位最大的好处是如果紧随的Div位置发生变化则会随着自动变化,语法为:

```
#div{position: relative; top: 20px; left: 40px; }
```

(3)绝对定位

当设置position属性值为absolute,则当前Div采用绝对定位。绝对定位可以很精确的将Div元素移动到网页中任何地方。如果想让Div始终位于页面左上角,就可以采用绝对定位,同时将top和left属性设为0px即可。语法为:

```
#div{position: absolute; top: 0px; left: 0px; }
```

(4)混合定位

混合定位就是同时使用绝对定位和相对定位。如果想让子元素位置相对于父容器,而不是整个页面,则可以设置父元素位置为相对定位,子元素为绝对定位。语法为:

```
#div1{position: relative;   }
#div2{position: absolute; top: 0px; left: 0px; }
```

(5)浮动定位

当设置float属性值为left或right,则当前Div采用浮动定位。浮动定位一般需要配合Div嵌套使用,一个作为父容器,一个作为子容器,子容器可以浮动到父容器的左边或右边。语法为:

```
#div1{position: static;   }
#div2{float: left   width: 200px; }
```

02 Div和Span区别?

Div和Span都可以被看作是容器,可以用来插入文本、图片等网页元素。所不同的是,Div是作为块级元素来使用,Span是作为行内元素来使用的,可以实现同一行、同一个段落中的不同的布局。

1. 利用所学过的知识完成下面布局效果

制作流程：

（1）执行"插入＞Div"命令，在网页中插入三个Div。

（2）执行"窗口＞CSS设计器"命令，在"CSS设计器"面板中定义CSS外观。

（3）将CSS外观应用到网页中，保存网页即可。

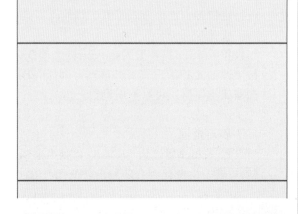

2. 使用已学过的Div+CSS布局知识，设计出如右图所示的布局风格

提示：参考使用Div布局小节中"上左右下"型布局内容。

制作流程：

（1）首先执行"插入＞Div"命令，在网页中插入Div标签。

（2）执行"窗口＞CSS设计器"命令，在"CSS设计器"面板中定义CSS外观。

（3）将CSS外观应用到网页中，保存网页即可。

为了简化操作，Dreamweaver提供了模板和库两种工具。模板是一种特殊类型的文档，用来存储网站的相同布局，而应用模板的网页会继承模板的页面布局。对模板的更新，会影响到每一个应用该模板的网页。库是一种特殊的 Dreamweaver 文件，库中可以存储网站所用到的任何资源，这些资源称为"库项目"，例如图像、声音、Flash等。一般会将需要重复使用的资源创建为库项目。由于模板和库特有的优势，使得采用模板和库快速开发网站已经成为每位网站制作人员的惯例。

21 chapter
使用模板和库批量制作网页

┃学习目标┃

- 熟悉模板和库的相关知识
- 掌握创建模板的操作
- 掌握创建可编辑区域的操作
- 掌握创建嵌套模板的操作
- 掌握通过模板创建内容页的操作
- 掌握创建和使用库项目的操作

精彩推荐

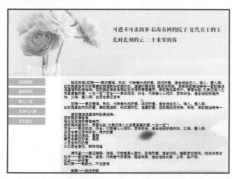

△ 创建和应用模板

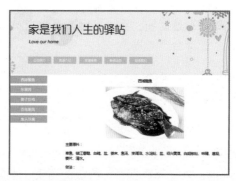

△ 创建库项目

创建模板

为了方便网站设计人员快速创建模板，Dreamweaver支持将现有网页另存为模板，除此之外，还有一种传统创建模板的方法，即使用向导直接创建一个空白模板，然后设计模板布局。

直接创建模板

在Dreamweaver中，模板文件以*.dwt格式存储，存放在当前站点的根目录下的Templates文件夹中，该文件夹是在模板创建时由Dreamweaver自动创建的。

实训项目 直接创建模板

下面将详细介绍直接创建模板的操作。

01 执行"文件>新建"命令，打开"新建文档"对话框，左边选择"空白页"选项，右边模板类型选择"HTML模板"，布局选择"无"，单击"创建"按钮。

02 执行"文件>保存"命令，将当前模板重命名为Template_main，选择模板存储的站点名称，单击"保存"按钮。

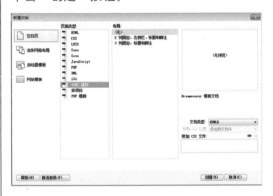

从现有网页中创建模板

对于网站设计人员来说，从现有网页中创建模板比直接创建模板更加简化了网站制作步骤，节约了大量时间，可以将网站设计人员从繁琐、重复的劳动中解放出来，将更多时间用来美化页面，设计合理布局。

实训项目 从现有网页中创建模板

下面将详细介绍如何从现有网页中创建模板。

01 执行"文件>打开"命令，在Dreamweaver中打开要创建为模板的网页，执行"文件>另存为模板"命令。

02 弹出"另存模板"对话框。选择模板存储的站点名称，在"另存为"文本框中输入模板名称，单击"保存"按钮。

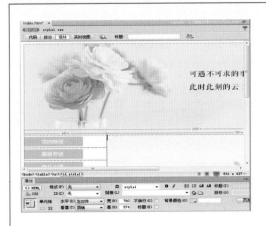

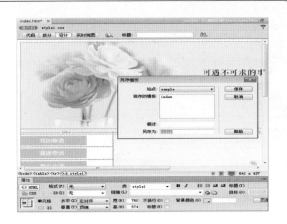

03 弹出Dreamweaver提示对话框，单击"是"按钮。

04 执行"窗口>文件"命令，打开"文件"面板，展开Templates文件夹，即可看到保存的模板文件。

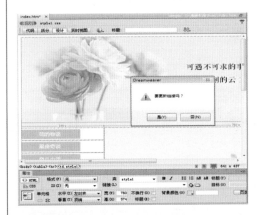

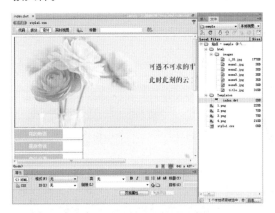

创建可编辑区域

若模板创建成功，就可以编辑模板，设计模板布局。在设计模板时，除了设计布局外，还需要指定可编辑区域以及锁定区域。若模板中的部分区域设成可编辑区域，则该区域允许在使用模板的那些网页中得到重新编辑和布局，而如果为了保证网页的统一结构不希望一些区域被修改，则需要设置这些区域为锁定区域。

默认情况下，在创建模板时模板中的布局就已被设为锁定区域。对锁定区域修改，需要重新打开模板文件，对模板内容编辑修改。

实训项目 创建可编辑区域

下面将详细介绍如何创建可编辑区域的方法。

01 打开模板，将光标移到需要创建可编辑区域的位置。执行"插入>模板对象>可编辑区域"命令。

02 弹出"新建可编辑区域"对话框，在"名称"文本框中输入可编辑区域的名称，单击"确定"按钮。

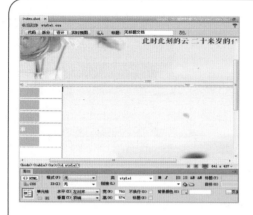

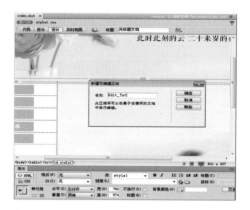

03 将光标移到可编辑区域Edit_Text内，删除原有文本，可编辑此区域。

TIP 创建可编辑区域时，可以将整个表格或某个单元格设为可编辑区域，但不能将多个表格单元格标签设为单个可编辑区域。

UNIT 101 管理和使用模板

在 Dreamweaver 中，模板创建成功，网站设计人员就可以对模板文件进行各种管理操作，例如应用模板、分离模板等。

应用模板

模板创建成功之后，就可以创建应用该模板的网页了。创建模板的内容页，该页面将会具有模板中预先定义的布局结构。

实训项目 模板的应用

创建模板的内容页，需要执行以下操作。

01 执行"文件>新建"命令，弹出"新建文档"对话框，在对话框中选择"网站模板>sample"站点中的模板。

02 单击"创建"按钮，创建一个基于模板的网页文档。

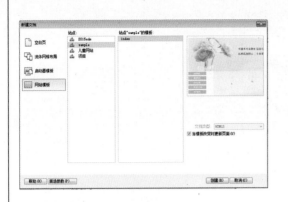
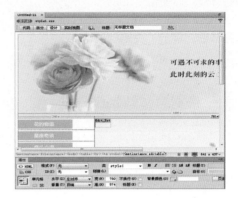

从模板中分离

　　将模板应用到网页中时，只有定义为可编辑的区域方可对其修改，其他区域是被锁定不能修改或编辑。如果想更改锁定区域，必须修改模板文件，这就需要将网页从模板中分离。

实训项目 模板的分离

　　下面将介绍如何实现模板的分离操作。
　　执行"修改>模板>从模板中分离"命令，即可将当前网页从模板中分离，网页中所有的模板代码将被删除。

更新模板及模板内容页

　　当对模板进行修改之后，就需要对使用该模板的网页进行更新。可以手动使用更新命令进行更新，也可以借助Dreamwearver的"更新模板文件"提示对话框进行更新。

实训项目 模板的更新

　　下面将详细介绍更新模板的操作方法。

01 打开模板文件，对模板文件进行修改。执行"文件>保存"命令，弹出"更新模板文件"对话框，提示是否更新。

02 单击"更新"按钮，弹出"更新页面"对话框。更新完毕后，单击"关闭"按钮。

创建嵌套模板

有时候需要在一个模板文件中使用其他模板，这就是模板嵌套。在创建嵌套模板（新模板）时，需要首先保存被嵌套模板文件（基本模板），然后创建应用基本模板的网页，再将该网页另存为模板。新模板拥有基本模板的可编辑区域，还可以继续添加新的可编辑区域。

⊟实训项目 模板的嵌套

在Dreamwearver中创建嵌套模板操作步骤如下。

01 执行"文件>新建"命令，弹出"新建文档"对话框，在对话框中选择"网站模板>Sample"站点中的模板，单击"创建"按钮。

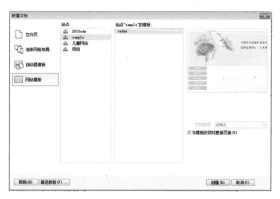

02 执行"文件>另存为模板"命令，弹出"另存模板"对话框，为新建的模板命名为Index_1，单击"保存"按钮。

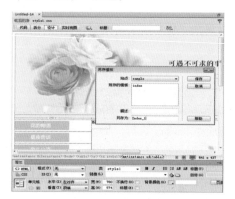

UNIT 102 创建可选区域

可选区域是在模板中定义的，使用模板创建的网页，可以选择可选区域的内容显示或不显示。

⊟实训项目 创建可选区域

下面将详细介绍如何创建可选区域。

01 打开模板文件，执行"插入>模板对象>可选区域"命令，弹出"新建可选区域"对话框，为可选区域命名。

02 切换到"高级"选项卡。在其中进行各项参数设置，单击"确定"按钮。

UNIT 103 创建和使用库

　　库是一种用来存储网页上经常重复使用或更新的页面元素，例如图像、文本和其他对象，这些元素称为库项目。可以将网页上的任何内容存储为库项目。对库项目进行更改，会自动更新所有使用该库项目的网页，避免了频繁手动更新所带来的不便。

创建库项目

　　在Dreamweaver中，创建的库项目都存储在Library文件夹中。

实训项目　库项目的创建

　　下面将详细介绍如何创建库项目。

01 执行"文件>新建"命令，弹出"新建文档"对话框。左边选择"空白页"选项，右边选择"库项目"，单击"创建"按钮。

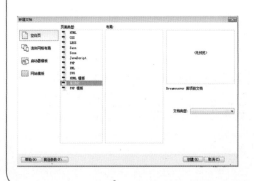

02 执行"插入>表格"命令，在空白页面中创建一个1行1列表格。在"属性"面板中，设置对齐方式为"居中对齐"，表格宽度为1000像素。

03 将光标移到单元格中，执行"插入>图像"命令，在当前单元格中插入图像title.jpg。

04 执行"文件>保存"命令，弹出"另存为"对话框，输入文件名header，保存类型中选择"库文件"，单击"保存"按钮，将文档保存为库文件。

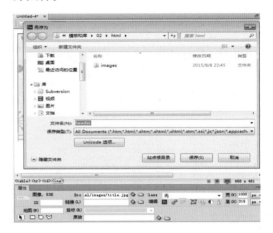

插入库项目

库项目创建成功，就可以在网页中插入使用了。

实训项目 插入库项目

下面将详细介绍如何插入库项目。

01 打开网页文档，将光标移到插入库项目的位置。执行"窗口>资源"命令，打开"资源"面板，选择要使用的库文件。

02 单击"资源"面板中的"插入"按钮，将库插入到网页中。执行"文件>保存"命令，保存网页文件。

编辑和更新库项目

若对库项目进行编辑修改，则需要对所有使用该库项目的网页进行更新。

实训项目 更新库项目

下面将详细介绍如何更新库项目。

01 打开库文件，修改库文件内容，为每个导航区域添加矩形热点，然后执行"文件>保存"命令，保存库的修改内容。

02 执行"修改>库>更新页面"命令，弹出"更新页面"对话框。在"查看"下拉列表中选择"整个站点"，勾选"库项目"复选框。

03 单击"开始"按钮，更新完成，会在"显示记录"右侧显示"完成"，单击"关闭"按钮。

在网站设计过程中，为了保证各网页风格统一，布局一致，可以使用 Dreamweaver 将相同的布局内容创建到模板中，当需要制作和模板内容布局一致的网页时，只要直接使用预先创建好的模板即可，如利用下左图的模板页即可快速创建出下右图所示的页面。

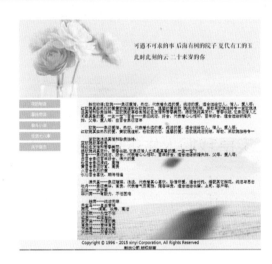

创建模板页面

在此将以一个个人网站模板页的制作为例进行介绍，该模板的具体创建过程如下：

01 执行"文件>新建"命令，打开"新建文档"对话框，左边选择"空白页"，右边模板类型选择"HTML模板"，布局选择"无"。

02 单击"创建"按钮，新建空白模板文档。执行"文件>保存"命令，弹出Dreamweaver提示对话框，单击"确定"按钮。

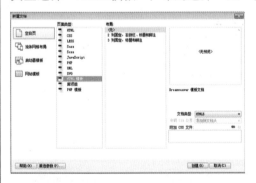

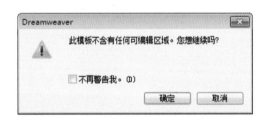

03 弹出"另存模板"对话框，将当前模板重命名为Index，选择模板存储的站点名称，单击"保存"按钮。

04 单击"属性"面板中"页面属性"按钮，打开"页面属性"对话框，左边分类选择"外观（CSS）"，并设置页面字体为"宋体"，大小为12像素，文本颜色为#000，背景颜色为#FFF，单击"确定"按钮。

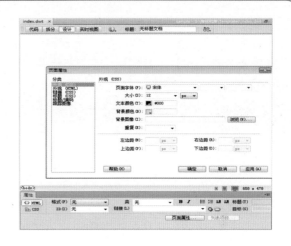

05 执行"插入>表格"命令，打开"表格"对话框，设置行和列值为1，表格宽度为1000像素，边框粗细以及单元格间距均设为0，单击"确定"按钮。

06 选中表格，在"属性"面板中将对齐方式设为"居中对齐"。

07 将光标移到表格的单元格中，执行"插入>图像"命令，在单元格中插入图片title.jpg。

08 将光标移到表格右边，重复步骤5、6，在当前表格下面再插入一个1行2列表格。

09 将光标移到表格第1列单元格中，在"属性"面板中，设置水平对齐方式为"左对齐"，设置垂直对齐方式为"顶端"，单元格宽度设为240像素。

11 将光标移到第1行单元格中，执行"插入>图像"命令，弹出"选择图像源文件"对话框，将menu1.jpg图像插入到第1行单元格中。

13 将光标移到右边单元格中，在"属性"面板中，设置单元格的水平对齐方式为"左对齐"，垂直对齐方式为"顶端"，单元格高度设为684像素，设置"目标"为"新建规则"，单击"编辑规则"按钮。

10 将光标移到表格第1列单元格中，执行"插入>表格"命令，插入一个5行1列表格，单击"确定"按钮。

12 重复步骤11，分别将menu2.jpg、menu3.jpg、menu4.jpg、menu5.jpg图像插入到第2、3、4、5行单元格中，并把行高设置为44像素。

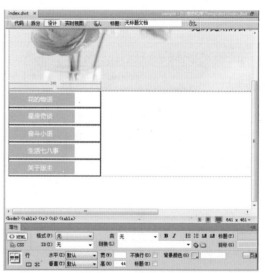

14 弹出"新建CSS规则"对话框，设置选择器类型为"类（可应用于任何HTML元素）"，设置选择器名称为".style1"，设置规则定义为"新建样式表文件"，单击"确定"按钮。

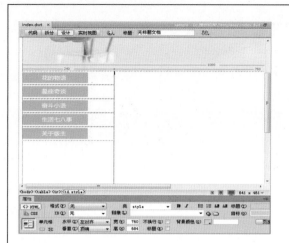

15 弹出"将样式表文件另存为"对话框，指定存储路径，为样式表文件命名为style1.css文件，单击"保存"按钮。

16 弹出".style1的CSS规则定义"对话框，左边选择"背景"选项卡，右边设置单元格的背景图像、平铺模式以及背景是固定或随页面滚动显示。

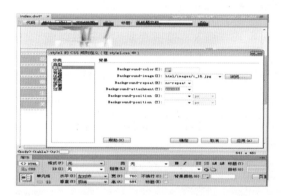

17 单击"确定"按钮，将i_16.jpg设置为右边单元格的背景图片。

18 将光标移到表格右边，执行"插入>表格"命令，在网页底端插入一个1行1列的表格，单击"确定"按钮。

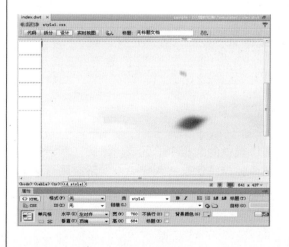

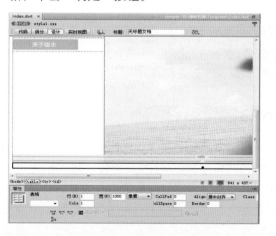

19 在单元格中输入版权信息，在"属性"面板中，设置单元格水平对齐方式为"居中对齐"，垂直对齐方式为"居中"，单元格的背景颜色设为#F3F0EB。

20 将光标移到需要创建可编辑区域的位置，如下图所示。

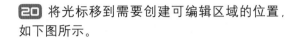

21 执行"插入>模板对象>可编辑区域"命令，弹出"新建可编辑区域"对话框，在"名称"文本框中输入可编辑区域的名称。

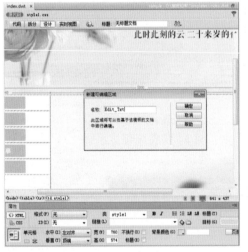

22 设置完成后单击"确定"按钮返回。将光标移到可编辑区域Edite_Text内，删除原有文本。保存模板文件，模板创建完成。

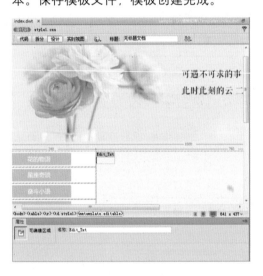

模板代码详解

Dreamweaver使用HTML注释标签来指定模板和基于模板的文档中的区域。因此，基于模板的文档仍然是有效的HTML文件。插入模板对象以后，模板标签便被插入代码中。所有属性必须用引号引起来，可以使用单引号或双引号。

```
01 <!-- TemplateBeginEditable name="…" -->
02 <!-- InstanceBegin template="…" codeOutsideHTMLIsLocked="…" -->
03 <!-- InstanceEnd -->
```

```
04  <!-- InstanceBeginEditable name="…" -->
05  <!-- InstanceEndEditable -->
06  <!-- InstanceParam name="…" type="…" value="…" passthrough="…" -->
07  <!-- InstanceBeginRepeat name="…" -->
08  <!-- InstanceEndRepeat -->
09  <!-- InstanceBeginRepeatEntry -->
10  <!-- InstanceEndRepeatEntry -->
```

应用模板创建网页

Dreamwearver将创建的模板存储在站点根目录的Templates文件夹下,模板文件扩展名为dwt。Templates文件夹不需要手动创建,创建第一个模板并保存时由Dreamwearver自动创建。基于模板创建网页可以帮助网站设计人员快速开发出批量的、风格统一、结构相似的网页。

应用模板页创建网页的操作步骤如下:

01 启动Dreamweaver,执行"文件>新建"命令,弹出"新建文档"对话框,在"网站模板"选项面板中选择sample选项,在站点中选择index模板。

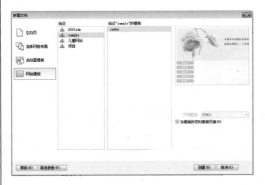

02 设置完成后单击"创建"按钮。创建一个应用Index模板的网页。接着执行"文件>另存为"命令,将网页命名为flower.html网页,单击"保存"按钮,保存文档。

03 将光标移到flower.html网页的可编辑区域中,执行"插入>表格"命令,插入一个5行1列的表格。

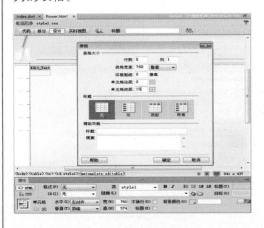

04 选中当前列,在属性面板中设置水平对齐方式为"左对齐",垂直对齐方式设为"顶端"。

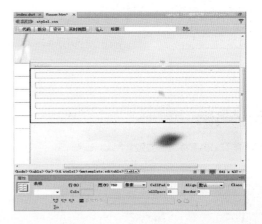

05 将光标移到表格的第1行单元格中，输入文本并选中该文本，在"属性"面板中，将目标规则设为"新CSS规则"，单击"编辑规则"。在弹出的"新建CSS规则"对话框中，输入选择器名称.style_text，设置规则定义在"新建样式表文件"，并命名为style1.css。

07 将左边切换到"区块"选项卡，右边设置文本缩进2ems（约2个字符宽度）。

09 将鼠标移到第2行单元格中，输入文本并选中，在"属性"面板中将目标规则设为style_text，将定义好的样式应用到当前文本。

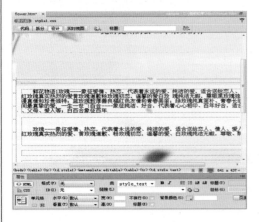

06 单击"确定"按钮，打开".style_text的CSS规则定义（在style1.css中）"对话框，左边选择"类型"选项卡，右边设置字体为"宋体"、大小为16像素、字体样式为normal，字体粗细normal，行高16像素，字体颜色为#000。

08 单击"确定"按钮，将.style_text样式应用到第1行单元格中。

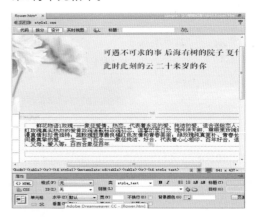

10 重复步骤9，分别在第3、4、5行单元格中输入文本，设置样式。

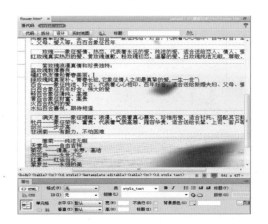

01 如何从现有文档创建模板？

如果想将一个网页转化为模板，可以使用如下步骤：

（1）打开网页文档，执行"文件 > 另存为模板"命令，弹出"另存模板"对话框。

（2）在"另存为"文本框中输入名称，单击"保存"按钮，即可将当前网页保存为模板。

（3）执行"插入 > 模板对象 > 可编辑区域"，在当前文档中插入"可编辑区域"，保存文档。

02 如何创建可编辑区域？

如果在模板中插入可编辑区域，则将创建模板的内容页时就可以对可编辑区域中的内容进行修改。采用这种方式可以快速制作出风格一致，内容不同的网页。

在模板网页中插入可编辑区域操作步骤如下：

（1）打开模板网页，执行"插入 > 模板对象 > 可编辑区域"命令。

（2）弹出"新建可编辑区域"对话框，在"名称"文本框中输入可编辑区域的名称，单击"确定"按钮，即可创建可编辑区域。

03 模板和库项目有什么区别？

模板和库项目一样，一旦创建，就可以重复使用，达到资源共享。而且一旦更新，则对应的应用文件会由 Dreamweaver CC 提示，然后更新。模板和库项目都是通过 Dreamweaver CC 的文件进行存储的，模板文件后缀一般是 .dwt，创建成功会自动存储在 Templates 文件夹下；而库项目文件后缀一般是 .lbi，创建成功会存储在 Library 文件夹下。

一般使用模板可以快速"克隆"多个风格一致的网页，而库项目只是将网页中经常使用的资源存储起来，使用的时候直接插入到应用网页中，所以可以把库项目看成一个可重复使用的网页模块，需要的使用插入到网页中，不需要重新创建。

04 可编辑区域、可选区域和重复区域有什么区别？

在模板网页中一般可插入可编辑区域、可选区域和重复区域，具体区别如下：

（1）可编辑区域

一旦在模板中插入该区域，网站设计人员就可以在模板的内容页中对该区域添加具体内容。可编辑区域也是在制作模板网页时使用最多的一种区域。

（2）可选区域

可选区域是模板中可以通过设置条件实现显示或隐藏的区域，如果要使模板的内容页中显示的内容根据某一条件显示时，就需要在模板中插入该区域。

（3）重复区域

重复区域是模板中提供可重复添加网页元素的区域，网站设计人员可根据需求重复添加某些页面元素实现页面布局重复扩展的效果。重复区域主要分为两类：重复区域和重复表格。

1. 利用已学过的知识创建库项目

制作流程：

（1）执行"文件>新建"命令，弹出"新建文档"对话框，选择"空白页>库项目"，单击"创建"按钮，创建库项目。

（2）执行"插入>图像"命令，在当前文档中的开始位置插入title.jpg图像。

（3）执行"文件>保存"命令，将文档保存为title.lbi。

2. 利用已学过的知识创建网站模版，并应用模板制作公司简介.html网页

制作流程：

（1）执行"文件>新建"命令，选择"空白页>HTML模板"，在"布局"面板中选择"无"，单击"创建"按钮，创建空白模板。

（2）利用表格布局模板页面。

（3）执行"插入>模板对象>可编辑区域"，在模板指定位置插入可编辑区域，保存模板文件。模板文件后缀都是.dwt。

（4）执行"文件>新建"命令，弹出"新建文档"对话框，选择"网站模板>站点名称>模板名称"，单击"创建"按钮，根据选中的模板创建网页。

（5）在模板的可编辑区域中添加内容，完成公司简介.html。

（6）保存文件。

Dreamweaver提供了一种称为Behavior（行为）的机制，来构建页面中的交互行为。行为是在网页中进行一系列动作，通过这些动作实现用户与页面的交互。利用行为，设计人员不需要过多书写代码，就可以实现丰富的动态页面效果，从而达到用户与页面的交互。本章将对行为的应用方法与技巧进行详细介绍。

22
chapter

使用行为
创建动感网页

┃学习目标┃

- 了解行为、动作、事件的基本知识
- 掌握网页中创建行为的方式
- 掌握网页中利用行为制作图像特效的方法
- 掌握网页中利用行为显示文本的方法
- 掌握网页中利用行为控制表单的方法

精彩推荐

⬢ 创建打开浏览器窗口网页

⬢ 设置交换图像

什么是行为

　　Dreamweaver 中的行为是一系列 JavaScript 程序的集成。利用行为可以使网页制作人员不用编程就能实现程序动作。它包括两部分的内容：一部分是事件，另一部分是动作。事件是动作被触发的结果，而动作是用于完成特殊任务预先编好的 JavaScript 代码，诸如打开一个浏览器窗口，播放声音等。行为针对的是网页中的所有对象，因此必须结合一个对象才能够添加行为。在 Dreamweaver 中使用行为主要是通过"行为"面板来控制。

　　Dreamweaver 提供了丰富的行为，这些行为的设置为网页对象添加一些动态效果和简单的交互功能，为使那些不熟悉 JavaScript 的网页设计师可以方便地设计出通过复杂的 JavaScript 语言才能实现的功能，如果熟悉 JavaScript 还可以编写一些特定的行为来使用。

行为

　　在Dreamweaver CC中将行为的JavaScript代码放置在文档中，这样浏览者就可以通过多种方式更改Web页，或者启动某些任务。行为是某个事件和由该事件触发的动作的组合。在"行为"面板中，可以先指定一个动作，然后再指定触发该动作的事件，以此将行为添加到页面中。

　　在将行为附加到某个页面元素之后，每当该元素的某个事件发生时，行为即会调用与这一事件关联的动作（JavaScript代码）。例如，如果将"弹出消息"动作附加到一个链接上，并指定它将由onMouseOver事件触发，则只要某人将指针放在该链接上，就会弹出消息。

　　执行"窗口>行为"命令，打开"行为"面板。

- "添加行为"按钮：是一个弹出菜单，其中包含可以附加到当前所选元素的动作。当从该菜单中选择一个动作时，将弹出一个对话框，可以在该对话框中指定该动作的各项参数。
- "删除行为"按钮：从行为列表中删除所选的事件。

　　动作是一段预先编写好的JavaScript代码，可用于执行诸如以下的任务：打开浏览器窗口、显示或隐藏AP元素、播放声音或停止播放Adobe Shockwave影片等。Dreamweaver中的动作提供了最大程度的跨浏览器兼容性。

　　每个浏览器都提供一组事件，这些事件与"行为"面板的动作菜单中列出的动作相关联。当浏览者与网页进行交互时，浏览器生成事件，这些事件可用于调用引起动作发生的JavaScript函数。Deamweaver CC提供许多可以使用这些事件触发的常用动作。如果要将行为附加到某个图像，则一些事件显示在括号中，这些事件仅用于链接。在Dreamweaver中可以添加的动作如表所示。

表　Dreamweaver中可添加的动作

动　作	说　明	
调用JavaScript	调用JavaScript函数	
改变属性	选择对象的属性	
拖动AP元素	允许在浏览器中自由拖动AP Div	

续表

动　作	说　明
转到URL	可以转到特定的站点或网页文档上
隐藏弹出式菜单	隐藏在Dreamweaver上制作的弹出窗口
跳转菜单	可以创建若干个链接的跳转菜单
跳转菜单开始	跳转菜单中选定要移动的站点之后，只有单击GO按钮才可以移动到链接的站点上
打开浏览器窗口	在新窗口中打开URL
弹出信息	设置的事件发生之后，弹出警告信息
预先载入图像	为了在浏览器中快速显示图片，事先下载图片之后显示出来
设置框架文本	在选定的帧上显示指定的内容
设置状态栏文本	在状态栏中显示指定的内容
设置文本域文字	在文本字段区域显示指定的内容
显示弹出式	菜单显示弹出式菜单
显示-隐藏元素	显示或隐藏特定的AP Div
交换图像	发生设置的事件后，用其他图片来替代选定的图片
恢复交换图像	在运用交换图像动作之后，显示原来的图片
检查表单	在检查表单文档有效性的时候使用
设置导航栏图像	制作由图片组成菜单的导航条

事件

　　每个浏览器都提供一组事件，这些事件可以与"行为"面板的"添加行为"按钮弹出菜单中列出的动作相关联。当网页的浏览者与页面进行交互时（例如，单击某个图像），浏览器会生成事件；这些事件可用于调用执行动作的JavaScript函数。Dreamweaver提供多个可通过这些事件触发的常用动作。

　　根据所选对象和在"显示事件"子菜单中指定的浏览器的不同，"事件"菜单中显示的事件也会有所不同。若要查明页面元素在浏览器支持哪些事件，在文档中插入该页面元素并向其附加一个行为，然后查看"行为"面板中的"事件"菜单。如果页面中尚不存在相关的对象或所选的对象不能接收事件，则菜单中的事件将处于禁用状态（灰显）。如果未显示所需的事件，确保选择了正确的对象，或者在"显示事件"子菜单中更改目标浏览器。

　　如果要将行为附加到某个图像，则一些事件（例如onMouseOver）显示在括号中。这些事件仅用于链接。当选择其中之一时，Dreamweaver在图像周围使用<a>标签来定义一个空链接。在属性检查器的"链接"文本框中，该空链接表示为javascript:。如果要将其变为一个指向另一页面的真正链接，可以更改链接值，但是如果删除了JavaScript链接而没有用另一个链接来替换它，则将删除该行为。

常见事件的使用

　　网页事件分为不同的种类。有的与鼠标有关，有的与键盘有关，如鼠标单击、键盘输入，有的事件还和网页相关，如网页下载完毕、网页切换等。对于同一个对象，不同版本的浏览器支持的事件种类和多少也是不一样的。事件用于指定选定的行为动作在何种情况下发生。

例如想应用单击图像时跳转到指定网站的行为，则需要把事件指定为单击瞬间onClick。Dreamweaver提供的事件种类如表所示。

表　Dreamweaver中提供的事件种类

事　件	说　明
onAbort	在浏览器中停止加载网页文档的操作时发生的事件
onMOVE	移动窗口或框架时发生的事件
onLoad	选定的客体显示在浏览器上时发生的事件
onResize	浏览者改变窗口或框架的大小时发生的事件
onUnLoad	浏览者退出网页文档时发生的事件
onClick	用鼠标单击选定的要素时发生的事件
onBlur	光标移动到窗口或框架外侧等非激活状态时发生的事件
onDragDrop	拖动选定的要素后放开鼠标左键时发生的事件
onDragStart	拖动选定的要素时发生的事件
onFocus	光标到窗口或框架中处于激活状态时发生的事件
onMouseDown	单击鼠标左键时发生的事件
onMouseMove	光标经过选定的要素上面时发生的事件
onMouseOut	光标离开选定的要素上面时发生的事件
onMouseOver	光标在选定的要素上面时发生的事件
onMouseUp	释放鼠标左键时发生的事件
onScroll	浏览者在浏览器中移动了滚动条时发生的事件
onKeyDown	键盘上某个按键被按下时触发此事件
onKeyPress	键盘上的某个按键被按下并且释放时触发此事件
onKeyUp	放开按下的键盘中的指定键时发生的事件
onAfterUpdate	表单文档的内容被更新时发生的事件
onBeforeUpdate	表单文档的项目发生变化时发生的事件
onChange	浏览者更改表单文档的初始设定值时发生的事件
onReset	把表单文档重新设定为初始值时发生的事件
onSubmit	浏览者传送表单文档时发生的事件
onSelect	浏览者选择文本区域中的内容时发生的事件
onError	加载网页文档的过程中发生错误时发生的事件
onFilterChange	应用到选定要素上的滤镜被更改时发生的事件
onFinish	结束移动文字（Marquee）功能时发生的事件
onStart	开始移动文字（Marquee）功能时发生的事件

在Dreamweaver中，可以为整个页面、表格、链接、图像、表单或其他任何HTML元素增加行为，最后由浏览器决定是否执行这些行为。在页面中添加行为的具体步骤如下：

- 首先应选择一个对象元素，例如单击选中文档窗口底部的页面元素标签<body>。
- 单击"行为"面板中的"添加行为"按钮，在打开的菜单中选择一种行为。
- 选择行为后，一般会打开一个参数设置对话框，根据需要设置参数。
- 单击"确定"按钮，这时在"行为"面板中将显示添加的事件及对应的动作。
- 如果要设置其他的触发事件，可以单击事件列表右边的下拉箭头，打开事件下拉菜单，从中选择一个需要的事件。

Unit 106 利用行为调节浏览器窗口

使用"行为"面板可以调节浏览器，如打开浏览器窗口、调用脚本、转到 URL 等各种效果，下面将分别讲述其应用方法。

"打开浏览器窗口"行为

使用"打开浏览器窗口"行为可在一个新的窗口中打开页面，可以指定新窗口的属性（包括其大小）、特性（它是否可以调整大小、是否具有菜单栏等）和名称。使用此行为后当浏览者单击缩略图时，在一个单独的窗口中打开一个较大的图像，也可以使新窗口与该图像恰好一样大。

如果不指定该窗口的任何属性，在打开时它的大小和属性将与原窗口相同。若设置窗口的任何属性，则其他所有未明确打开的属性都将被自动关闭。例如，如果不为窗口设置任何属性，它将以1024×768像素打开，并具有导航条（显示"后退"、"前进"、"主页"和"重新加载"按钮）、地址工具栏、状态栏（位于窗口底部，显示状态消息）和菜单栏（显示"文件"、"编辑"、"查看"和其他菜单）。如果将宽度明确设置为640、将高度设置为480，不设置其他属性，则该窗口将以640×480像素打开，且不具有工具栏。

使用"打开浏览器窗口"动作在一个新的窗口中打开指定的URL，还可以指定新窗口的属性、特征和名称等。创建"打开浏览器窗口"行为的操作过程为：

01 选中一个对象，单击"行为"面板中的"添加行为"按钮，在弹出的下拉菜单中选择"打开浏览器窗口"命令，如下左图所示。

02 在弹出"打开浏览器窗口"对话框中单击"要显示的URL"文本框右边的"浏览"按钮，在弹出的"选择文件"对话框中选择文件，单击"确定"按钮，添加相应的内容。

03 将行为添加到"行为"面板中，如下右图所示。

"打开浏览器窗口"对话框中各参数含义介绍如下：

- "要显示的URL"文本框：填入浏览器窗口中要打开链接的路径，可以单击"浏览"按钮找到要在浏览器窗口打开的文件。
- "窗口宽度"数值框：设置窗口的宽度。
- "窗口高度"数值框：设置窗口的高度。

- "属性"选项区域：设置打开浏览器窗口的一些参数，包括是否包含"导航工具栏"、"菜单条"、"地址工具栏"、"需要时使用滚动条"、"状态栏"、"调整大小手柄"等。
- "窗口名称"文本框：给当前窗口命名。

"行为"面板的作用是为网页元素添加动作和事件，使网页具有互动的效果。行为实质上是事件和动作的合成体。在"行为"面板中包含以下4种按钮。

- "添加行为"按钮：弹出一个菜单，在此菜单中选择其中的命令，会弹出一个对话框。在对话框中设置选定动作或事件的各个参数。如果弹出的菜单中所有选项都为灰色，则表示不能对所选择的对象添加动作或事件。
- "删除行为"按钮：单击此按钮可以删除列表中所选的事件和动作。
- "向上移动行为"按钮：单击此按钮可以向上移动所选的事件和动作。
- "向下移动行为"按钮：单击此按钮可以向下移动所选的事件和动作。

实训项目 创建打开浏览器窗口网页

创建"打开浏览器窗口"动作后，打开当前网页的同时也将打开一个新的窗口。还可以编辑浏览窗口的大小、名称、状态栏和菜单栏等属性。下图为创建打开浏览器窗口网页前后效果。

下面详细介绍创建"打开浏览器窗口"网页，具体操作如下：

01 执行"文件>打开"命令，在弹出的对话框中选择要打开的文档，单击"打开"按钮，打开网页文档。单击文档窗口底部的<body>标签。

02 执行"窗口>行为"命令，打开"行为"面板，单击面板中的"添加行为"按钮，在弹出的菜单中选择"打开浏览器窗口"命令。

03 弹出"打开浏览器窗口"对话框，单击"要显示的URL"文本框右边的"浏览"按钮。

04 弹出"选择文件"对话框，在对话框中选择相应的文件。

05 单击"确定"按钮，添加文件到"要显示的URL"文本框中，在对话框中将"窗口宽度"设置为150，"窗口高度"设置为200，并勾选"调整大小手柄"复选框。

06 完成设置后单击"确定"按钮，关闭"打开浏览器窗口"对话框。即可添加文件到"行为"面板中。最后保存文档，按【F12】键在浏览器中预览其效果。

　　现实中会遇到很多在打开网页的同时弹出一些信息窗口（如招聘启事）或广告窗口的情形，其实它们使用的都是Dreamweaver行为中的"打开浏览器窗口"动作。

TIP

打开浏览器窗口网页代码详解：

首先在<head>与</head>内定义一个函数，window.open用来创建一个弹出式窗口；theurl是网页的地址；winname是网页所在窗口的名字；features是窗口的属性。

```
01 <head>
02 <title></title>
03 <script type="text/javascript">
04 function MM_openBrWindow(theURL,winName,features) { //v2.0
05 window.open(theURL,winName,features);}
06 </script>
07 </head>
```

在body中利用onLoad事件，当加载网页时，弹出网页窗口文件，并且设置窗口的属性，代码如下所示。

```
01 <body onLoad ="MM_openBrWindow ('images/red-roses.jpg','',
'width=400,height=400')">
```

"转到URL"行为

"转到URL"行为可在当前窗口或指定的框架中打开一个新页。此行为适用于通过一次单击更改两个或多个框架的内容。通常的链接是在单击后跳转到相应的网页文档中，但是"转到URL"动作在把光标放上后或者双击时，都可以设置不同的事件来链接。

01 选中对象，打开"行为"面板单击"添加行为"按钮，在弹出的菜单中选择"转到URL"命令，弹出"转到URL"对话框。

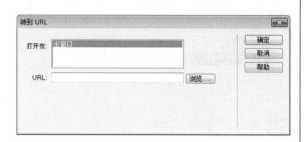

02 在文本框中输入相应的内容后，单击"确定"按钮。然后在"行为"面板中设置一个合适的事件。

在"转到URL"对话框中可以进行如下设置：

- "打开在"文本框：选择打开链接的窗口。如果是框架网页，选择打开链接的框架。
- URL文本框：输入链接的地址，也可以单击"浏览"按钮在本地硬盘中查找链接的文件。

实训项目 创建转到URL网页

使用"转到URL"动作，可以在当前页面中设置转到的URL。当页面中存在框架时，可以指定在目标框架中显示设定的URL。具体操作步骤如下：

01 打开网页文档，执行"窗口>行为"命令，打开"行为"面板。

02 在面板中单击"添加行为"按钮，在弹出的菜单中选择"转到URL"命令，弹出"转到URL"对话框。

03 在对话框中单击"浏览"按钮，弹出"选择文件"对话框，选择所需的文件。

04 单击"确定"按钮，返回"转到URL"对话框中可以看到已添加了文件。

05 单击"确定"按钮，关闭"转到URL"对话框。将此行为添加到"行为"面板中。

06 保存文档，按【F12】键可在浏览器中预览跳转效果。

TIP

转到URL网页代码详解：

首先在<head>与</head>内定义一个M_goToURL函数。

```
01 <head>
02 <title></title>
03 <script type="text/javascript">
04 function M_goToURL() { //v3.0
05 var i, args=M_goToURL.arguments; document.M_returnValue = false;
06 for(i=0;i<(args.length-1);i+=2)eval(args[i]+".location='"+args[i+1]+"'");
07 }
08 </script>
09 </head>
```

接着在body内利用onload事件加载网页时，在当前窗口调用index1.html网页。

```
<body onLoad="M_goToURL('parent','index1.html');return document.M_returnValue">
```

调用脚本

"调用JavaScript"行为在事件发生时执行自定义的函数或JavaScript代码。可以自己编写JavaScript，也可以使用Web上各种免费的JavaScript库中提供的代码。调用JavaScript动作允许使用"行为"面板指定一个自定义功能，或当发生某个事件时应该执行的一段JavaScript代码。

01 单击文档窗口底部的<body>标签，执行"窗口>行为"命令，打开"行为"面板，在"行为"面板中单击"添加行为"按钮，在弹出的菜单中选择"调用JavaScript"命令，弹出"调用JavaScript"对话框，如右图所示。

02 在文本框中输入JavaScript代码，然后单击"确定"按钮，将行为添加到行为面板。

读者可以使用自己编写的JavaScript代码或网络上多个免费的JavaScript库中提供的代码。在JavaScript文本框中输入要执行的JavaScript，或输入函数的名称。

　　"调用JavaScript"动作,即使用"行为"面板,指定当前某个事件应该执行的自定义函数或JavaScript代码。例如调用JavaScript创建自动关闭网页,如右图所示。

01 打开网页文档,单击文档窗口底部的\<body\>标签,执行"窗口>行为"命令。

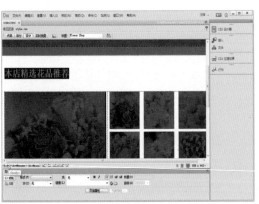

02 在"行为"面板中单击的"添加行为"按钮,选择"调用JavaScript"命令,在打开对话框的文本框中输入window.close()。

03 单击"确定"按钮,将行为添加到"行为"面板中。

04 保存文档,按【F12】键可在浏览器中预览此效果,如下图所示。

　　JavaScript语言可以嵌入到HTML中,在客户端执行,是动态特效网页设计的最佳选择,同时也是浏览器普遍支持的网页脚本语言。JavaScript的出现使得信息和用户之间不仅仅是一种显示和浏览的关系,从而实现了一种实时的、动态的、可交互式的表达能力。

自动关闭网页代码详解：

首先在<head>与</head>内定义一个MM_callJ(jsSt)函数。

```
01 <head>
02 <title></title>
03 <script type="text/javascript">
04 function MM_callJ(jsSt) {
05 return eval(jsSt)
06 }
07 </script>
08 </head>
```

接着在body中利用onload事件加载MM_callJ(jsSt)函数，用来关闭网页。

```
<body onLoad="MM_callJ('window.close()')">
```

UNIT 107 利用行为制作图像特效

设计人员利用行为可以使对象产生各种特效。下面介绍交换图像与恢复交换图像、预先载入图像以及拖动 AP 元素等行为的使用。

"交换图像"与"恢复交换图像"行为

交换图像就是当光标经过图像时，原图像会变成另外一张图像。一个交换图像其实是由两张图像组成的：第一图像（页面初始显示时候的图像）和交换图像（当光标经过第一图像时显示的图像）。组成图像交换的两张图像必须有相同的尺寸，如果两张图像的尺寸不同，Dreamweaver会自动将第二张图像调整为第一张图像的同样尺寸。

实训项目 创建"交换图像"

下面将介绍"交换图像"动作的设置方法。

01 打开"行为"面板，单击"添加行为"按钮，并从弹出的菜单中选择"交换图像"命令。

02 弹出"交换图像"对话框，单击"设定原始档为"文本框右边的"浏览"按钮，在弹出的对话框中选择文件。最后单击"确定"按钮即可。

"交换图像"对话框中的参数设置如下：

- "图像"文本框：在列表中选择要更改图像。
- "设定原始档为"文本框：单击"浏览"按钮选择新图像文件，文本框中显示新图像的路径和文件名。
- "预先载入图像"复选框：勾选该复选框，在载入网页时，新图像将载入到浏览器的缓冲中，防止当图像该出现时由于下载而导致的延迟。
- "鼠标滑开时恢复图像"复选框：勾选该复选框，可以将所有被替换显示的图像恢复为原始图像，一般来说，在设置"交换图像"动作时会自动添加"恢复交换图像"动作，这样当光标离开对象时就会自动恢复原始图像。

实训项目 创建"恢复交换图像"

下面将介绍恢复交换图像动作的设置过程：

01 选中页面中添加了"交换图像"行为的对象。单击"行为"面板中的"添加行为"按钮，并从弹出的菜单中选择"恢复交换图像"命令。

02 弹出"恢复交换图像"对话框。在该对话框上没有可以设置的选项，直接单击"确定"按钮，即可为对象添加"恢复交换图像"行为。

创建"预先载入图像"

一个网页中包含很多图像，但有些图像在网页下载时不能被同时下载，此时若需要显示这些图像，浏览器会再次向服务器请求继续下载图像，这样就给网页的浏览造成一定程度的延迟。而使用"预先载入图像"动作就可以把一些图像预先载入浏览器的缓冲区内，这样可以避免在下载时出现延迟。

实训项目 图像预先载入

创建"预先载入图像"的具体操作步骤如下：

01 选中要添加行为的对象，单击"行为"面板中的"添加行为"按钮，在弹出的菜单中选择"预先载入图像"命令，弹出"预先载入图像"对话框。

02 单击"图像源文件"文本框右边的"浏览"按钮，在弹出的"选择图像源文件"对话框中选择文件，添加路径及图像名称至文本框中。

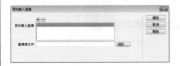

"预先载入图像"对话框中的参数设置如下：

- "预先载入图像"对话框：在列表中列出所有需要预先载入的图像。
- "图像源文件"对话框：单击"浏览"按钮，选择要预先载入的图像文件，或者在文本框中输入图像的路径和文件名。
- "添加"按钮：单击该按钮，添加图像至列表中。重复该操作，将所有需要预先载入的图像都添加到列表中。若要删除某个图像，在列表中选中该图像，然后单击删除按钮即可。

实训项目 设置交换图像

下面通过实例来讲述创建交换图像，下左图为光标未经过图像时的效果，下右图为当光标经过图像时的效果图。

01 打开网页文档，选中要交换的图像。

02 打开"行为"面板，在面板中单击"添加行为"按钮。在弹出的菜单中选择"交换图像"命令。

03 弹出"交换图像"对话框，在"图像"文本框中输入要交换的图像名称。单击"浏览"按钮弹出"选择图像源文件"对话框，在对话框中选择相应的图像文件images/index_04.jpg。

04 单击"确定"按钮，在"设定原始档为"文本框中显示新图像的路径和文件名。勾选"预先载入图像"复选框，在载入页时将新图像载入到浏览器的缓存中。

 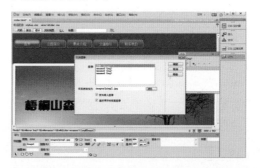

05 单击"确定"按钮，将行为添加到"行为"面板中。

06 保存文档，按【F12】键在浏览器中预览效果，如下图所示。

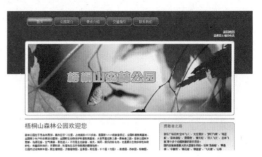

利用行为显示文本

　　设计人员利用行为可以添加各种文本特效。下面介绍弹出信息、设置状态栏文本、设置容器的文本、设置文本域文字以及设置框架文本等行为的使用。

"弹出信息"行为

　　"弹出信息"动作的作用是在特定的事件被触发时弹出信息框，能够给浏览者提供动态的导航功能等。创建"弹出信息"动作的具体操作步骤如下。

01 单击文档窗口底部的<body>标签，执行"窗口>行为"命令，打开"行为"面板，单击"添加行为"按钮，从下拉菜单中选择"弹出信息"命令，弹出"弹出信息"对话框。

02 在对话框中的"消息"文本框中输入内容。最后单击"确定"按钮，将行为添加到"行为"面板。

"设置状态栏文本"行为

　　"设置状态栏文本"动作可以在浏览器窗口底部左侧的状态栏中显示消息。

01 打开要加入状态栏文本的网页，并且单击窗口底部的<body>标签。

02 执行"窗口>行为"命令，打开"行为"面板，单击"添加行为"按钮，执行"设置文本>设置状态栏文本"命令，弹出"设置状态栏文本"对话框。

03 在对话框中的"消息"文本框中输入要在状态栏中显示的文本，单击"确定"按钮，添加行为。

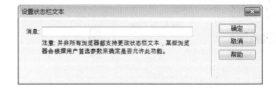

"设置文本域文字" 行为

使用"设置文本域文字"动作可以设置文本域内输入的文字，具体操作步骤如下：

01 选择文本域，单击"行为"面板中的"添加行为"按钮，在弹出的菜单中选择"设置文本>设置文本域文字"命令，弹出"设置文本域文字"对话框，如右图所示。

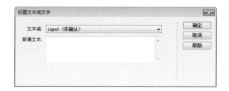

02 单击"确定"按钮，将行为添加到"行为"面板中。

TIP
在"设置文本域文字"对话框中，各属性的含义介绍如下：
- "文本域"选项框：选择要设置的文本域。
- "新建文本"文本框：在文本框中输入文本。

实训项目 创建显示状态栏文本的网页

"设置状态栏文本"行为用于设置状态栏显示的信息，当某些事件触发后，会在状态栏中显示的信息。"设置状态栏文本"动作，与"弹出信息"动作很相似，不同的是"弹出信息"动作使用消息框来显示文本，浏览者必须单击"确定"按钮才可以浏览网页中的内容。而在状态栏中显示的文本信息不会影响浏览者的浏览速度。如下图所示为设置状态栏文字前后的效果对比。

01 打开网页文档，单击文档窗口底部的<body>标签。打开"行为"面板，单击"添加行为"按钮，在弹出的菜单中选择"设置文本>设置状态栏文本"命令。

02 弹出"设置状态栏文本"对话框，在该对话框中设置相应的参数，单击"确定"按钮，在事件中选择onMouseOver，最后保存文档。按【F12】键在浏览器中预览效果。

UNIT 109 利用行为控制表单

除了可以对文本和图像应用行为外，设计人员还可以对表单应用行为。下面讲述跳转菜单和跳转菜单开始以及检查表单等行为的使用。

"跳转菜单"行为

使用"跳转菜单"动作，可以编辑和重新排列菜单项、更改要跳转到的文件以及编辑文件的窗口等。如果页面中尚无跳转菜单对象，则要创建一个跳转菜单对象，具体步骤如下：

01 执行"插入>表单>选择"命令，插入跳转菜单。

02 选中该跳转菜单，单击"行为"面板中的"添加行为"按钮，在弹出的菜单中选择"跳转菜单"命令，弹出"跳转菜单"对话框。设置完成后，单击"确定"按钮即可。

"检查表单"行为

"检查表单"行为可检查指定文本域的内容以确保用户输入的数据类型正确。通过onBlur事件将此行为附加到单独的文本字段，以便用户填写表单时验证这些字段，或通过onSubmit事件将此行为附加到表单，以便用户单击"提交"按钮同时计算多个文本字段。将此行为附加到表单可以防止在提交表单时出现无效数据。

执行"窗口>行为"命令，打开"行为"面板，单击"添加行为"按钮，在弹出的菜单中选择"检查表单"命令，弹出"检查表单"对话框。

"检查表单"对话框的参数设置介绍如下：

- "域"文本框：在文本框中选择要检查的一个文本域。
- "值"选项区域：如果该文本必须包含某种数据，则勾选"必需的"复选框。
- "可接受"选项区域：包括"任何东西"、"电子邮件地址"、"数字"和"数字从"等选项。

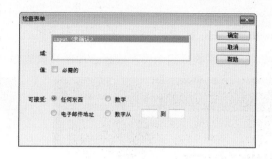

UNIT 110 Spry效果

"Spry 效果"是视觉增强功能，可以将它们应用于使用 JavaScript 的 HTML 页面上大部分的元素。效果通常用于在一段时间内高亮显示信息，创建动画过渡或者以可视方式修改页面元素。可以将效果直接应用于 HTML 元素，而无需其他自定义标签。

增大/收缩

要向某个元素应用效果，该元素当前必须处于选定状态，或它必须具有一个ID。例如，如果要向当前未选定的Div标签应用高亮显示效果，该Div必须具有一个有效的ID值。如果该元素尚未有ID值，将需要在HTML代码中添加一个ID值。

01 选择要应用效果的内容或布局对象。在"行为"面板中单击"添加行为"按钮，在弹出的菜单中选择"效果>收缩"命令。

02 在弹出的对话框中进行设置，单击"确定"按钮，将行为添加到"行为"面板中。

"晃动"行为

"晃动"效果可使设置该行为的对象产生摇晃效果，摇晃的方向和位移及次数可以具体设置。

01 选择要应用效果的内容或布局对象，在"行为"面板中单击"添加行为"按钮，执行"效果>晃动（shake）"命令，弹出"晃动"对话框，设置相关参数。

02 单击"确定"按钮，添加"晃动"行为至面板中。

创建收缩效果的原始网页和收缩后的网页效果对比如下，其具体操作步骤如下。

01 打开网页文档，选中图像，在"行为"面板中单击"添加行为"按钮。

02 在弹出的菜单中选择"效果 > 增大/收缩（scale）"命令，弹出scale对话框。

03 在弹出的对话框中进行设置后，单击"确定"按钮，将行为添加到"行为"面板中。

04 保存文档，按【F12】键在浏览器中预览设置的效果。

01 如何制作"打开浏览器窗口"？

选中一个对象，单击"行为"面板中的"添加行为"按钮，在弹出的菜单中选择"打开浏览器窗口"命令，在弹出的"打开浏览器窗口"对话框中单击"浏览"按钮，弹出"选择文件"对话框，选择文件后单击"确定"按钮，添加相应的内容。

02 如何制作状态栏文本？

执行"窗口>行为"命令，在打开的"行为"面板中单击"添加行为"按钮，执行"设置文本>设置状态栏文本"命令，在弹出的"设置状态栏文本"对话框中进行相关设置即可。

03 如何制作弹出广告窗口？

使用的都是Dreamweaver行为中的"打开浏览器窗口"动作，即可制作弹出广告窗口效果。另外特别提醒，网页弹出广告尽量不要过多，以免引起浏览者的反感。

04 什么是JavaScript?

JavaScript可以嵌入到HTML中，在客户端执行，是动态特效网页设计的最佳选择，同时也是浏览器普遍支持的网页脚本语言。JavaScript的出现使得信息和用户之间不仅只是一种显示和浏览的关系，从而实现了一种实时的、动态的、可交式的表达能力。

05 Java 和JavaScript是相同的吗？

在概念和设计方面，Java和JavaScript是两种完全不同的语言。Java（由Sun公司开发）很强大，同时也是更复杂的编程语言，就像同级别的C和C++。JavaScript却是一种拥有极其简单的语法的脚本语言。

06 JavaScript和ECMAScript有什么区别？

JavaScript 的正式名称是ECMAScript。这个标准由ECMA组织（欧洲计算机制造商协会）发展和维护。ECMA-262是正式的JavaScript标准。这个标准基于JavaScript (Netscape) 和JScript (Microsoft)。Netscape (Navigator 2.0) 的Brendan Eich发明了这门语言，从1996年开始，已经出现在所有的Netscape和Microsoft浏览器中。ECMA-262的开发始于1996年，在1997年7月，ECMA会员大会采纳了它的首个版本。在1998年，该标准成为了国际ISO标准(ISO/IEC 16262)。

1. 制作"弹出信息"效果

制作流程：

（1）单击文档窗口底部的<body>标签，执行"窗口>行为"命令，打开"行为"面板，单击"添加行为"按钮，选择"弹出信息"命令，弹出"弹出信息"对话框。

（2）在对话框中的"消息"文本框中输入内容。

（3）单击"确定"按钮，将行为添加到"行为"面板中。

（4）按【F12】键，在浏览器中可预览最终效果。

2. 制作自动跳转网页

制作流程：

（1）打开网页文档，执行"窗口>行为"命令，打开"行为"面板。

（2）在面板中单击"添加行为"按钮，在弹出的菜单中选择"转到URL"命令，弹出"转到URL"对话框，在URL文本框中输入www.baidu.com。

（3）单击"确定"按钮，关闭"转到URL"对话框。将此行为添加到"行为"面板中。

（4）保存文档，按【F12】键可在浏览器中预览跳转效果。

一个综合性质的网站，会包含很多模块和内容，这样读者才能在此类平台网站上面找到个人所需要的信息，那么在设计和规划网站时，就需要简单明了，不能过于复杂。用文字颜色，文字大小或图文并茂来使页面更丰富，那么我们在编辑网页时，通常会使用div模块制作分割网页，使用标题标签来设计标题，使用项目列表来展示一些列表内容。在本章节中主要是使用div模块对网页进行布局，并创建相应的css样式表。其中主要包含插入div模块，插入段落模块，插入项目列表，插入图像，插入标题模块等知识点。

23 chapter
制作早教平台类网站页面

|学习目标|

- 规划和建立站点
- 插入div标签，标题标签和段落标签
- 创建css样式
- 制作项目列表及创建css样式
- 掌握制作次级页面

精彩推荐

◔ 首页页面制作

◔ 列表页制作

一个儿童类网站要求活泼，清新，干净，简洁，并不失可爱，下面我们制作一个综合性的儿童平台网站。

规划和建立站点

在制作儿童网站之前，需要先规划好站点，右图为本例的站点结构。

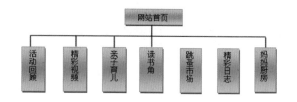

建立站点的步骤如下：

01 启动Dreamweaver 应用程序，然后执行"站点>新建站点"命令，如下图所示。

02 将打开"站点设置对象"对话框，在"站点名称"文本框中输入站点名称，单击"本地站点文件夹"文本框后的"浏览文件夹"按钮，选择站点文件夹，如下图所示。

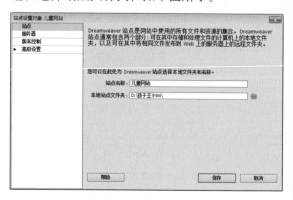

03 单击"保存"按钮，这样就建立好了站点，如下图所示。

04 在该站点中创建所需的文件夹和文件，并将素材文件放入站点中，如下图所示。

页面结构分析

下图为孩子王儿童网站页面效果，其中包括名称栏、导航栏。这个页面主要是介绍一些亲子活动，以及妈妈们做的美食，一些活动的视频，以及大家的亲子育儿方面的心得及感想，并拿出来分享。让家长和孩子在这个平台上面能够很愉快的找到活动的信息，在这个平台上面实现交流的机会。

在着手制作网站之前，先要对效果图进行分析，对页面的各个区块进行划分。从图中可以看出整个页面分为顶部区域、主体部分和底部，而主体部分又划分为几个小模块，而每个模块又划分为左侧、中间和右侧部分。下图为整体框架结构。

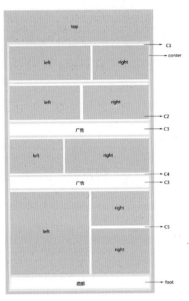

Unit 112 网站各级页面的制作

在对网页结构进行详细分析后，便可以开始着手制作网页了。下面将介绍页面的制作过程。

制作首页

01 打开index.html 文件，然后新建两个CSS 文件，分别保存为css.css和layout.css，如右图所示。

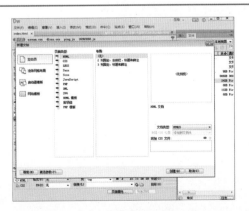

02 执行"窗口>CSS设计器"命令，在"CSS
设计器"面板中，单击"添加CSS源"按钮，
选择"附加现有的CSS文件"选项，弹出对应
的对话框，将新建的外部样式表文件layout.css
和css.css链接到页面中。layout.css是一些公用
的样式表，包含一些公用的样式，例如设置通
篇的字体、字号等。如右图所示。

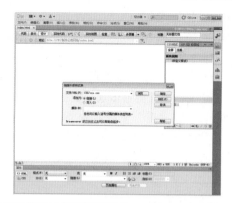

03 切换到css.css 文件，创建一个名为*和
body的标签CSS 规则，如下左图所示。

```css
*{
     margin:0px;
     boder:0px;
     padding:0px;
     }
body {
     background: url(../images/bg _ 33.jpg) center bottom #fffdf8 scroll no-repeat;
  padding: 0;
margin: 0;
  overflow-x: hidden;
  font-family: "Arial Black", Gadget, sans-serif "宋体";
  color:#4d4d4d; }
```

04 切换到"源代码"视图，将光标置于页面视图中，单击"插入"面板中的Div按钮，弹出"插
入Div"对话框，在class下拉列表框中输入logo，单击"确定"按钮，如下右图所示。

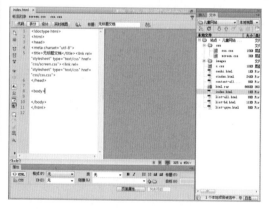
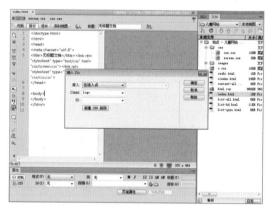

05 此时在页面中插入名为logo的Div，切换到
css.css文件，创建一个.logo的CSS规则，如下
图所示。

06 将光标移至名为logo的Div中，将多余的文
本内容删除，执行"插入>图像"命令，然后根
据图像路径选择logo图像，如下图所示。

```css
.logo {
     width:960px;
margin:0 auto;
     height:83px;}
```

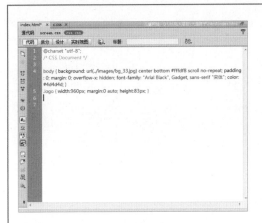 

07 将光标定位在名为logo的Div外面，插入class名为nav的Div标签，然后切换到css.css文件，创建.nav的CSS规则，如下图所示。

```
.nav {
        width:100%;
border-top:1px solid #e6e4e0;
border-bottom:1px solid #e6e4e0;
height:38px;
margin-top:10px;}
```

08 将光标定位在名为nav的Div中，删除多余的文本内容，插入class名为navc的Div标签，然后切换到css.css文件，创建navc的CSS规则，如下图所示。

```
.navc {
        width:960px;
margin:0px auto; }
```

 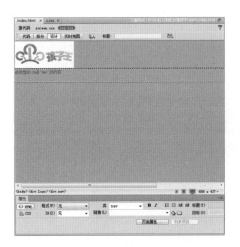

09 打开"源代码"视图，在<div class="navc"></div>标签之间添加列表代码，并给每个标签设置超链接如下左图所示。

```
<ul>
    <li ><a href="#" target="_blank" >首页</a></li>
    <li ><a href="list-hd.html" target="_blank" >活动回顾</a></li>
    <li><a href="#" target="_blank" >精彩视频</a></li>
    <li><a href="list-all.html" target="_blank" >亲子育儿</a></li>
    <li><a href="list-all.html" target="_blank" >读书角</a></li>
    <li><a href="list-all.html" target="_blank" >跳蚤市场</a></li>
</ul>
```

10 切换到css.css文件，并设置列表标签的样式，如下右图所示。

```
.navc li {
padding:0px 20px;
float:left;
height:38px;
line-height:38px;
font-size:14px;
font-family:"微软雅黑";
text-align:center; }

.navc li:hover
{ color:#FFF;
background-color: #FF6600;
background-image: -moz-linear-gradient(center bottom, #EE7B00, #FF8A00); border: 0
solid;
text-shadow: 0 -1px 0 #B25F00;
height:20px;
line-height:20px;
padding:5px 20px;
border-radius:4px;
border: 1px solid #dc682f;
 margin-top:3px; }

.navc li:hover a{ color:#ffffff;}
```

11 在nav的Div标签后插入名为banner的Div标签，然后切换到css.css文件，创建.banner的CSS规则，如下左图所示。

```
.banner {
 display: block;
height: 377px;
overflow: hidden;
position: relative;
z-index: 1;
margin-top:10px;
 }
```

12 打开"设计"视图，将光标移至名为banner的Div中，将多余的文本内容删除，执行"插入>图像"命令，然后根据图像路径选择banner图像，如下右图所示。

13 在banner的Div标签后插入名为conter的Div标签，并在里面分别插入class名为c1、c2、c3、c4、c5的div标签，然后切换到css.css文件，创建.conter的CSS规则，如下左图所示。

```
.conter{
width:960px;
margin: 20px auto 0 auto;
}
.c2{
border: 1px solid #D1D1D1;
height: auto;
width: 958px;
float:left;
background-color:#FFFDF8;
margin-top:10px; }
.c1,.c3, .c4, .c5 {
 width:960px;
float:left;
margin-top:10px; }
```

14 打开"源代码"视图，在<div class="c1"></div> 之间添加两个div名称分别为left和right标签，切换到css.css 文件，分别定义.left和.right的class样式。

```
<div class="c1">
   <div class="left">此处显示  class "left" 的内容</div>
   <div class="right">此处显示  class "right" 的内容</div>
 </div>
```

15 切换到css.css文件，创建.c1 .left、.c1 .right的CSS规则，如下右图所示。

```
.c1 .left {
width:648px;
height:333px;
 border:1px solid #d1d1d1;
background-color:#FFFDF8;float:left; }
```

```
.c1 .right
{ width:300px;
height:335px;
background-color:#ffbc59;
float:right; }
```

16 将光标定位在left的Div标签中，删除多余的文本，再在其中插入两个Div标签，如下左图所示。

17 删除h3标签中的文本，并替换成"本周活动"字本，删除div中的多余文字，插入项目列表，下右图为切换到css.css样式表中，创建h3的样式。

```
h3 {
background:url(../images/dl _ 10.jpg) repeat-x;
color:#333;
font-family:"微软雅黑";
font-size:14px;
height:34px;
line-height:34px;
padding-left:10px;
border-bottom:1px solid #dfdfdf; }
```

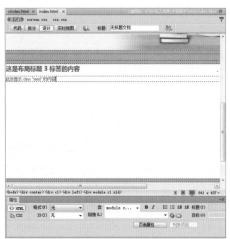

18 在class名为m的dd标签中，插入图像。在dt标签中，输入我们的活动标题。在dt标签下面的dd中，输入我们的活动内容。并复制2个这个列表，如下左图所示。

```
<dl class="cl" >
        <dd class="m"><img width="92" height="67" src="images/dl _ 14.jpg" /></dd>
    <dt>【大连孩子王】第一期"宝贝防走</dt>
        <dd>9月1日"宝贝防走失行动"回顾
            下午2点的千山路卖场,有50位宝宝    </dd>
    </dl>
```

19 切换到css.css 文件，创建.cl、.m，以及dt、dd的CSS 规则，如下右图所示。

```
.cl:after {
 clear: both;
 content: ".";
 display: block;
height: 0;
visibility: hidden; }
.xld {
width:628px;
margin:10px;
}
.xld .m {
 float: left;
 margin: 8px 8px 10px 0;
 }
.xld dt {
font-weight: 700;
 padding: 8px 0 5px;
 }
```

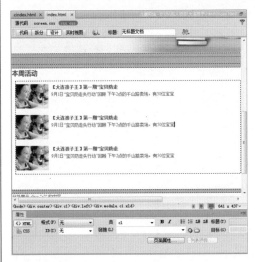

20 将光标移到right的div中，分别插入h2标题和class名为dl_box的div，如下左图所示。

21 切换到css.css样式表中，并创建h2和.dl_box的CSS规则。

```
.c1 .right h2
{ font-size:14px;
line-height:22px;
padding-left:15px;
padding-top:5px;
color:#74512b;
 }
.dl _ box
 { width:290px;
background-color:#FFF;
 height:298px;
 margin:5px; }
```

22 打开"设计"视图，在<div class="dl_box"> </div> 之间添加一个11行一列的表格，用来制作登陆模块，如下右图所示。

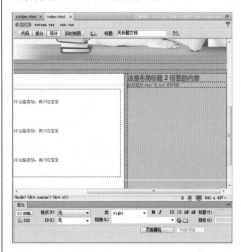
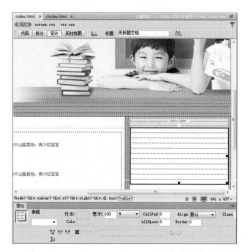

23 然后分别在第一行选择"插入>表单>文本"，并把前面的label标签删除，将光标选中文本框，将value值设为"用户名及手机号"，如下左图所示。

24 切换到css.css样式表，并创建table和input的样式。

```
.dl _ box table {
 margin-left:5px;
 }
.dl _ box input
{ border:1px solid #c0c0c0;
height:30px;
width:200px;
color:#CCC; }
```

25 依次在第四行插入input标签，在第六行插入登陆按钮图片，在第八行输入"免费注册 | 忘记密码"文字，在第十行，插入QQ登陆图片，在最后一行，插入电话号码的图片。如下右图所示。

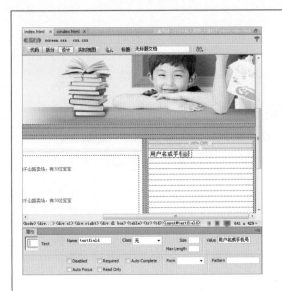

26 制作"活动回顾"模块，按照步骤15、16、17、18相同的方法制作此模块，如下左图所示。

27 因为这一个模块是一共6个dl项目列表，因此和上一个模块3个的项目列表有所不同，那么，切换到css.css模块，我们来定义属于c2的项目列表样式，如下右图所示。

```
.c2 .xld{ width:940px;}
.c2 .xld dl{ float: left;
    height: 100px;
    width: 470px;}
```

28 我们现在来制作c3模块，这个模块是广告图片，一般一个平台性的网站，都有广告位的预留，把光标放在class名为c2的div后面，插入class名为c3的Div标签，然后将多余的文本内容删除，执行"插入>图像"命令，然后根据图像路径选择广告图像，然后切换到css.css文件，创建c3的CSS规则，如下左图所示。

```
.c3 {
 width:960px;
float:left;
margin-top:10px; }
```

29 把光标放在c3的div后面，插入class名为c4的Div标签，然后再分别插入名为c4_left、c4_right的div，如下右图所示。

30 切换到css.css样式中，创建.c4_left和.c4_right的样式。

```
.c4 _ left, .c4 _ right
 { width:306px;
border:1px solid #D1D1D1;
height:295px; float:left;
 background-color:#ffffff; }
 .c4 _ right{
 float:right;
width:640px;}
```

31 把光标放在c4_left的div里面，插入h3标签，并输入"读书角"和名为c4_left_box的标签，在c4_left_box标签里面插入class名为txt的div标签，在txt的div里面执行"插入>图像"命令，插入img_30的图像，如下左图所示。

32 切换到css.css样式表中，创建c4_left_box的样式，txt的样式及h3的样式。

```
.c4 _ left _ box, .c4 _ r _ box
{ width:292px;
padding:10px 7px 7px;
background-color:#FFFDF8;
 }
.c4 .txt { line-height:22px; }
.c4 .txt .t
{ font-size:12px;
font-weight:700;
color:#5d5f5a;
width:296px;
float:left;
line-height:22px; }
.c4 _ left h3 { width:296px; }
```

33 选中插入的图片执行"插入>段落"命令，在图片后面插入段落符号，如下右图所示。

34 将多余的文本内容删除，把文章内容复制进来。如下左图所示。

35 将光标移到c4_right的div中，插入h3标签，在h3标签中插入一个class名为c4l和名为c4r的div标签，删除多余文字，在c4l里面输入"妈妈厨房"，在c4r里面输入"精彩日志"。如下右图所示。

 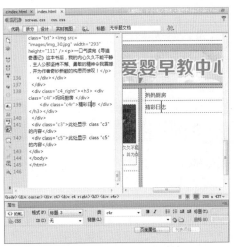

36 切换到css.css样式表中，创建class名为c4l的div标签，以及名为c4r的css样式。

```
.c4l {
width:296px;
float:left; }
.c4r {
width:315px;
float:right; }
```

37 将光标移到h3的外面，插入名为c4_r_box的div标签，删除多余文字，插入名为c4_r_box_l的div标签和名为c4_r_box_r的div标签，如下左图所示。

38 将光标移到c4_r_box_l的里面，删除多余文字，执行"插入＞图像"命令，根据图像路径，选择img1_32.jpg，如下右图所示。

39 切换到css.css样式表，分别创建名为c4_r_box，c4_r_box_l和c4_r_box_r的样式表，及c4_r_box_l里面的图片样式。

```
.c4 _ r _ box{width:640px;}
. c4 _ r _ box _ l {
 height:240px;
width: 300px;
float:left; }
. c4 _ r _ box _ r {
 width:300px;
height:240px;
float:right; }
```

40 将光标移到c4_r_box_r的里面，删除多余文字，插入h4标签，并删除多余文字，输入"宝宝入园须知"，如下左图所示。

41 将光标移到h4的外面，执行"插入＞段落"命令，把多余文字删除，输入"又是一年入园时，有新入园的宝宝家长们提前做好准备吧：1.选择人数较少的班级 2.教宝宝"，如下右图所示。

42 打开"源代码"视图，光标移到p标签外面，插入列表代码。

```
<ul>
    <li>·宝宝入园须知</li>
    <li>·11选5 1胆全拖|11选5 1胆全拖</li>
    <li>·宝宝入园须知</li>
    <li>·记得打开窗看看</li>
    <li>·宝宝入园须知</li>
    <li>·晚安，永远的不见</li>
</ul>
```

43 切换到css.css样式表，创建li样式。

```
.c4 _ r _ box _ r  ul  li {
display: inline-block;
float: left;
color:#35a8ff;
width: 638px;
line-height:24px;
}
```

44 c3模块的制作方法请参照步骤28进行制作。

45 将光标移到c5模块。分别插入class名为left的div标签和class名为right的div标签。将光标移到left的div标签里面，插入h3标签，并把多余文字删除，输入"亲子育儿"，如右图所示。

46 切换到css.css样式表，创建c5模块下面的left，right的样式。

```
.c5 .left {
    background-color: #fffdf8;
    border: 1px solid #d1d1d1;
    height: auto; float:left;
    width: 648px;
}
.c5 .right {
width:300px;
border:1px solid #D1D1D1;
background-color:#FFFDF8;
float:right;
}
```

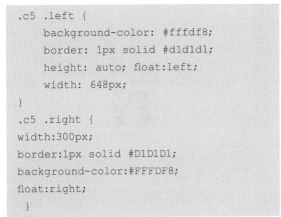

47 将光标移到h3外面，插入class名为dp的div标签，在div标签里面写入项目列表。

```
<div class="dp">
      <ul>
        <li></li></ul>
   </div>
```

48 切换到css.css样式表中，创建dp和项目列表的样式。

```
.dp {
    display: inline-block;
    height: auto;
    margin-top: 20px;
    padding-bottom: 10px;
    width: 638px;
}

.dp li {
    display: inline-block;
    float: left;
    height: 188px;
    margin-bottom: 25px;
    width: 638px;
}
```

49 将光标移到li里面，插入class名为dp_l和名为dp_r的div标签，在div标签里面写入项目列表，如下左图所示。

50 将光标移到dp_l里面，插入class名为photo和rate的div标签，在photo标签里面执行"插入>图像"命令，插入头像图像。在rate的标签里面删除多余文字，把文字换成"米菲爸爸"，如下右图所示。

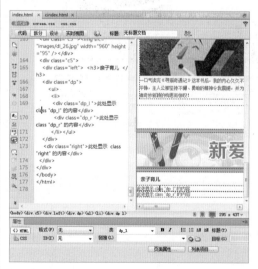 

51 切换到css.css样式表中，创建 dp_l，dp_r和photo，rate的样式表。

```
.dp _ l {
 margin: 0 10px;
width: 114px;
 float:left;
 }
.dp _ l .photo {
 border: 1px solid #CECECE;
box-shadow: 0 1px 3px rgba(34, 25, 25, 0.2);
height: 100px;
margin-bottom: 10px;
padding: 7px;
width: 100px;
 }
.rate {
display: inline-block;
height: 16px;
line-height: 16px;
 margin: 3px 3px 0;
overflow: hidden;
text-align: center;
width: 97px; }
.dp _ r {
 width:500px;
 float:right; }
```

52 将光标移到dp_r的div标签中，插入class名为dp_r_box和dp_r_mb的div。删除多余文字，在dp_r_box的div中输入相应评论的文字 "我们真的能照看好你的狗，马文要去踢球，所以劳拉自告奋勇地照顾起了马文的小狗。照顾小狗可不容易。不能让它吃糖果，不能让它吃点心，更不能让它脱离狗绳……劳拉能遵守这些规矩吗？有人说孩子是最不遵守规矩的，可劳拉却不这么认为，因为她觉得那些规矩都是不了解孩子的大人们定的。"

53 切换到css.css样式表中，创建 dp_r_box，dp_r_mb的样式表。

```
.dp _ r _ box {
    background-color: #ffffff;
    border: 1px solid #d0d0d0;
    font-size: 12px;
    height: 94px;
    line-height: 20px;
    margin-bottom: 10px;
    padding: 10px;
    width: 478px;
}
.dp _ r _ mb {
    height: 45px;
    width: 155px; float:right;
}
```

54 将光标移到dp_r_mb的div中，插入nm的div标签和dp_r_ph的div标签，将多余文字删除，在nm里面输入"小熊妈妈"，在dp_r_ph里面插入小熊妈妈的图像，如下右图所示。

55 切换到css.css样式表中，创建 nm，dp_r_ph的样式表。

```
.dp _ r _ ph{
float:right;
width:45px;
height:45px;}


.dp _ r _ mb .nm {
    font-size: 12px;
    height: 22px;
    line-height: 27px;
    margin: 25px 10px 0 0;
    padding-left: 20px;
    width: 80px;
}
```

56 将li标签复制3次，如下左图所示。

57 将光标移到right的div中，插入h3的div标签和sp的div标签，将多余文字删除，在h3里面换成"精彩视频"，在sp的div里面插入视频的图像，如下右图所示。

58 切换到css.css样式表中，创建 sp 的样式表。

```
.sp {
    padding: 10px 5px;
    width: 290px;
}
```

59 将光标移到sp的div外面，插入h3的div标签和move-span的div标签，将多余文字删除，在h3里面输入"跳蚤市场"，在move-span的div里面是项目列表，如下左图所示。

```
<ul>
        <li> ·宝宝入园须知 </li>
        <li> ·11选5 1胆全拖|11选5 1胆全拖 </li>
        <li> ·晚安，永远的不见 </li>
        <li> ·记得打开窗看看 </li>
        <li> ·11选5 1胆全拖|11选5 1胆全拖 </li>
        <li> ·11选5 1胆全拖|11选5 1胆全拖 </li>
        <li> ·宝宝入园须知 </li>
        <li> ·11选5 1胆全拖|11选5 1胆全拖 </li>
        <li> ·晚安，永远的不见 </li>
        <li> ·记得打开窗看看 </li>
        <li> ·11选5 1胆全拖|11选5 1胆全拖 </li>
        <li> ·11选5 1胆全拖|11选5 1胆全拖 </li>
        <li> ·晚安，永远的不见 </li>
        <li> ·记得打开窗看看 </li>
        </ul>
```

60 切换到css.css样式表中，创建 move-span的样式和项目列表的样式，如下右图所示。

```
.c5 .move-span {
    height: 350px;
    padding: 10px 5px;
}
.c5 .move-span ul li {
    font-family:  "宋体",Tahoma,Helvetica, "SimSun",sans-serif;
    font-size: 12px;
    line-height: 24px; color:#35a8ff;
}
```

61 制作底部模块，将光标移到conter的div外面，插入名为foot的div标签，将多余文字删除，再插入foot_contet的div。如下左图所示。

62 在foot_contet的div中，把多余文字删除，插入段落p标签，并输入"关于我们 | 版权信息 | 联系我们 | 友情链接 | 反馈问题"再插入一个段落p标签，输入文字© 2001-2013 Comsenz Inc.如下右图所示。

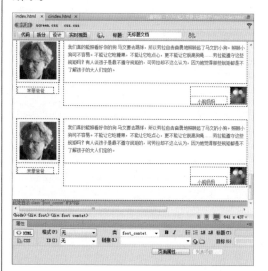

63 切换到css.css样式表中，创建foot的样式和foot_contet的样式。

```css
.foot {
    background-color: #5a5a5a;
    border-top: 10px solid #454545;
    float: left;
    height: 100px;
    padding: 10px 0;
    width: 100%;
margin-top:30px;
}
.foot .foot _ contet {
    color: #fff;
    margin: 0 auto;
    width: 960px;
}
.foot  p{ color:#FFF; text-align:center;}
```

制作次级页面

主页面制作完成后，下面将开始制作次级页面（这里仅以制作活动列表页面为例，用户可以自行尝试其他次级页面的制作），具体操作步骤如下：

01 打开index.html文档，执行"文件>另存为"命令，如下图所示。

02 弹出"另存为"对话框，在"文件名"文本框中输入网页的名称，如下图所示。

03 在模板文档中，选中名为conter的Div，把现有内容全部删除，然后插入h3的div，将多余文字删除，输入"活动列表"的文字，如下图所示。

04 将光标移到h3外面，插入class名为pp的div标签，删除多余文字，插入项目列表，如下图所示。

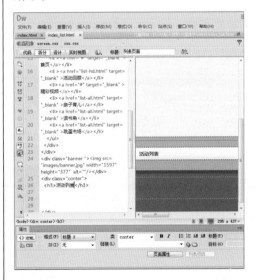

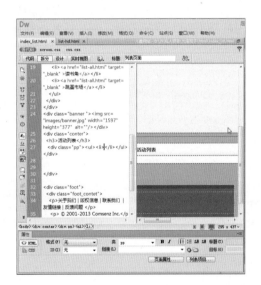

05 切换到css.css样式表中，创建pp和项目列表的样式。

```
.pp{
width:938px;
border:1px solid #ccc;
padding:10px;
display:inline-block;
background-color:#FFF;
}
.pp ul li{
 width:100%;
 float:left;
padding:10px 0;
}
```

06 此时，将光标移到li标签里面，插入class名为img和desc的div标签，如下图所示。

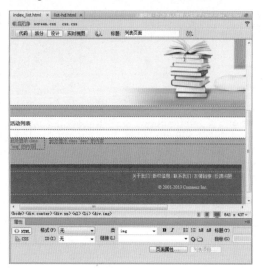

07 在img的div里面，执行"插入>图像"命令插入指定的图像，如下图所示。

08 将光标移到desc标签中插入h5标签和段落p标签，删除多余文字，并把文字输入进去，如下左图所示。

09 切换到css.css样式表中，创建.img和.desc和h5以及p标签的样式。

```
.pp .img{
width:92px;
float:left;
margin-right:15px;}
```

```
.pp .desc{
 width:800px;
float:left;}
```

10 将li标签复制10条，如下右图所示。

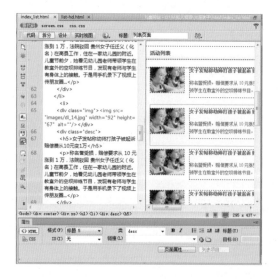

11 将光标移到pp的div外面，然后创建一个class名为pages的div，我们来制作分页。如下左图所示。

```
.pages{
width:100%
float:left;
margin-top:15px;
text-align:right;
height:30px;
line-height:30px;}
```

12 将光标移到pages里面写入以下内容，如下右图所示。

```
<span class="page_item"><a href="#">上一页</a></span>
<span class="page_item">1</span>
<span class="page_item"><a href="#">2</a></span>
<span class="page_item"><a href="#">下一页</a></span>
```

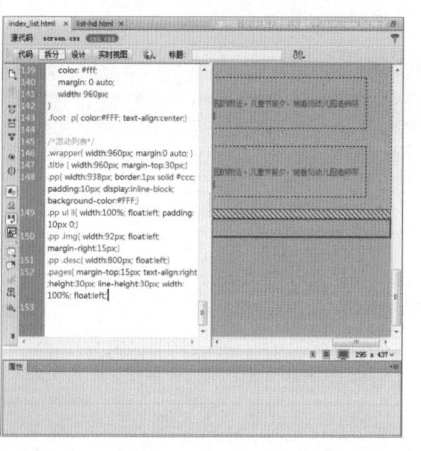

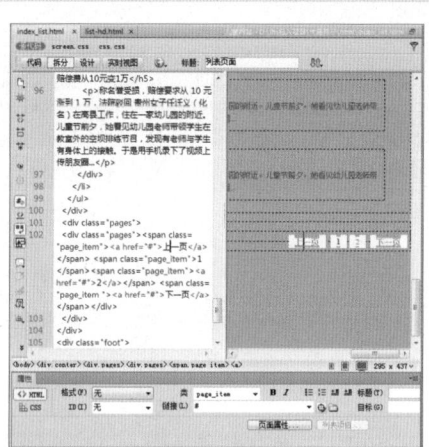

13 切换到css.css样式表中，创建page_item的样式。

```
.page_item {
    background-color: #ffffff ;
    display: inline-block;
    margin-right: 5px;
    padding: 0 10px;
     font-weight:bold;
}
```

14 至此，index_list.html就制作完成了。保存文件，按【F12】键预览网页，效果如下图所示。

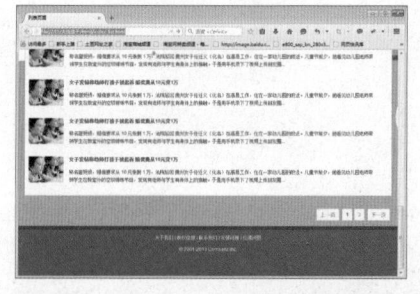